省级重点专业建设成果

高等职业教育农学园艺类"十三五"规划教材

国家职业教育种子生产与经营专业教学资源库建设成果

现代学徒制试点种子专业教材

作物种子加工与贮藏

主编　张彭良

西南交通大学出版社

·成　都·

内容提要

本书共 12 章，分为种子加工和种子贮藏两大部分。内容包括：绪论，种子加工基础，种子清选、精选原理，种子预加工设备，种子清选、精选设备，种子干燥，种子处理和包衣，种子包装，种子加工工艺，种子加工成套设备，种子贮藏基础，种子仓库害虫和微生物及其防治，种子贮藏与管理。

本书适用于高等农林院校农学类专业及种子专业教学使用，也可供其他专业生产、教学和科研工作者参考。

图书在版编目（CIP）数据

作物种子加工与贮藏/张彭良主编. —成都：西南交通大学出版社，2016.7
高等职业教育农学园艺类"十三五"规划教材
ISBN 978-7-5643-4799-4

Ⅰ. ①作… Ⅱ. ①张… Ⅲ. ①作物－种子－加工－高等职业教育－教材②作物－种子－贮藏－高等职业教育－教材 Ⅳ. ①S339.3

中国版本图书馆 CIP 数据核字（2016）第 162247 号

高等职业教育农学园艺类"十三五"规划教材

作物种子加工与贮藏

主编　张彭良

责 任 编 辑	牛　君
特 邀 编 辑	王雅琴
封 面 设 计	何东琳设计工作室
出 版 发 行	西南交通大学出版社 （四川省成都市二环路北一段 111 号 西南交通大学创新大厦 21 楼）
发行部电话	028-87600564　028-87600533
邮 政 编 码	610031
网　　　址	http://www.xnjdcbs.com
印　　　刷	成都蓉军广告印务有限责任公司
成 品 尺 寸	185 mm×260 mm
印　　　张	20
字　　　数	499 千
版　　　次	2016 年 7 月第 1 版
印　　　次	2016 年 7 月第 1 次
书　　　号	ISBN 978-7-5643-4799-4
定　　　价	45.00 元

课件咨询电话：028-87600533
图书如有印装质量问题　本社负责退换
版权所有　盗版必究　举报电话：028-87600562

前　言

根据教育部颁发的《关于全面提高高等职业教育教学质量的若干意见》（高教〔2006〕16号）和《教育部关于开展现代学徒制试点工作的意见》（教职成〔2014〕9号）文件精神，农林类本专科教育教学工作和高职高专人才培养体系改革，迫切需要按照职业岗位对知识、能力的要求调整课程设置，根据职业教育特点整合教学内容，以能力为本位突出实践教学，打破教学与生产分离的教学模式。为达到此目的，非常需要一本适合现代教学改革方向的、有利于培养新型应用型人才的"作物种子加工与贮藏"的领域教材。因此，我们在进行"作物专业全国重点专业建设""国家职业教育种子生产与经营专业教学资源库建设"和"现代学徒制试点种子专业建设"项目的同时，参考目前国内外的研究进展和成果，集合国内外"作物种子加工与贮藏"领域教材的优点，编写了本教材。

本书内容安排由浅入深，循序渐进，符合教材的系统性和条理性，文字力求简练，内容力求突出企业操作实践的要求。教师在使用该书作为教材时，要求既要保持本课程的科学性、系统性，又要处理好理论教学与实践操作的关系，突出实践和工作岗位的要求；可以把相关的操作内容安排在企业顶岗实习中进行师徒教学；部分综合设备的操作也可以安排在集中实训中学习，同时要兼顾作物种子加工、贮藏的季节性、时间性特点，灵活机动地安排教学内容；在学科教学安排中，要注意与"作物栽培""种子生产技术"课程的联系和衔接。

本教材内容分为绪论，种子加工基础，种子清选、精选原理，种子预加工设备，种子清选、精选设备，种子干燥，种子处理和包衣，种子包装，种子加工工艺，种子加工成套设备，种子贮藏基础，种子仓库害虫和微生物及其防治，种子贮藏与管理12章，每部分内容既阐述基本原理，又介绍相关实用技术设备，既兼顾系统概括性，又兼顾操作实用性。

本书可作为高职高专和成人教育的种子专业、作物类专业、生物技术专业、植物保护专业等的课程教学用书，建议教学时数为100学时，实践教学可以根据学时灵活安排；本书也可以作为农业本专科院校和中等职业学校师生的教学参考书；还可供相关专业的农业技术人员作为技术参考使用。

本书相关课程资源（动画、教学视频、教案、课件、课程标准、课程导学、习题及答案等）见网址：www.icve.com.cn/zz。

本书是作者在长期从事种子加工贮藏教学、科研实践的基础上，紧密结合高职及本科教学特点，参考目前国内外的研究进展和成果编写而成的。

　　本书在编写过程中，得到了张建萍老师的大力支持并帮助审稿，谢谢你的无私奉献与帮助！成都农业职业技术学院张世鲜、韩春梅和李春龙等老师也给予了大力支持，在此一并表示衷心的感谢！同时，感谢大批行业前辈颜启传、孙群、胡晋、孙庆泉、刘松涛等老师的辛勤工作，正因为有了你们在种子加工与贮藏学术领域的积累，才有了我们今天的进一步丰富和发展！最后，还要感谢以下校企合作企业：四川邡牌种业有限公司、仲衍种业股份有限公司、金色农华成都分公司，它们为本书成书提供了大力支持。

　　囿于作者水平，书中疏漏之处在所难免，恳请广大读者批评并提出宝贵意见，以便作者及时勘误完善。

编　者

2016 年 2 月

目　录

第二部分　种子贮藏

绪 论

直接或间接为人类需要而栽培的植物统称为作物，作物种子是农业生产中最基本的可再生生产资料，是农业科学技术和各种农业生产资料发挥作用的载体。本书中所提及的种子，就是指作物种子。种子加工与贮藏是提高种子质量的重要手段，是实现种子商品化的关键环节，是农业可持续发展和现代农作物种业发展的重要环节和推动力量。

一、种子加工与贮藏的含义

种子加工是指从收获到播种前对种子所采取的各种处理，包括种子干燥、种子清选、种子包衣、种子包装等一系列工序，以达到提高种子质量，保证种子安全贮藏，促进田间成苗及提高产量的要求。

种子贮藏是指合格的种子选择适宜的环境条件有机存放，达到保持和提高种子质量、延长种性的目的。生产的种子由于受到栽培条件和种子休眠及调运等因素的影响，需要使种子暂时存放一定时间，以备生产上利用。

二、种子加工与贮藏的内容

种子加工内容包括种子清选、干燥、精选分级，种子包衣，种子播前处理、定量或定数包装等加工程序，即把新收获的种子加工成商品种子的工艺过程。

种子贮藏的内容是指采用合理的贮藏设备和先进科学的贮藏技术，人为地控制贮藏条件，使种子的生活力保持在尽可能高的水平，使种子数量的损失降到最低限度，为农业生产提供高质量的种子，为植物育种工作者提供丰富的种质资源。

三、种子加工与贮藏在农业生产上的意义

（1）提高及保持种子的优良种性。1997 年国务院制定的《全国种子发展"九五"计划和2010 年远景规划》提出，到 20 世纪末以增产 50 亿千克粮食为目标，种子承担 36%。因此，进行"种子加工"势在必行，加工后的种子出苗整齐、苗多苗壮、分蘖多、成穗多，一般可增产 5% ~ 10%。因此，"种子加工与贮藏"是今后粮食增产的一个重要技术保证。

（2）减少播种量，节约粮食。经加工贮藏处理后，种子净度可提高 2%～3%，千粒重[①]提高 2%～3%，发芽率提高 5%～10%，种子质量明显提高。精选后可减少播种量 10%～20%，包衣后用种量可降低 50%。以小麦为例，如推广精量、半精量播种，每 667 m² 可减少用种量 2.5～5 kg。此外，加工出来的瘦籽、碎粒还可用作饲料。

（3）提高种子的商品性，能有效地防止种子经营中伪劣种子的流通。种子加工及贮藏可按不同的用途及销售市场，分级加工成不同等级要求的种子，并实行标准化包装销售，提高了种子的商品性，从而防止伪劣种子鱼目混珠，坑农，害农。

（4）贮藏加工处理后的种子有利于机械化播种和环境保护，提高劳动效率。种子加工处理后，籽粒饱满，大小均匀，适于机械化播种，且因田间杂草少，作物生长整齐，成熟一致，可大大减少田间管理的劳动量。利用机械化作业，比手工劳动提高工效几十倍甚至上百倍。

（5）减少农药和肥料的污染，促进农业的可持续发展。种子经贮藏加工处理，可去掉大部分含病虫害的籽粒；且在种子包衣过程中，可将药肥溶于包衣剂中，缓慢释放，为幼苗生长提供良好条件，因此可减少化肥农药施用量；由外向型施药转为内向型施药，利于环境保护，不断促进农业的可持续发展。

另外种子加工与贮藏，不仅对农业生产发展具有十分重要的意义，而且对于确保种子的安全运输，保持种子较高的生活力，都具有不可低估的作用。

四、中国种子加工与贮藏的发展

中国是农业大国，是世界最大的植物起源中心之一，我们的祖先在种子的贮藏与加工方面，积累了丰富的经验和知识。汉朝的《尹都尉书》和《氾胜之书》就有关于谷物药剂拌种和浸种处理方法的记载，这是世界上种子药剂处理的最早记载。其中非常著名的是《氾胜之书》记载的"溲种法"，也称"附子渍种"，即在播种前 20 天左右，用马骨煮出清汁，泡上有毒性的中药附子，加入蚕粪和羊粪，搅成稠汁浸种。浸过的种子蒙上了一层带有药味的有机质，播种后可以避免虫蛀，萌发后，因根部伴有养料，幼苗长得整齐健壮。种子清选用的扇车，早在西汉时代就有记载。手筛也在《王祯农书》上有记述。长期以来，我国农民除了利用风车、手筛等工具对种子进行风选、筛选，也使用泥浆和盐水进行选种。这些传统的加工手段在我国一直应用到 20 世纪 70 年代。

党的十一届三中全会以来，我国农业生产和种子事业进入了一个新的发展时期，种子加工与贮藏也得到迅速发展，经历了起步、发展和提高 3 个阶段。

注：① 实为质量，包括后文的重量、比重、容重、称重等。但现阶段在农林等行业一直沿用，为使学生了解、熟悉本行业的生产、科研实际，本书予以保留。——编者注

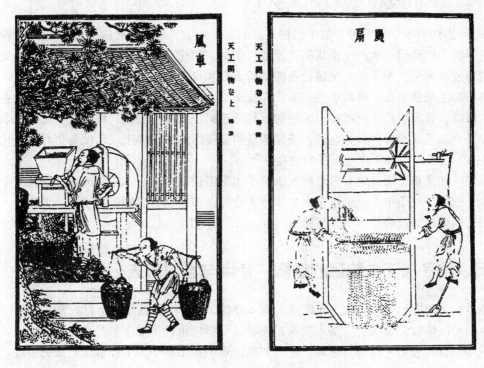

图 0.1　17 世纪我国使用的种子清选农具——风车、风扇

（一）起步阶段（1975 年以前）

　　和国外相比，我国种子加工与贮藏技术发展很晚。新中国成立之前我国种子产业是合并在粮食产业中的，1953 年农业部开始下设种子站，开展种子技术方面的培训工作。20 世纪 50 年代我国才从苏联、匈牙利引进样机，由沈阳农具厂仿制了种子清选机，但新仿制的清选机破碎率高，清选效果差，推广数量少。

　　上述设备的引进，为我国种子加工业的发展提供了样机和技术。截止到 1990 年，我国种子加工成套设备已经发展到 300 多套，精选机 5 000 余台。这个阶段，种子加工以使用精选单机为主，主要有 5XF-1.3 复式种子清选机、5XZ-1.0（2.5）比重精选机等，成套设备利用率较低。

（二）引进发展阶段（1976—1980 年）

　　从 1976 年开始，我国种子加工与贮藏的科研、生产工作才开始起步发展。1978 年召开了第一次全国种子"四化一供"工作会议，国务院下发了 97 号文件，要求逐步实现种子"四化一供"，改变种子工作"四自一辅"的局面，全国相继成立了各级种子公司 2 000 多个。为了提高种子质量，开始从国外引进种子加工单机，进行种子加工。同时，相关农业机械研究单位与农业院校开始从事种子加工技术的研究工作，种子工业和种子加工机械化开始逐步发展起来。

（三）提高阶段（1980 年至今）

20 世纪 80 年代，我国种子加工机械从开始起步走上了蓬勃发展的 10 年。这一阶段的特点：种子加工的科研、生产工作从引进设备、仿制、消化、吸收进入自主开发研制、生产推广的快速发展时期。种子加工机械设备的试验研究和自主开发研制工作从单机到机组，再发展到种子加工成套设备。科研单位和生产厂家对"九五"期间我国引进的种子加工设备进行消化、吸收，开发生产了一批技术先进的风筛清选机、比重清选机、种子包衣机，配套设备不断完善，工艺流程设计日趋合理，安装质量明显提高，种子加工成套设备初具系列化，填补了 10 t/h 以上种子加工成套设备的空白。

现在，在北京、南京建有两个国家级种子加工工程技术中心。在全国各地建有多个国际先进水平的种子加工中心。全国多家大型种子企业在多地建有多种植物种子加工企业，并且呈现追赶国际最新发展趋势的良好势头。

五、种子加工与贮藏的性质、特点与学习方法

本教材主要介绍了种子加工与贮藏的基本原理，相关机械设备的功能、结构、操作使用、维修保养与故障排除等内容。基本要求是使学员掌握常用种子加工与贮藏的基本知识，了解相关技术与机械设备的结构、原理、使用知识，熟悉常用种子加工设备及贮藏的手段、措施和方法。

种子加工与贮藏是一门农业职业技能，从事种子加工人员已列入国家农业职业——"种子加工员"系列，分为初级、中级、高级、技师、高级技师。种子加工内容丰富，涉及机械、种子、农药、相关法律法规和技术标准等。种子加工是一类实践性很强、以操作使用为主的工种，是现代农作物种业的重要生产环节。从事种子加工与贮藏的人员，不仅要掌握课堂学习的基础知识，更要重视在实际工作中的学习和实践：一是通过自学、阅读使用说明书、相关书籍、网络查询，提高种子加工的理论水平；二是对购置使用的设备，要在生产厂家技术人员的培训指导下，掌握操作使用和一般维护保养技能；对于种子加工成套设备，要在设备安装、调试、验收和试运行的全过程中参与学习、实践，熟悉设备的结构原理和操作程序；三是在种子加工与贮藏过程中遇见的难题和重大故障，要及时向专家、同行、生产厂家技术人员咨询，请设备维修人员上门服务；四是要参照相关机器设备操作规程要求，定期进行设备维护保养和大修，延长机器使用寿命，保证种子加工正常进行。

种子加工与贮藏是种子科学的一个重要分支，是提高和保持种子质量的一个重要途径，随着现代科学技术的进步，种子加工和贮藏必将对农业的持续发展发挥更大的作用。

思考 题

1. 简述种子加工与贮藏的意义。
2. 简述中国种子加工业的现状，论述中国种子加工业的发展趋势。

第一部分

种子加工

第一章 种子加工基础

第一节 种子形态和构造

自然界的种子种类繁多，具有相同或相异的形态特征。种子形态与构造是鉴别各种种子和品种的重要依据，同时和清选、分级与安全贮藏有密切关系。同一科属的农作物种子，不但在形态上相似，在化学成分和生理特性方面亦往往有共同之处。因此，种子在形态学上的分类，可以表明农作物种子各个类型的共同特点，对种子的鉴定和利用具有一定参考价值。

从遗传学的角度来看，种子在形态构造上所表现的植物遗传特性最为稳定，不同植物之间有明显的区别，即不同品种之间也存在着某些细微的差异。这些差异在进行农作物的品种鉴定时都值得注意。因此，要深入了解植物的形态特征，不仅要仔细观察其外表性状和内部构造，还须进一步应用显微技术，对种子各部分的细胞组织进行精细的研究，找出十分微小的差别，作为鉴定种或品种的判断依据。

一、种子的一般形态构造

（一）种子的外部形态

目前地球上分布的种子植物约有 25.5 万种，其中绝大部分是被子植物，裸子植物仅有700 余种。各种植物的种子在形态构造上千差万别，首先可就其外表性状从以下三方面进行观察比较。

1. 外 形

种子的外形以球形（豌豆）、椭圆形（大豆）、肾脏形（菜豆）、牙齿形（玉米）、纺锤形（大麦）、扁椭圆形（蓖麻）、卵形或圆锥形（棉花）、扁卵形（瓜类）、扁圆形（兵豆）、楔形或不规则形（黄麻）等较为常见。其他比较稀少的有三棱形（荞麦）、螺旋形（黄花苜蓿的荚果）、近似方形（豆薯）、盾形（葱）、钱币形（榆树）、头颅形（椰子）等。此外还有细小如鱼卵（苋菜）、带坚刺如菱角（菠菜）、具薄翅如蝴蝶[墨西哥猴梳藤（Pithecoctenium echinatum）]、细小如尘埃（兰花）以及其他各种奇异形状。种子的外形一般可用肉眼观察，但有些细小的种子则须借助于放大镜或显微镜等仪器才能观察清楚。

2. 色 泽

种子由于含有各种不同的色素，往往呈现各种不同的颜色及斑纹，有的鲜明，有的黯淡，有的富有光泽。在实践上可根据不同的色泽来鉴别作物的种和品种。例如大多数玉米品种的籽实呈橙黄色，有的品种则呈鲜黄色、浅黄色、玉白色，乃至乳白色。大豆亦因品种不同而呈多种多样的颜色，如浅黄、淡绿、紫红、深褐以及黑色等。小麦品种根据外表颜色可分红皮及白皮两大类型，每一类型又有深浅明暗的差别。种子所含色素存在于不同的部位。如紫稻的花青素、荞麦的黑褐色存在于果皮内；而红米稻的红褐色、高粱的棕褐色则存在于种皮内；又如大麦的青紫色存在于糊粉层内；玉米的黄色存在于胚乳内；也有某些色素存在于子叶内，如青仁大豆的淡绿色等。

3. 大 小

种子的大小常用籽粒的平均长、宽、厚或千粒重来表示。种子的长、宽、厚在清选上有重要意义。而在农业生产上，则往往用其千粒重（或百粒重）作为衡量种子品质的主要指标之一。不同植物的种子，大小相差悬殊。就农作物而言，大粒蚕豆的千粒重可达 2 500 g，而烟草种子的千粒重仅 0.06 ~ 0.08 g。同一种作物因品种不同，种子大小的变异幅度也相当大，如小粒玉米的千粒重约 50 g，而大粒品种可达 1 000 g 以上。但主要农作物的种子千粒重大多数在 20 ~ 50 g。

种子的形状和色泽在遗传上是相当稳定的，而在不同品种之间，往往存在着显著的差异。因此，可作为鉴别作物品种的依据。种子大小也是品种特征之一，种子的长度和宽度一般比较稳定，但厚度及千粒重却受生长环境和栽培条件的影响较大，即使是同一品种，在不同地区和不同年份，种子的充实饱满程度亦大相悬殊。

应该指出，作物种子的形状、色泽和大小不但在不同程度上受到作物成熟期间气候条件的影响，同时和种子本身的成熟度也有密切关系。

（二）种子的基本构造

农作物种子形形色色，形态性状非常多样化，但从植物形态角度进行观察和研究，则绝大多数种子的构造，基本上具有共同之点，即每颗种子都由种皮、胚和胚乳三个主要部分组成。

1. 果皮和种皮

有些果实在表面上和种子很相像，如颖果、瘦果、坚果以及少数作物的荚果，在农业生产实践上，不必脱去果皮，可以直接作为播种材料，尤其禾谷类的颖果，是一种非常重要的农业种子，其种皮与果皮很薄，紧贴在一起，为了方便起见，往往称为果种皮。

果皮和种皮是包围在胚乳外部的保护构造，其组织的层次与厚薄、结构的致密程度、胞壁的加厚状况以及细胞所含的各种化学物质（如单宁、色素等）都会在不同程度上影响到种子与外界环境的关系，因而对种子的休眠、寿命、发芽、预措及干燥过程等均可发生直接或间接的作用。果皮和种皮的表面状况（光滑程度、茸毛有无等）可以作为种子清选和加工时选择操作方法和使用工具的依据，而种皮上的花纹（斑纹及网纹）、颜色、茸毛等特点，可用来鉴别作物的不同种类和不同品种。

果皮由子房壁发育而成，一般分三层：外果皮、中果皮及内果皮。但在农作物中，水稻、小麦、玉米、荞麦等果皮分化均不明显。外果皮通常为一层或两层表皮细胞所组成，常有茸毛及气孔。根据果皮上茸毛的有无和多少，可作为鉴定某些作物种子的依据。如硬粒小麦籽粒，上端无茸毛或茸毛很不明显，而普通小麦茸毛很长。中果皮大多数只有一层，内果皮细胞有一至数层不等。在果皮或稃壳上往往分布着非常明显的输导组织（维管束）。果皮的颜色有的是由花青素产生的，有的是存在杂色体的缘故，未成熟的果实含有大量的叶绿素。

种皮由一层或两层珠被发育而成，外珠被发育成外种皮，内珠被发育成内种皮。外种皮厚而强韧，内种皮多成薄膜状。禾谷类作物种皮到成熟时，只残留痕迹，而豆类作物种皮一般都很发达。

在种皮的细胞中，不含原生质。因此，细胞是没有生命的，在种皮外部通常可以看到胚珠的遗迹，有时种子太小，不易观察清楚，须经放大才明显。有些种子在发育过程中，附近的细胞发生变化，某些遗迹就不存在。一般种子外部可看到以下几种胚珠遗迹。

（1）发芽口

这就是受精前胚珠时期的珠孔，授粉后花粉管伸长，经此孔进入胚囊。当胚珠受精后，发育成种子，就称为种孔或发芽口。它的位置正好位于种皮下面的胚根尖端。当种子发芽时，水分首先从这个小孔进入种子内部，胚根细胞很快吸水膨胀，从这个小孔伸出。大粒的豆类种子的发芽口比较明显，有时用肉眼就可观察清楚。有一些作物种子很难辨出，可观察其发芽时胚根在种皮上的突破口，即为发芽口的部位。有的种子吸胀以后，用手挤压可看到水滴从种皮某部位一个小孔里冒出，也就是发芽口的所在处。

（2）脐

种子附着在胎座上的部分称为种脐或简称脐，也就是种子成熟后从珠柄上脱落时的疤痕。其颜色往往和种皮不同，形状大小亦因植物种类而有差异。脐最显著的是豆科作物种子，例如蚕豆的脐呈粗线状，黑色或青白色，位于种子较大的一端；刀豆的脐呈长椭圆形，褐色，位于种子的侧面中部；菜豆的脐呈卵形，白色或边缘有色；大豆的脐从黄白色到黑色都有，脐的形状有圆形、椭圆形、卵形、不规则形及其他形状。按脐的高低可以分突出（如豇豆）、相平（如大豆）、凹陷（如菜豆）三种情况。所以脐的性状是鉴定豆类作物类型和区别品种的重要依据（图1-1）。有些种子实际上是植物学上的干果，如禾谷类的籽实，菊科和蓼科的瘦果，只能看到果脐。禾谷类籽实的果脐很小，且不明显，需要用放大镜进行观察。

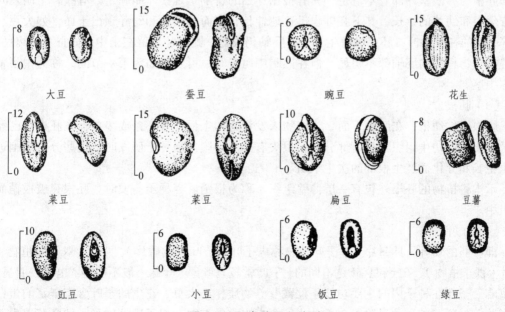

图 1-1　豆类种子和脐型

有些植物的种子，从珠柄脱落时，珠柄的残片附着在脐上，这种附着物称为脐褥或脐冠，如蚕豆、扁豆等。

（3）脐条

脐条又称种脊或种脉，它是倒生或半倒生胚珠从珠柄通到合点的维管束遗迹。维管束从珠柄到合点时，不直接进入种子内部而先在种皮上通过一段距离，然后至珠心层供给养分。不同类型植物的种子，其脐条长短不同。豆类和棉花等种皮上可观察到明显的脐条。由直生胚珠发育而来的种子是没有脐条的。

（4）内脐

内脐是胚珠时期合点的遗迹，即脐条的终点部位（亦即维管束的末端）。通常稍呈突起状，在豆类和棉花的种子上可看得比较清楚。

2. 胚

胚是种子最主要的部分，通常是由受精卵发育而成的幼小植物体。各类种子的胚，因各部分的构造与发育程度不同，其形状各异，但所具备的基本器官完全相同，一般可分为胚芽、胚轴、胚根和子叶四部分。

（1）胚芽

胚芽又称幼芽，它是叶、茎的原始体，位于胚轴的上端，它的顶部就是茎的生长点。在种子萌发前，胚芽的分化程度是不同的，有的在生长点基部已经形成一片或数片初生叶，有的仅仅是一团分生细胞。禾本科植物的胚芽由 3~5 片胚叶所组成，着生在最外部的一片呈圆筒状，称为芽鞘。

（2）胚轴

胚轴又称胚茎，是连接胚芽和胚根的过渡部分。双子叶植物子叶着生点和胚根之间部分，称为下胚轴，而子叶着生点以上部分，称为上胚轴。在种子发芽前大都不明显，所以通常胚轴和胚根的界限从外部看不清楚，只有根据详细的解剖学观察才能确定。有些种子萌发时，随着幼根和幼芽的生长，其下胚轴也迅速地伸长，因而把子叶和幼芽顶出土面，如大豆、棉花等；有的在发芽时，胚芽显著生长，下胚轴仍很短，则子叶残留在土中，如蚕豆、豌豆等。禾谷类作物籽实的胚轴部不明显，但在黑暗中萌发时，可延长而为第一节间，称为中胚轴，亦称中茎。

（3）胚根

胚根又称幼根，在胚轴下面，为植物未发育的初生根，有一条或多条。在胚根中已经可以区分出根的初生组织与根冠部分，在根尖有分生细胞。当种子萌发时，这些分生细胞进行迅速生长和分化而产生根部的次生组织。

禾本科植物的胚根外包有一层薄壁组织，称为根鞘。当种子萌发时，胚根突破根鞘而伸入土中。

（4）子叶

即种胚的幼叶，具一片（单子叶植物称内子叶、子叶盘或盾片）、两片（双子叶植物）或多片（裸子植物）。子叶和真叶是不同的，子叶常较真叶厚，叶脉一般不明显，也有较明显的，如蓖麻。子叶在种子内的主要功能是贮藏营养物质，如大豆、花生的子叶含有丰富的蛋白质和脂肪；蚕豆、豌豆种子除蛋白质外，还含有丰富的淀粉。双子叶植物种子的胚芽着生于两片子叶之间，子叶起保护作用。两片子叶通常大小相等，互相对称，但经仔细观察，有时也会发现两片子叶大小不同的类型，如棉花、油菜等。出土的绿色子叶又是幼苗最初的同化器官。

禾本科植物种子的子叶（即盾片）具有特殊的生理功能，在发芽时能分泌酶使胚乳中的养料迅速分解，成为简单的可溶性物质，并吸收以供胚利用，起到传递养料的桥梁作用。

通常每颗种子只有一个胚，但有时可发现同一颗种子里包含着 2 个或 2 个以上的胚。多胚容易和复粒相混淆。复粒是在同一花内，由 2 个或 2 个以上的子房发育而成。例如复粒稻是在同一颗谷子里含有 2 粒或 2 粒以上的米粒，而每粒米是一个颖果，只有一个胚，所以不能称为多胚。

各种主要作物的胚，根据其外部形态，可分为以下六种类型（图 1-2）。

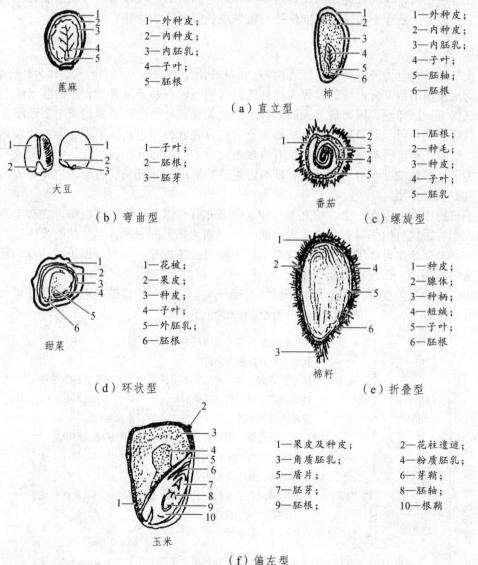

图 1-2　主要作物胚的类型

11

① 直立型。胚根、胚轴及子叶与种子纵轴平行，如菊科、葫芦科、大戟科、柿树科等植物。

② 弯曲型。胚根和胚芽弯曲呈钩状，如大豆、蚕豆等。

③ 螺旋型。子叶及胚根盘旋呈螺旋型，如番茄、辣椒等。

④ 环状型。胚细长，沿种皮内层绕一周呈环状，胚根与子叶几乎相接，如甜菜、菠菜等。

⑤ 折叠型。子叶发达，折叠数层，填满于种皮内部，如棉花、红麻等。

⑥ 偏左型。胚较小，位于胚乳的侧面或背面的基部，如禾本科的稻、小麦、玉米等。

总体来说，胚是种子最主要的部分，其中胚根、胚轴和胚芽是构成胚的基本器官，以后发芽成长为新植株——幼苗；胚根、胚轴和胚芽合称为胚中轴（embryo axis）或胚本部。子叶一般是过渡性结构，仅在发芽期间起提供养料和传递养料的生理机能，待幼苗成长，就逐渐解体消失，但有少数作物的子叶也能保持到植株成长以后，如棉花、大豆。

3. 胚 乳

胚乳按来源不同分为外胚乳和内胚乳两种。由珠心层细胞直接发育而成的，称为外胚乳。由胚囊中受精极核细胞发育而成的，称为内胚乳。有的胚乳在种子发育过程中被胚吸收而消耗殆尽，仅留下一层薄膜，因而成为无胚乳种子；在无胚乳种子中，营养物质主要贮藏在子叶内，如豆科、葫芦科、蔷薇科及菊科植物种子。在有胚乳种子中，一般内胚乳比较发达，如禾本科、茄科、伞形科等植物种子；仅有少数植物种子的外胚乳比较发达，如藜科及石竹科等植物种子。胚乳的营养对幼苗健壮程度有着重要的影响。胚乳花粉直感的色泽对玉米杂交种鉴定具有重要作用。

在裸子植物中，如银杏、松、柏之类，种子内部亦有相当发达的贮藏组织，含有丰富的养料，从表面看，这种组织具有营养生理功能，亦应列为胚乳的一种。但从植物发生学的角度看，这一部分完全由母体组织直接发育而来，不经过受精过程，所以和被子植物有胚乳在本质上是截然不同的，因而称为配子体。

从植物形态学的角度看，不论是被子植物或裸子植物，只有经受精过程的胚珠发育而成的繁殖器官，才是真种子。它的组成部分可概括归纳于下。

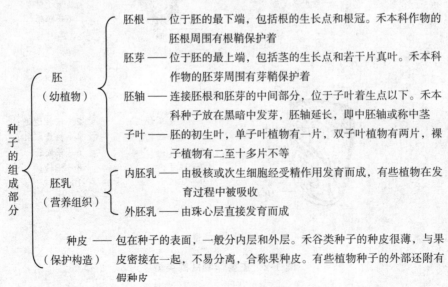

种子的组成部分

- 胚（幼植物）
  - 胚根——位于胚的最下端，包括根的生长点和根冠。禾本科作物的胚根周围有根鞘保护着
  - 胚芽——位于胚的最上端，包括茎的生长点和若干片真叶。禾本科作物的胚芽周围有芽鞘保护着
  - 胚轴——连接胚根和胚芽的中间部分，位于子叶着生点以下。禾本科种子放在黑暗中发芽，胚轴延长，即中胚轴或称中茎
  - 子叶——胚的初生叶，单子叶植物有一片，双子叶植物有两片，裸子植物有二至十多片不等
- 胚乳（营养组织）
  - 内胚乳——由极核或次生细胞经受精作用发育而成，有些植物在发育过程中被吸收
  - 外胚乳——由珠心层直接发育而成
- （保护构造）
  - 种皮——包在种子的表面，一般分内层和外层。禾谷类种子的种皮很薄，与果皮密接在一起，不易分离，合称果种皮。有些植物种子的外部还附有假种皮

禾谷类在粮食作物中占有首要地位，但它的籽实是颖果，不是真种子，其外表紧紧贴着一层果皮。有的类型，外面还包着一层稃壳，所以属于种子的部分，只占整个籽实的 70%~90%；禾谷类的胚占整个籽实的比例比大多数植物的胚要小得多，平均只占 2.2%；但高粱例外，它的胚几乎占到 10%；玉米就胚中轴来说，只占 1.1%~2.0%，但盾片却特别发达，占了10% 以上（详见表 1-1）。

表 1-1　禾谷类籽粒各部分的比例（据 N. L. Kent，1975）　　　　（单位：%）

作物			稃壳	果皮+种皮	糊粉层	淀粉层	胚	
							胚中轴	盾片
稻	带稃壳		20	4.8		73.0	2.2	
	去稃壳	籼稻	—	7.0		90.7	0.9	1.4
		埃及稻	—	5.0		90.1	3.3	
玉米	硬粒种			6.5	2.2	79.6	1.1	10.6
	甜味种			5.1	3.3	76.4	2.0	13.2
高粱					7.9	82.3	9.8	
小麦	Thatcher			8.2	6.7	81.5	1.3	2.0
	Vilmorin27			8.0	7.0	82.5	1.0	1.5
	阿根廷种（Argentinian）			9.5	6.4	81.4	1.3	1.4
	埃及种（Egyptian）			7.4	6.7	84.1	1.3	1.5
大麦	带稃壳		13	2.9	4.8	76.2	1.7	1.3
	去稃壳		—	3.3	5.5	87.6	1.9	1.5
燕麦	带稃壳		25	9.0		63.0	1.2	1.6
	去稃壳		—	12.0		84.0	1.6	2.1
黑麦			—	10.0		86.5	1.8	1.7

二、主要作物种子的形态结构

种子的形态结构在种和品种之间常存在差异，因此很多性状可作为鉴别植物种和品种的依据，如种子的形状、大小、颜色；种子表面的光滑度，表皮上茸毛的有无、稀密及分布状况；胚和胚乳的部位；种脐的形状、大小、凹凸、颜色及着生部位等。此外，根据某些作物种皮的组织解剖特点，也可以鉴定种子的真实性，如大豆、豌豆的品种之间，十字花科的不同种及品种之间，其种皮细胞的形态有显著差异，因此在用其他方法难以鉴定真实性的情况下，可以应用解剖学的方法。

现将主要作物种子的形态、构造和解剖分述于下。

（一）水　稻

水稻的籽粒（kernel）——稻谷（rough rice），如图 1-3 所示，由米粒及稃壳两部分构成。稃壳由护颖及内外稃组成，护颖是籽粒基部的一对披针形小片，米粒由内外稃（各一片）所包裹，稃壳的顶端称稃尖，在许多品种中，外稃的尖端延伸为芒。各品种的护颖、内外稃和芒所具有的颜色、特征及稃尖的颜色等性状，可以作为鉴定品种的依据。

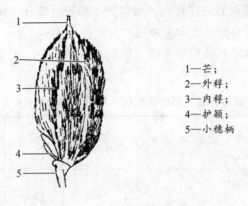

1—芒；
2—外稃；
3—内稃；
4—护颖；
5—小穗柄

（a）稻谷外形

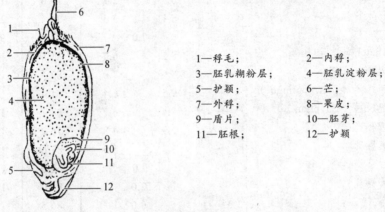

1—稃毛；   2—内稃；
3—胚乳糊粉层；   4—胚乳淀粉层；
5—护颖；   6—芒；
7—外稃；   8—果皮；
9—盾片；   10—胚芽；
11—胚根；   12—护颖

（b）稻谷纵剖面

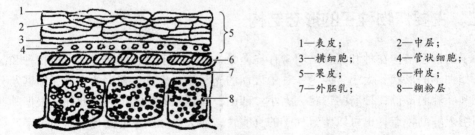

1—表皮；   2—中层；
3—横细胞；   4—管状细胞；
5—果皮；   6—种皮；
7—外胚乳；   8—糊粉层

（c）米粒横剖面

图 1-3 水 稻

糙米（brown rice）是一颗真正的果实，其有胚的一侧被外稃所包裹，米粒的这一侧在习惯上称为腹面，另一侧则称之为背面（禾本科其他作物的籽粒恰好相反）。背部有一条纵沟，在米粒的两侧又各有 2 条纵沟称为侧纵沟。纵沟部位与其稃壳上的维管束相对应。

米粒（糙米）由皮层（包括果皮和种皮）、胚乳（endosperm）及胚（embryo）三部分组成，果皮（pericarp）包括表皮、中层（中果皮）、横细胞和管状细胞。种皮（seed coat）以内是糊粉层（aleurone layer，胚乳外层），糊粉层内部则为淀粉层——由贮藏淀粉的细胞组成的胚乳。表皮仅由一列细胞组成，中果皮则有 6～7 列细胞，其下的横细胞有 2 列含有叶绿粒的细长形细胞。管状细胞由一列细长的纵向排列的细胞层组成，紧靠着下面的为一层种皮细胞，此层细胞内若有明显的色素则就成为红米。种皮以下残留的一层细胞不明晰的组织，为珠心层（nucellus）的遗迹，其下的组织即为内胚乳。内胚乳的外层即糊粉层，包含 1～2 层（多至 5～6 层）细胞，其内部充满蛋白质和脂肪，容易和其他各层细胞相区分。糊粉层以内的胚乳是由形状更大的薄壁细胞所组成，细胞内充满了淀粉粒和蛋白质。

水稻的胚很小，由胚芽（plumule）、胚轴（hypocotyl）、胚根（radicle）、盾片（scutellum）四部分组成，胚芽和胚根不在同一直线上，而几乎呈直角分布。

（二）小麦和大麦

普通小麦的籽粒不带稃壳（裸粒），如图 1-4 所示，由皮层、胚乳和胚三部分组成。种子的腹面有一纵沟，称腹沟（crease）。胚在种子背面的基部，在种子的另一端有茸毛。小麦腹沟的宽狭、深浅以及茸毛的疏密状况，都可以作为鉴别品种的依据。

1—茸毛；
2—腹沟；
3—果种皮；
4—胚部

腹面　背面

（a）籽粒外形

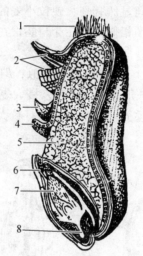

1—茸毛；
2—果皮；
3—种皮；
4—胚乳糊粉层；
5—胚乳淀粉层；
6—盾片；
7—胚芽；
8—胚根

（b）籽粒纵剖面

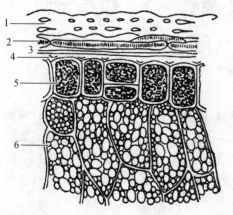

1，2，4—皮层；
3—色素层；
5—胚乳糊粉层；
6—胚乳淀粉层

（c）籽粒横剖面

图 1-4　小　麦

　　小麦的果皮由表皮、中层、横细胞、内表皮等组成。表皮细胞长形，具角质，顺着纵轴排列，这层细胞在籽粒的顶端形成茸毛，其长短因品种而不同。中层具有2~3列细胞，细胞壁的厚度增加不均匀，细胞间有明显的空隙，分布气孔遗迹，此层细胞在种子成熟的前期，对气体交换起很大作用。中层以下有一列长形细胞，顺着种子横轴排列，称横细胞层，胞壁增厚不均匀，在种子发育初期细胞内含有淀粉粒和叶绿粒，随着成熟度提高，叶绿粒消失，此层即失去光合作用能力，淀粉粒则向内部转移，细胞中充满空气。内层的果皮与水稻一样也是管状细胞层，顺着种子纵轴排列。小麦的种皮分内外两层，外层透明，内层存在色素，色素层的厚薄决定种子颜色的深浅。这两层均系长形的薄壁细胞组成，形状整齐，与种子的中心轴略成角度。种皮以下为不透明细胞组成的膨胀层，属外胚乳，其内部为内胚乳。内胚乳的外层是由近方形的较大的细胞组成的糊粉层，细胞内充满了混有油滴的蛋白质。此层在小麦中仅有1列细胞，而在靠近胚处，则完全消失，在腹沟处可有数列细胞。

　　糊粉层内部为内胚乳的淀粉层，由大型薄壁细胞组成，细胞具各种不同的形态，内部充满了各种大小不同的淀粉粒，淀粉粒的间隙中含有蛋白质。淀粉粒与蛋白质结合的牢固程度，在普通小麦与硬粒小麦之间显然有别，硬粒小麦的淀粉粒与蛋白质结合得特别牢固。

　　小麦的胚部形态与水稻相似，但胚芽与胚根在同一直线上，胚部占整个籽粒的比例较水稻大。

　　大麦籽粒的性状（图1-5）和小麦很相似，但因品种类型不同，在形状、大小等方面区别较大，一般二棱大麦的粒形大于四棱和六棱大麦，而且籽粒较为饱满，不同籽粒大小均匀。四棱大麦的籽粒大小很不整齐。六棱大麦的籽粒大小虽较整齐，但明显较小，千粒重远低于二棱和四棱大麦。

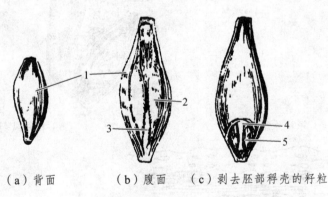

（a）背面　　　（b）腹面　　（c）剥去胚部稃壳的籽粒

图1-5　大　麦

1—外稃；2—内稃；3—小基刺；4—胚部；5—浆片

　　根据种子的植物形态学分类，大麦籽粒可分为包括果实及其外部的附属物（即皮大麦）和包括果实的全部（即裸大麦）两大类，前者在大麦结实后10天左右，果皮上分泌黏性物质，使之与内外稃胶结不易分离。皮大麦稃壳的很多性状，如稃壳的颜色、芒的性状、外稃基部的形状（皱褶情况）、腹沟基部小基刺（腹刺）的状况、腹沟的展开程度等，都可以作为鉴别品种的依据。

　　大麦腹沟的附近为内稃所包被，外稃较大，包被了整个籽粒的背部及腹面的一部分——离腹沟较远的部分（即腹面的外缘部分）。

剥开大麦籽粒胚部的外稃，可暴露出一对小小的浆片，在花器中浆片吸水膨胀是开花（推开内外稃）的动力，花开后即失水萎缩，残留在胚部附近。浆片亦可作为鉴定大麦品种的一个重要性状。

大麦籽粒的解剖学结构与小麦基本相同，但小麦的糊粉层仅 1 层细胞，而大麦有 2~4 层。大麦糊粉层的色泽因品种而不同，某些品种为蓝色，而另一些品种呈白色。

（三）玉　米

玉米籽粒的基本构造与上述两类作物相同，但籽粒大小却相差悬殊。栽培玉米的籽粒是一个完整的颖果，果种皮紧贴在一起不易分离，在籽粒上端的果皮上可观察到花柱遗迹（一般在邻近胚部的胚乳部位的果皮上）。玉米的胚特别大，约占籽粒总体积的 30%，占总重量的 10%~14%，透过果种皮，可清楚地看到胚和胚乳的分界线（图 1-6）。

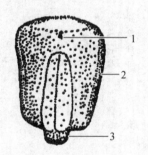

1—花柱遗迹；
2—果皮；
3—果柄

（a）籽粒外形

1—果皮	2—种皮
3—胚乳的角质部分；	4—胚乳的粉质部分；
5—盾片；	6—芽鞘；
7—胚芽；	8—维管束；
9—胚根；	10—根鞘
11—基部褐色层	

（b）籽粒纵剖面

图 1-6　玉　米

玉米籽粒的基部有果柄，但有时脱落，不连在籽粒上，在籽粒基部的果柄脱落处呈褐色，这是由于该部位存在基部褐色层（或称基部黑色层）。充分成熟的籽粒基部褐色层色素累积，颜色明显，因此可以作为种子成熟的重要标志。

玉米籽粒的形态在类型和品种之间存在很大差异，而且同一果穗上的种子，由于着生部位不同，其籽粒大小及粒形的差异也很显著。玉米籽粒的颜色有多种，总的可分为白色系统、黄色系统及紫色系统三类。

玉米的角质胚乳和粉质胚乳中淀粉粒具有不同的形态，角质胚乳中的淀粉粒为多角形，而粉质胚乳中的淀粉粒呈球形。

（四）荞 麦

荞麦的籽粒为瘦果（图1-7），略呈三棱形，果实基部留存五裂花萼，果实内部仅含1粒种子。果皮深褐色或黑褐色，较厚，包括外表皮、皮下组织、柔组织、内表皮四层。种皮很薄，为黄绿色的透明薄膜组织，包括表皮和海绵柔组织两部分，其下为发达的内胚乳，细胞中富含淀粉，淀粉粒多角形。荞麦种子的胚很大，属于胚乳与子叶均发达的类型，种胚位于种子中央，被内胚乳所包被。子叶薄而大，扭曲，横断面呈"S"形。

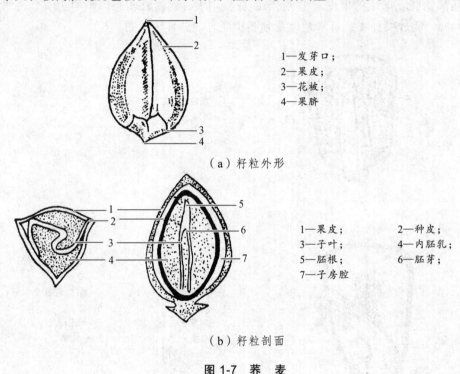

1—发芽口；
2—果皮；
3—花被；
4—果脐

（a）籽粒外形

1—果皮；　　2—种皮；
3—子叶；　　4—内胚乳；
5—胚根；　　6—胚芽；
7—子房腔

（b）籽粒剖面

图1-7 荞 麦

（五）大 豆

大豆为无胚乳种子，仅包括种皮和胚两部分（图1-8），子叶很发达，胚芽、胚轴、胚根所占的比率很小，且不在同一直线上。在种子侧面的种皮上可以观察到脐（hilum）、脐条（raphe）、内脐（chalaza）和发芽口（micropyle）等部位。大豆的种皮因品种不同而有多种颜色。一般品种为黄色，种皮上常易产生裂缝，保护性能较差。种皮由角质层、栅状细胞、柱状细胞、海绵细胞等多层细胞组成。栅状细胞为狭长的大型细胞，排列很紧密，细胞内含有色素，此层细胞的靠外端部分若发生硬化，就不易透过水分而使种子形成硬实，该部位的物理成分和化学成分常与其他部分有所差异，在显微镜下观察可看到一条明亮的线。因此，这一部位称之为明线。柱状细胞（或称骨状石细胞）体积很大，亦仅有一列细胞，其排列方向与栅状细胞相同。海绵细胞层由 7~8 列细胞组成，横向排列，细胞壁很薄，组织疏松，有很强的吸水力，一接触到水分，就迅速吸水而使种皮在很短的时间内膨胀。种皮以内是内胚乳遗迹，此层亦称蛋白质层，成薄膜状包围着种胚。

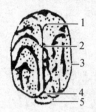

1—种皮；
2—内脐；
3—脐条；
4—脐；
5—发芽口；
6—胚根

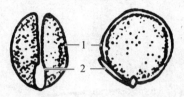

1—子叶；
2—胚根

（a）种子外形　　　　　　　　　　　（b）剥去种皮的种子

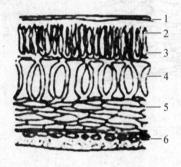

1—表皮；
2—明线；
3—栅状细胞；
4—柱状细胞（骨状石细胞）；
5—海绵柔组织；
6—内胚乳残物

（c）种子纵剖面

图 1-8 大　豆

图 1-9 为蚕豆种子结构。

1—种皮；
2—脐；
3—脐褥

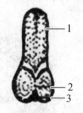

1—种皮；
2—发芽口；
3—脐

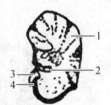

1—子叶；
2—胚芽；
3—胚轴；
4—胚根

（a）种子外形正面　　　（b）种子外形侧面　　　（c）种子纵剖面（去种皮）

图 1-9 蚕　豆

（六）花　生

花生与大豆虽同属豆科作物，但种子形态、种皮色泽和种皮结构均存在显著差异（图 1-10）。花生种子表面有一薄层种皮，呈肉色至粉红色，其上分布许多维管束。花生种皮与一般豆科植物不同，不存在栅状细胞和柱状细胞。因此，保护性能很差，很容易发生脆裂，在成熟及收获后的干燥、贮藏过程中，亦不能形成硬实。

花生种子属于无胚乳种子，子叶肥厚发达，胚芽、胚轴、胚根在同一直线上，形状粗而短，位于种子的基部，为子叶所包围。胚芽的两侧真叶已明显分化完成，4 片小叶呈羽状排列。

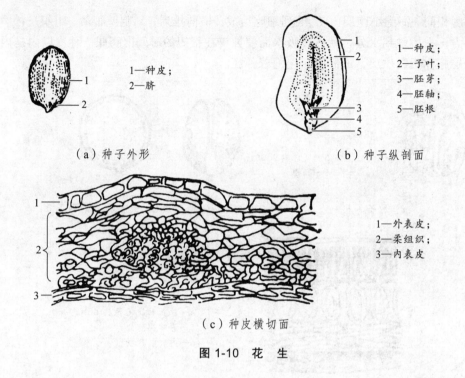

1—种皮；
2—脐

1—种皮；
2—子叶；
3—胚芽；
4—胚轴；
5—胚根

（a）种子外形　　　　　　　　　（b）种子纵剖面

1—外表皮；
2—柔组织；
3—内表皮

（c）种皮横切面

图 1-10　花　生

（七）油　菜

油菜籽亦属无胚乳种子（图 1-11），包括种皮及胚两部分，子叶为折叠型，2 片面积较大的子叶对折包在种皮内，子叶的外部仅存在胚乳遗迹。油菜种皮颜色在类型和品种之间存在差异，总的分黑褐色、黄色及暗红色三类。种皮上仅能观察到脐，但发芽口等部位难以用肉眼辨别出来。

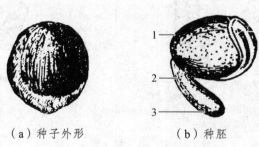

（a）种子外形　　　　　　（b）种胚

图 1-11　油　菜

1—子叶；2—胚轴；3—胚根

油菜种皮包括四层细胞，第一层为表皮，压缩成一薄层，由厚壁无色（有些类型为黄褐色）细胞组成。第二层为薄壁细胞，细胞较大，呈狭长形，成熟后干缩。第三层为厚壁的机械组织，由红褐色的长形细胞构成，细胞壁大部分木质化，此层细胞亦可称之为高脚杯状细胞。第四层是带状色素层，由排列较整齐的一列长形薄壁细胞组成，此层的色泽因类型、品种而不同，某些芥菜型呈褐色，白菜型和甘蓝型则呈浅色，色素层以下是胚乳蛋白质层的细胞，一般列入种皮。种皮以内即为富含油脂和蛋白质的子叶细胞。

油菜种皮的第一至第三层细胞是区别油菜和十字花科其他植物种子的重要依据。因为这三层细胞的形状、大小和胞壁厚薄在十字花科不同的种之间存在明显的差别。

（八）棉　花

棉花种子具有坚厚的种皮和发达的胚（图1-12），种子的腹面可观察到一条略微突起的纵沟，称为脐条。脐条的一端为内脐，另一端（种子尖端的部分）为种脐，发芽口亦在相同部位，此处附有种柄，但有时种柄脱落。棉花的种皮由表皮、外褐色层、无色层、栅状细胞、内褐色层等组成。表皮细胞1列，大形厚壁；外褐色层有密集的维管束贯穿其中；无色层由1~2列形状较小的无色细胞组成；栅状细胞层很厚，细胞狭长形，排列整齐紧密，靠外端部分的明线在显微镜下明晰易见；内褐色层是由6~7列压缩的柔细胞组成，呈深褐色。

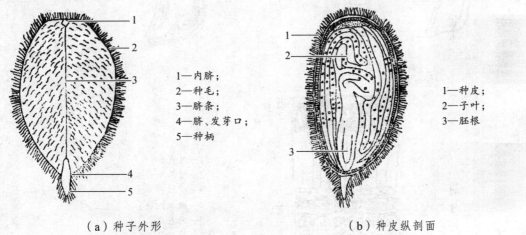

1—内脐；
2—种毛；
3—脐条；
4—脐、发芽口；
5—种柄

1—种皮；
2—子叶；
3—胚根

（a）种子外形　　　　　　　　　　（b）种皮纵剖面

1—种皮；
2—种毛；
3—表皮；
4—外褐色层；
5—无色层；
6—明线；
7—栅状组织；
8—内褐色层；
9—外胚乳；
10—内胚乳；
11—子叶；
12—腺体

（c）种皮横剖面

图1-12　棉　花

棉籽的外胚乳和内胚乳各有 1 列细胞，此层胚乳遗迹呈薄膜状，包围在胚的外部。子叶发达，表面积很大，呈多层不规则皱褶填满于种子内部，其上有深色的腺体，含有对人畜具毒害作用的棉酚。子叶细胞内充满了蛋白质及油脂。

（九）黄 麻

黄麻种子较小（图 1-13），呈楔形或不规则形，较钝的一端为种脐，较尖的一端为发芽口。种子的大小和颜色因类型不同而存在很大的差异，圆果种种子褐色，粒形大，长果种种子粒小，呈墨绿色。

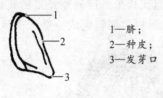

1—脐；
2—种皮；
3—发芽口

（a）种子外形

1—子叶；
2—胚乳；
3—种皮；
4—胚根

（b）种子纵剖面

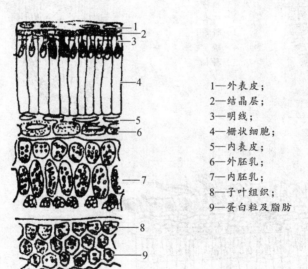

1—外表皮；
2—结晶层；
3—明线；
4—栅状细胞；
5—内表皮；
6—外胚乳；
7—内胚乳；
8—子叶组织；
9—蛋白粒及脂肪

（c）种子横剖面

图 1-13 黄 麻

黄麻种皮属双子叶，有胚乳种子，由种皮、内胚乳及胚三部分构成，胚乳及子叶均比较发达。种皮由外表皮、结晶层、栅状细胞层及内表皮组成。外表皮中存在色素，使种子呈褐色或墨绿色，细胞形状扁平，胞壁较厚，其下是一薄层厚壁细胞，称为结晶层，细胞内含草酸钙结晶。结晶层以内为一厚层栅状细胞，形状规则狭长，其外部含纤维素，细胞内腔位于细胞外端，其内含有黄色物质；栅状细胞的外端在显微镜下可清晰地观察到明线，内端（无内腔的一端）则呈褐色，细胞壁木质化。种皮的内层为内表皮，由一列扁平的薄壁细胞组成。

黄麻种皮以内有一层外胚乳遗迹，细胞较大，有孔，含有褐色物质，此层以内有一层很薄的无色层。黄麻的内胚乳发达，紧紧包围着扇形的种胚，细胞内含有丰富的脂肪和蛋白质，细胞较大，一般呈长椭圆形。

黄麻的种胚面积略小于胚乳，2片子叶重叠而略呈弯曲型，胚根较肥大，胚细胞内部亦充满蛋白质和脂肪。

（十）向日葵

向日葵籽粒属瘦果（图1-14），果皮较厚而硬。其上的色泽和条纹因品种而不同；籽粒较尖的一端为发芽口，此端略显凹陷之处为脐。籽粒的钝端明显可见花柱遗迹，此处为花柱脱落后在果皮上留下的疤痕。向日葵的种皮很薄，呈膜质，种子系倒生胚珠发育而成，但用肉眼观察，不容易清楚地看到种皮上的脐条。种皮内是发达的胚，缺乏胚乳。子叶肥厚，几乎占满种子内部，而胚芽、胚轴和胚根仅占很小的比例。

1—花柱遗迹；
2—果皮；
3—发芽口

（a）籽实外形

1—果皮；
2—种皮；
3—子叶；
3—胚芽；
5—胚根

（b）籽实纵剖面

图 1-14　向日葵

向日葵籽粒的大小和形状（种子长度和宽度的比例）在品种之间显然有别，可作为鉴别品种的重要依据，一般油用向日葵的籽粒与食用向日葵相比较小。

其他作物种子的形态构造见图1-15至图1-21。

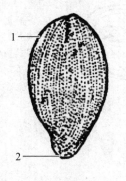

1—种皮；
2—发芽口

（a）种子外形

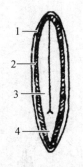

1—种皮；
2—内胚乳；
3—子叶；
4—胚根

（b）种子剖面

图 1-15　亚　麻

1—种皮；
2—脐

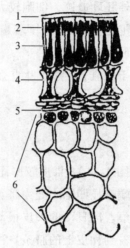

1—表皮（角质层）；
2—明线；
3—栅状细胞；
4—柱状细胞；
5—柔组织；
6—内胚乳

（a）种子外形　　　　　　　　　　（b）种皮横切面

图 1-16　紫云英

1—种瘤；
2—脐条；
3—脐；
4—发芽口；
5—种皮

1—种瘤；
2—脐；
3—种皮

（a）种子外形（正面）　　　　　　（b）种子外形（侧面）

图 1-17　田　菁

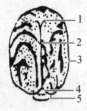

1—内脐；
2—脐条；
3—种皮；
4—脐；
5—种阜

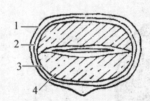

1—外种皮；
2—内种皮；
3—内胚乳；
4—子叶

（a）种子外形　　　　　　　　　　（b）种子横剖面

1—子叶；
2—内胚乳；
3—胚芽；
4—胚根

（c）种子纵剖面

图 1-18　蓖　麻

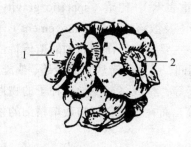

1—花萼；
2—果皮

甜菜

（a）种球外形

1—花萼；
2—果皮；
3—胚根；
4—种皮；
5—外胚乳；
6—子叶

1—种皮；
2—脐

（b）果实纵剖面   （c）种子外形

图 1-19 甜 菜

1—种皮；
2—脐；
3—种瘤；
4—发芽口

1—外种皮；
2—子叶；
3—胚芽；
4—胚根

（a）种子外形   （b）种子纵剖面

图 1-20 西 瓜

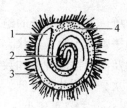

1—脐；
2—种皮；
3—种毛

1—胚根；
2—子叶；
3—种皮；
4—内胚乳

（a）种子外形   （b）种子纵剖面

图 1-21 番 茄

第二节 容重和比重

一、种子的物理特性

农作物种子的物理特性（physical property）包括两类：一类根据单粒种子进行测定，求其平均值，如籽粒的大小、硬度和透明度等；另一类根据一个种子群体进行测定（取相当数量的种子作为样品），如重量（一般用千粒重或百粒重表示）、比重（specific gravity）、容重（volume weight）、密度（density）、孔隙度（porosity）及散落性（flow movement）等。种子的物理特性和种子的形态特征及生理生化特性一样，主要决定于作物品种的遗传特性，但在一定程度上受环境条件的影响。例如在农作物生长期间，受到旱涝病虫的侵袭，或施肥不足，或收获失时，或收前遭遇冻害，或收后未能及时晒干等，都或多或少影响种子的物理特性。通常最常见的是千粒重下降、比重变轻和硬度降低等，而在气候良好与栽培精细的条件下，则将出现另一种情况。

种子物理特性和种子化学成分往往存在着密切的相关性，如小麦种子含蛋白质愈高，则其硬度与透明度愈大；油质种子含油分愈多，则比重愈小；一般种子水分愈低，则比重愈大，散落性也愈大。

从种子加工和贮藏的角度看，种子的物理特性和清选分级、干燥、运输以及贮藏保管等生产环节都有密切关系。在建造种子仓库时，对于仓库的结构设计、所用材料以及种子机械设备的装配等，都应该从种子物理特性方面进行比较周密的考虑。例如散落性好的种子，在进行机械化清选和输送过程中比较方便有利，但却要求具有较高坚牢度的仓库结构。由此可见，深入了解各种农作物种子的物理特性，对做好种子贮藏等工作，具有一定的指导意义。

二、容　重

种子的千粒重（绝对重）对衡量同一作物品种不同来源（如生产地区或季节不同等情况）的种子播种品质有一定的参考价值。但对不同品种的种子而言，则只能说明品种特性而不能作为评定种子品质的标准。因此，在某些情况下，测定种子的容重和比重更具有生产实践意义。

种子的容重是指单位容积内种子的绝对重量，单位为克/升（g/L）。种子容重的大小受多种因素的影响，如种子颗粒大小、形状、整齐度、表面特性、内部组织结构、化学成分（特别是水分和脂肪）以及混杂物的种类和数量等。凡颗粒细小、参差不齐、外形圆滑、内部充实、组织结构致密、水分及油分含量低、淀粉和蛋白质含量高，并混有各种沉重的杂质（如泥沙等），则容重较大；反之容重较小。

由于容重所涉及的因素较为复杂，测定时必须作全面的考虑，否则可能引起误解，而得出与实际情况相反的评价。例如原来品质优良的种子，可能因收获后清理不够细致，混有许多轻的杂质而降低容重；瘦小皱瘪的种子，因水分较高，容重就会增大（这一点和饱满充实的种子不同）；油料作物种子可能因脂肪含量特别高，容重反而较低。诸如此类的特殊情况，都应在测定时逐一加以分析，以免造成错误的结论。

水稻种子因带秤壳，其表面又覆有释毛，因此充实饱满的水稻种子不一定能从容重反映出来，一般不将水稻种子的容重作为检验项目。

一般情况，种子水分越低，则容重越大，这和绝对重量有相反的趋势。但种子水分超过一定限度，或发育不正常的种子，关系就不明显。油菜籽虽含有丰富的油脂，但其体积因水分不同而有显著变化，即水分愈少，籽粒的体积越小，其绝对重量下降，而容重增大（表1-2）。

表 1-2 油菜籽的容重和千粒重与水分的关系

（浙江农业大学种子教研组，1959）

容量/g·L⁻¹	千粒重/g	水分/%
672.5	3.15	17.1
673.55	2.98	16.2
674.9	2.86	14.4
675.0	2.81	13.6
678.1	2.75	10.2
681.1	2.71	8.8
682.3	2.65	6.3
684.9	2.61	4.8

种子容重与水分之间的关系因具体情况而有所差异。当种子水分增加时，往往影响某些物理特性的变化。首先是种子体积因吸胀而膨大，其次是种皮的皱褶逐步消失而变得丰满光滑，同时，种子在湿润的条件下，其摩擦系数显著增大，这些变化都在不同程度上影响容重，从而使种子容重与水分之间呈负相关的趋势。

在另一种情况下，种子水分增加，容重开始时下降，以后又随着水分增多而逐渐回升。如燕麦等带有稃壳的种子表现就特别明显。这主要是由于稃壳与果皮间的空隙里所残留的气体排出而被水所填充，种子的比重加大，因而影响到容重。

种子容重在生产上的应用相当广泛，在贮运工作上可根据容重推算一定容量内的种子重量，或一定重量的种子所需的仓容和运输时所需车厢数目，计算时可应用下列公式：

$$体积 = \frac{重量}{容重}$$

上式中须用对应的单位，如重量为千克，容重为克每升，得出的体积为立方米。

三、比 重

种子比重为一定绝对体积的种子重量和同体积的水的重量之比，也就是种子绝对重量和它的绝对体积之比。就不同作物或不同品种而言，种子比重因形态构造（有无附属物）、细胞组织的致密程度和化学成分的不同而有很大差异。就同一品种而言，种子比重则随成熟度和充实饱满度而变化。大多数作物的种子成熟愈充分，内部积累的营养物质愈多，则籽粒愈充实，比重就愈大。但油料作物种子恰好相反，种子发育条件愈好，成熟度愈高，则比重愈小，因为种子所含油脂随成熟度和饱满度而增加。因此，种子比重不仅是一个衡量种子品质的指标，在某种情况下，也可作为种子成熟度的间接指标。

种子在高温、高湿条件下，经长期贮藏，由于连续不断的呼吸作用，消耗掉一部分有机养料，可使比重逐渐下降。

测定种子比重的方法有几种，其中最简便的方法是用有精细刻度的 5～10 mL 的小量筒，内装 50% 的酒精约 1/3，记下酒精（或水）所达到的刻度，然后称适当重量（一般 3～5 g）的净种子样品，小心放入量筒中，再观察酒精平面升高的刻度，即为该种子样品的体积，代入下式，求出比重：

$$种子比重 = \frac{种子重量\,(g)}{种子体积\,(mL)}$$

上法比较粗放，如要求更精确些，可用比重瓶测定。其操作程序如下：

① 称净种子样品 2～3 g（精确度到毫克）。

② 将二甲苯（也可用甲苯或 50% 的酒精）装入比重瓶，到标线为止，如有多余用吸水纸吸去。如果比重瓶配有磨口瓶塞，则把二甲苯装满到瓶塞处，再把溢出的吸干。

③ 把装好二甲苯的比重瓶称重（W_2）。

④ 倒出一部分二甲苯，将已称好的种子（W_1）投入比重瓶中，再用二甲苯装满到比重瓶的标线，用吸水纸吸去多余的二甲苯。投入后，注意种子表面应不附着气泡，否则会影响结果的准确性。

⑤ 将装好二甲苯和种子的比重瓶称重（W_2）。

⑥ 应用下式计算出种子比重（S）。

$$S = \frac{W_1}{(W_1 + W_2 + W_3)} \times G$$

G 代表二甲苯的比重，在 15 ℃ 时为 0.863。如用其他药液代替二甲苯，须查出该药液在测定种子比重时在该温度条件下的比重。

表 1-3 为一些农作物种子的容重和比重。

表 1-3　各种农作物种子的容重和比重

（浙江农业大学种子教研组，1959）

作物种类	容量/g·L^{-1}	比　重	作物种类	容量/g·L^{-1}	比　重
稻谷	460～600	1.04～1.18	大豆	725～760	1.14～1.28
玉米	725～750	1.11～1.22	豌豆	800	1.32～1.40
小米	610	1.00～1.22	蚕豆	705	1.10～1.38
高粱	740	1.14～1.28	油菜	635～680	1.11～1.18
荞麦	550	1.00～1.15	蓖麻	495	0.92
小麦	651～765	1.20～1.53	紫云英	700	1.18～1.34
大麦	455～485	0.96～1.11	苕子	740～790	1.35
裸大麦	600～650	1.20～1.37			

种子的比重和容重，在一般情况下成直线正相关，可应用回归方程式从一种特性的测定数值推算另一特性的估计数值。图 1-22 表明小麦籽粒的比重和容重呈直线相关的趋势。

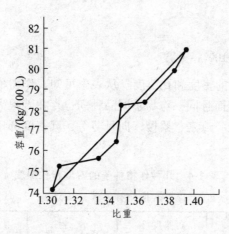

图 1-22　小麦的容重和比重的关系（柯兹米娜，1960）

第三节　密度和孔隙度

种子装在一定容量的容器中，所占的实际容积仅仅是其中一部分，其余部分为种子间隙，充满着空气或其他气体。种子实际体积与容器的容积之比，如用百分率表示，即为种子密度。容器内种子间隙的体积与容器的容积之比，用百分率表示即为种子孔隙度，二者之和恒为100%。因此种子密度与种子孔隙度是两个互为消长的物理特性。一批种子具有较大的密度，其孔隙度就相应小一些。

各种作物种子的密度和孔隙度相差悬殊，品种间差异亦很大，这主要取决于种子颗粒的大小、均匀度、种子形状、种皮松紧程度、是否带稃壳或其他附属物、表面光毛、内部细胞结构及化学组成。此外还与种子水分、入仓条件及堆积厚度等有关。

测定种子的密度，首先要测定种子的绝对重量（即千粒重）、绝对体积（即千粒实际体积）及容重，然后代入下式即得

$$种子密度 = \frac{绝对体积 \times 容重}{绝对重量} \times 100\%$$

由前述已知种子比重为"绝对重量与绝对体积"的比值，因此上式亦可写成：

$$种子密度 = \frac{种子容重}{种子比重} \times 100\%$$

计算时须注意种子容重的单位，上式中容重应为每 100 L 的质量（单位：kg），如容重单位为每升的质量（g）则需将上式改为

$$种子密度 = \frac{种子容重}{种子比重 \times 10} \times 100\%$$

在一个装满种子的容器中，除种子所占的实际体积外，其余均为孔隙，因此种子的孔隙

度即为

$$孔隙度 = 100\% - 密度$$

表 1-4 为一些作物种子的密度和孔隙度。从表中可知,作物种子的密度和孔隙度,不但在不同作物种类间有差异,而且同一作物不同品种间也存在着很大变幅。一般凡带有稃壳和果皮的种子,如稻谷、大麦、燕麦、黍稷、向日葵等,其密度都比较小,而孔隙度则相应比较大。

表 1-4　几种作物种子的密度和孔隙度

（特里斯维亚特斯基,1951）

作 物	密度/%	孔隙度/%	作 物	密度/%	孔隙度/%
稻 谷	35～50	50～65	玉 米	45～65	35～65
小 麦	55～65	35～45	黍 稷	50～70	30～50
大 麦	45～55	45～55	荞 麦	40～50	50～60
燕 麦	30～50	50～70	亚 麻	55～65	35～45
黑 麦	55～65	35～45	向日葵	20～40	60～80

从上述计算密度的公式来看,密度与容重成正比,而与比重成反比,似乎种子比重愈大,则密度愈小,二者变化的趋势是相反的。事实上,它们之间的关系并非这样简单,因为比重可以影响容重。比重大,容重亦往往相应增大,密度也随之提高,例如玉米的比重一般比稻谷稍大,而其容重则远远地超过稻谷,因而玉米的密度一般也较稻谷高。

第四节　散落性和自动分级

一、散落性

作物种子就每一单粒而言,是一小团干缩的凝胶,其形状固定,非遇强大外力,不易变化。但通常一大批种子是一个群体,各籽粒相互间的排列位置,稍受外力,就可发生变动,同时又存在一定的摩擦力。因此,就种子群体而言,它具有一定程度的流动性。当种子从高处落下或向低处移动时,形成一股流水状,因而称它为种子流,种子所具有的这种特性就称为散落性。

当种子从一定高度自然落在一个平面上,达到相当数量时,就会形成一个圆锥体。由于各种作物种子散落性不一致,其形成的圆锥体亦因之而有所差别。例如豌豆的散落性较好,而稻谷的散落性较差,前者所形成的圆锥体比较矮而其底部比较大,即圆锥体的斜面与底部直径所成之角比较小,后者形成的圆锥体比较高而底部比较小,即圆锥体的斜面与底部直径所成之角比较大。

因此,圆锥体的斜面与底部直径所成之角可作为衡量种子散落性好与差的指标,这个角度即称为种子的静止角（angle of repose）或自然倾斜角（图 1-23）。

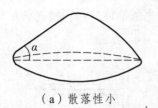

（a）散落性小

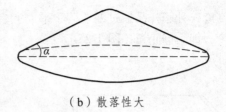

（b）散落性大

图 1-23　种子静止的示意图

　　种子停留在圆锥体的斜面上之所以不继续向下滚动而呈静止状态，这是由于种子的颗粒间存在着一定大小的摩擦力，摩擦力愈大，则散落性愈小，而静止角愈大。种子在圆锥体的斜面上由于重力作用而产生一个与斜面平行的分力，其方向与摩擦力相反。1 粒种子在圆锥体的斜面上保持静止状态或继续滚动，完全取决于这个分力与摩擦力的对比结果。如该分力等于或小于种子颗粒间的摩擦力，则种子停留在斜面上静止不动；如该分力大于摩擦力，则种子沿斜面继续向下滚动，直到两个力达到平衡为止。

　　种子散落性的好与差和种子的形态特征、夹杂物、水分含量、收获后的处理和贮藏条件等有密切关系。凡种子的颗粒比较大、形状近球形而表面光滑，则散落性较好，如豌豆、油菜等；如因收获方法不善或清选手续太粗放而混有各种轻的夹杂物（如破碎叶片、稃壳、断芒、虫尸等），或因操作用力过猛而致种子损伤、脱皮、压扁、破裂等情况，则散落性大大降低。

　　种子的水分含量愈高，则颗粒间的摩擦力愈大，其散落性也相应减小。若用静止角表明这一关系，则呈正相关的趋势（表 1-5）。

表 1-5　种子水分与静止角的关系

（浙江农业大学种子教研组，1960）

项　目	稻　谷	小　麦	玉　米	大　豆
水分 /%	13.7	12.5	14.2	11.2
静止角 / (°)	36.4	31.0	32.0	23.3
水分 /%	18.5	17.6	20.1	17.7
静止角 / (°)	44.3	37.1	35.7	25.4

　　由表 1-4 可知，测定种子的静止角时，必须同时考虑种子水分；而同一品种的种子，则大致可从静止角的大小估计其水分含量。

　　种子的散落性可通过除芒机、碾种机或其他机械处理而发生变化。一般经过处理后，由于种子表面的附着物大部分脱除，比较光滑，因而散落性增大。

　　种子在贮藏过程中，散落性也会逐渐发生变化。例如贮藏条件不适当，以致种子回潮、发热、发酵、发霉或发生大量仓虫，散落性就会显著下降。尤其经过发热、发酵、发霉的种子，严重时成团结块，完全失去散落性。所以种子在贮藏过程中，定期检查散落性的变化情况，可大致预测种子贮藏的稳定性，以便必要时采取有效措施，否则会造成意外损失。

　　静止角的测定可采用多种简易方法。通常用长方形的玻璃皿一个，内装种子样品约 1/3，将玻璃皿慢慢向一侧横倒（即转动 90°），使其中所装种子成一斜面，然后用半径较大的量角器测得该斜面与水平面所成的角度，即为静止角（图 1-24）。另一种方法是取漏斗一个，安装在一定高度，种子样品通过漏斗落于平面上，形成一个圆锥体，再用特制的量角器测得圆锥体的斜度，即为静止角（图 1-25）。

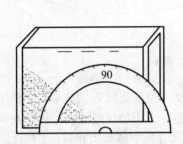

图 1-24　用长方形玻璃皿测定静止角

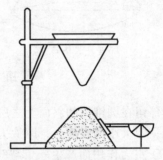

图 1-25　静止角的测定

测定静止角时，每个样品最好重复多次，记录其变异幅度，同时附带说明种子的净度和水分，以便和其他结果比较。表 1-6 的资料显示主要作物种子的静止角。

表 1-6　主要作物种子的静止角及其变异幅度

（浙江农业大学种子教研组，1960）

作　物	静止角 /（°）	变幅 /（°）	作　物	静止角 /（°）	变幅 /（°）
稻　谷	35～55	20	大　豆	25～37	12
小　麦	27～38	11	豌　豆	21～31	10
大　麦	31～45	14	蚕　豆	35～43	8
玉　米	29～35	6	油菜籽	20～28	8
小　米	21～31	10	芝　麻	24～31	7

表示种子散落性的另一指标是自流角（angle of auto-flowing），当种子摊放在其他物体的平面上，将平面的一端向上慢慢提起形成一斜面，此时斜面与水平面所成之角（即斜面的陡度）亦随之逐渐增大，种子在斜面上开始滚动时的角度和绝大多数种子滚落时的角度，即为种子的自流角。种子自流角的大小，在很大程度上随斜面的性质而异（表 1-7）。

表 1-7　几种作物种子的静止角和自流角

（浙江农业大学种子教研组，1981）

作　物	静止角 /（°）	自流角 /（°）			
		薄铁皮	粗糙三合板	涂磁漆三合板	平板玻璃
籼　谷	36～39	26～32	33～43	22～32	26～31
粳　谷	40～41	26～31	35～47	20～27	27～31
玉　米	31～32	24～36	27～36	18～24	22～31
小　麦	34～35	22～29	26～35	17～23	24～30
大　麦	36～40	21～27	29～37	18～24	25～31
稞　麦	38～40	21～26	30～41	19～23	26～30
大　豆	31～32	14～22	16～23	11～17	13～17
豌　豆	26～29	12～20	21～26	12～20	13～18

种子自流角也在一定程度上受种子水分、净度及完整度的影响。必须注意在有关因素相对一致的情况下测定。有时由于取样方法、操作技术的微小差异，往往不易获得一致的结果。

种子的静止角与自流角虽不能测得一个精确的数值，但在生产上仍有一定的实践意义。如建造种子仓库，就要根据种子散落性估计舱壁所承受的侧压力大小，作为选择建筑材料与构造类型的依据，侧压力的数值可用下式求得

$$P = \frac{1}{2}mh^2\tan^2\left(45° - \frac{\alpha}{2}\right)$$

式中　P——每米宽度舱壁上所承受的侧压力，kg/m；

　　　m——种子容重，g/L 或 kg/m³；

　　　h——种子堆积高度，m；

　　　a——种子静止角，°。

假定建造一座贮藏小麦种子的仓库，已测得小麦的静止角为 30°~34°，容重为 750 kg/m³，仓库中堆积高度以 2 m 为最大限度，则可应用上式求出舱壁所承受的侧压力 P = 500 kg/m（因静止角小，侧压力大，所以 α 取 30°），表明该仓库的舱壁在每米宽度上将承受 500 kg 左右的侧压力。

在种子清选、输送及保管过程中，常利用散落性以提高工作效率，保证安全，减少损耗。如自流溜筛的倾斜角应调节到稍大于种子的静止角，使种子能顺利地流过筛面，达到自动筛选除杂的效果；用输送机运送种子时，其坡度应调节到略小于种子的静止角，以免种子发生倒流。此外，在种子保管过程中，特别是入库初期，应经常观察种子散落性有无变化，如有下降趋势，则可能是回潮、结露、出汗以至发热霉变的预兆，应该进行进一步的检查，并及时采取措施，以防造成意外损失。

二、自动分级

当种子堆在移动时，其中各个组成部分都受到外界环境条件和本身物理特性的综合作用而发生重新分配现象，即性质相近的组成部分，趋向聚集于相同部位，而失去它们在整个种子堆里原来的均匀性，从而增加了不同部分的差异程度，这种现象称为自动分级（auto grading）。

种子堆移动时之所以发生自动分级现象，主要是由于种子堆的各个组成部分具有不同的散落性所致；而散落性的差异是由各个组成部分的摩擦力不等以及受外力的影响不同所引起的。种子堆的自动分级还受其他复杂因素的影响，如种子堆移动的方式，落点的高低以及仓库的类型等。通常人力搬运倒入仓库的种子，落点较低而随机分散，一般不发生自动分级现象；种子用袋装方法入库，就根本不存在自动分级的问题。严重的自动分级现象往往发生在机械化大型仓库中，种子数量多，移动距离大，落点比较高，散落速度快，很容易引起种子堆各组成部分强烈的重新分配。显而易见，种子的净度和整齐度愈低，则发生自动分级的可能性愈大。当种子流从高处向下散落形成一个圆锥形的种子堆时，充实饱满的籽粒和沉重的杂质大多数集中于圆锥形的顶端部分或滚到斜面中部，而瘦小皱瘪的籽粒和轻浮的杂质则多分散在圆锥体的四周而积集于基部。从圆锥体的顶端、斜面及其基部分别取样，并分析样品的成分，算出每种成分所占百分率，则可明显看出这种自动分级对种子堆所产生的高度异质性影响（表 1-8）。

表 1-8　种子装入圆筒仓内的自动分级

从种子上取样的部位	容量/g·L^{-1}	绝对重/g	碎粒/%	不饱满粒/%	杂草种子/%	有机杂质/%	轻杂质/%	尘土/%
顶　　部	704.1	16.7	1.84	0.09	0.32	0.14	0.15	0.75
斜面中部	708.5	16.9	1.57	0.11	0.21	0.04	0.36	0.32
仓壁基部	667.5	15.2	2.20	0.47	1.01	0.65	2.14	0.69

从表 1-8 可见，落在种子堆基部靠近仓壁的种子品质最差，其容重和绝对重均显著降低。碎种子和尘土则大多数聚集在种子堆的顶部和基部，斜面中部较少。而轻的杂质、不饱满粒种子与杂草种子则大部分散落在基部，即仓壁的四周边缘，因而使这部分种子容重大大降低。在小型仓库中，种子进仓时，落点低，种子流动距离短，受空气的浮力作用小，轻杂质由于本身滑动的可能性小，就容易积聚在种子堆的顶端，而滑动性较大的大型杂质和大粒杂草种子，则随饱满种子一齐冲到种子堆的基部，这种自动分级现象在散落性较大的小麦、玉米、大豆等种子中更为明显。

当种子从仓库中流出时，亦同样会发生自动分级现象。种子堆中央部分比较饱满充实的种子首先出来，而靠近仓壁的瘦小种子和轻的杂质后出来，结果因出仓先后不同而使种子品质发生很大差异。

在运输过程中，用输送带搬运种子，或用汽车、火车长距离运输种子，由于不断震动的影响，就会按其组成部分的不同特性发生自动分级现象，结果使饱满度较差的种子、带秕壳的种子、经虫蚀而内部有孔洞的种子以及轻浮粗大的夹杂物，都集拢到表面。

自动分级使种子堆各个组成部分的分布均衡性降低，某些部分积聚许多杂草种子、瘪粒、碎粒和各种杂质，增强吸湿性，常引起回潮发热以及仓虫和微生物的活动，从而影响种子的安全贮藏。灰杂集中部位，孔隙度变小，熏蒸时药剂不易渗透，而且这些部位吸附性强，孔隙间的有效浓度较低，因此会降低熏蒸杀虫效果。

种子堆由于发生自动分级而增高其差异性，在很大程度上会影响种子检验的正确性。因此必须改进取样技术，以免从中抽得完全缺乏代表性的样品。在操作时，应严格遵守技术规程，选择适应的取样部位，增加点数，分层取样，使种子堆各个组成部分有同等被取样的机会，这样，检验的结果就能反映出种子品质的真实情况。

在生产上要彻底防止由于种子自动分级造成的各种不利因素，首先必须从提高进仓前清选工作的技术水平，除尽杂质，淘汰不饱满或不完整的籽粒着手。其次在贮藏保管业务上，如遇大型仓库，一方面，可在仓顶安装一个金属锥形器，使种子流中比较大而重的组成部分落下时不集中于一点而分散到四周，轻而小的组成部分能靠近中心落下，以抵消由于自动分级所产生的不均衡性；另一方面，可在圆筒仓出口处的内部上方安装一个锥形罩，当仓内种子移动时，中心部分会带动周围部分同时流出，使各部分种子混合起来，不致因流出先后而导致种子品质的差异悬殊。

第五节　导热性和热容量

一、导热性

种子堆传递热量的性能称为导热性（thermal conductivity）。种子本身是浓缩的胶体，具有一定的导热性能，但种子堆却是不良导体。热量在种子堆内的传递方式，主要通过两个方面：一方面靠籽粒间彼此直接接触的相互影响而使热量逐渐转移，其进行速度非常缓慢（热传导传热）；另一方面靠籽粒间隙里气体的流动而使热量转移（对流传热）。一般情况下，由于种子堆内的阻力很大，气体流动不可能很快，因此热量的传导也受到很大限制。在某些情况下，种子颗粒本身在很快移动（如通过烘干机时），或空气在种子堆里以高速度连续对流（如进行强烈通风），则热量的传导过程就发生剧烈变化，同时传导速度也大大加快。种子的导热性差，在生产上会带来两种相反的作用，在贮藏期间，如果种子本身温度比较低，由于导热不良，就不易受外界气温上升的影响，可保持比较长的低温状态，对安全贮藏有利。但当外界气温较低而种子温度较高的情况下，由于导热很慢，种子不能迅速冷却，以致长期处在高温条件下，持续进行旺盛的生理代谢作用，促使其生活力迅速减退和丧失，这就成为种子贮藏的不利因素。因此，作物种子经干燥后，必须经过一个冷却过程，并使种子的残留水分进一步散发。

种子导热性的强弱通常用导热率来表示。它取决于种子的特性、水分的高低、堆装所受压力以及不同部位的温差等条件。种子导热率就是指单位时间内通过单位面积静止种子堆的热量。在一定时间内，通过种子堆的热量是随着种子堆的表层与深层的温差而不同。各层之间温差愈大，则通过种子堆的热量愈多，导热率也愈大。

生产上要测出种子的导热率，先要测定种子的导热系数。种子的导热系数是指 1 m 厚的种子堆，当表层和底层的温差相差 1 ℃ 时，在每小时内通过该种子堆每平方米表层面积的热量，其单位为 kJ/(h·m·℃)。作物种子的导热系数一般都比较小，大多数在 0.42～0.92 kJ/(h·m·℃) 之间，并随种温和水分而有所增减（表 1-9）。

表 1-9　几种作物种子的导热系数

作物种类	种温/℃	水分/%	导热系数/$kJ \cdot h^{-1} \cdot m^{-1} \cdot ℃^{-1}$
小　麦	20.0	22.8	0.828
	16.6	17.8	0.548
	10.0	17.5	0.385
大　麦	17.5	18.6	0.640
燕　麦	18.0	17.7	0.498
黑　麦	16.7	11.7	0.742
黍	18.0	11.9	0.602

引自：胡晋，2001。

一般作物种子的导热系数介于水与空气之间，在 20 ℃ 时，空气的导热系数为 0.0882 kJ/(h·m·℃)，而水的导热系数为 2.132 kJ/(h·m·℃)。可见在相同温度条件下，水的导热系数远远超过空气，因此，当仓库的类型和结构相同，贮藏的种子数量相近时，在不通风的密闭条件下，种子水分愈高，则热的传导愈快；种子堆的空隙愈大，则热的传导愈慢，亦即干燥而疏松的种子在贮藏过程中不易受外界高温的影响，能保持比较稳定的种温；反之，潮湿紧密的种子，则容易受外界温度变化的影响，温度波动较大。

在大型仓库中，如进仓的种子温度高低相差悬殊，由于种子的导热性太弱，往往经过相当长的时间仍存在较大的温差，不能使各部分达到平衡，于是种子堆温度较高部分的水分将以水汽状态逐渐转移到温度较低的部分而吸附在种子表面，使种子回潮，引起强烈的呼吸作用以致发热霉变。因此，种子入库时，不但要考虑水分是否符合规定标准，同时还须注意种温是否基本上一致，以免导致意外损失。

种子堆的导热性能与安全贮藏还存在着另一方面的密切关系。生产上往往可以利用种子的导热性比较差这个特性，使它成为有利因素。例如在高温潮湿的气候条件下所收获的种子，须加强通风，使种温和水分逐步下降，直到冬季可达到稳定状态。来春气温上升，空气湿度增大，则将仓库保持密闭，直到炎夏，种子仍能保持接近冬季的低温，因而可以避免夏季高温影响，而确保贮藏安全。

二、热容量

种子热容量（thermal capacity）是指 1 kg 种子升高 1 ℃ 时所需的热量，其单位为 kJ/(kg·℃)。种子热容量的大小取决于种子的化学成分（包括水分在内）及各种成分的比率。在种子的主要化学成分中，干淀粉的热容量为 1.548 kJ/(kg·℃)，油脂为 2.05 kJ/(kg·℃)，干纤维为 0.32 kJ/(kg·℃)，而水为 4.184 kJ/(kg·℃)。绝对干燥的作物种子的热容量大多数在 1.67 kJ/(kg·℃) 左右，如小麦和黑麦均为 1.548 kJ/(kg·℃)，向日葵为 1.64 kJ/(kg·℃)，亚麻为 1.66 kJ/(kg·℃)，大麻为 1.55 kJ/(kg·℃)，蓖麻为 1.84 kJ/(kg·℃)。

水的容量比一般种子的干物质热容量要高出一倍以上，因此水分愈高的种子，其热容量亦愈大。如果已经测知种子干物质的热容量和所含的水分，则按下式可计算出它的热容量：

$$C = \frac{[Co(100-V)+V]}{100}$$

式中　C——含有一定水分的种子的热容量，kJ/(kg·℃)；

Co——种子绝对干燥时的热容量，kJ/(kg·℃)；

V——种子所含的水分。

例如，已测得小麦种子的水分为 10%，则其热容量为

$$C = \frac{[1.548(100-10)+10]}{100} = 1.493 \text{ kJ/(kg·℃)}$$

从上式推算所得的热容量，只能表示大致情况，因各种作物种子的组成成分比较复杂，对热容量都有一定影响。

当种子干物质的热容量和所含水分的数据缺乏时，可应用量热器直接测定种子的热容量，其步骤如下：在一定温度条件下，将一定量的水注入量热器，然后将一定量的种子样品加热到一定温度，亦投入量热器中，等种子在水中热量充分交换而达到平衡时，观察量热器中水

的温度比原来升高几度，再将平衡前后的温差折算成单位重量的水与种子的温差比率，即为种子的热容量。

其计算公式如下：

$$C = \frac{B(T_3 - T_2)}{S(T_1 - T_3)}$$

式中　C——种子热容量，kJ/(kg·℃)；

B——水的重量，mL 或 g；

S——种子的重量，g；

T_1——加热后的种温，℃；

T_2——原来的水温，℃；

T_3——种子放入后达到平衡时的水温，℃。

了解种子的热容量，可推算一批种子在秋冬季节贮藏期间放出的热量，并可根据热容量、导热率和当地的月平均温度来预测种子冷却速度。通常一座能容 2.5×10^5 kg 的中型仓库，种温从进仓时 20 ℃ 以上降到冬季 10 ℃ 以下，放出的总热量达数十亿焦。同样，在春夏季种温随气温上升，亦需吸收大量的热量。因此，在前一种情况下，须装通风设备以加速降温，后一种情况下，须密闭仓库以减缓升温，这样可保持种子长期处在比较低的温度条件下，抑制其生理代谢作用，从而达到安全贮藏的目的。

刚收获的作物种子，水分较高，热容量亦越大，如直接进行烘干，则使种子升高到一定温度所需的热量亦愈大，即消耗燃料亦愈多；而且不可能一次完成烘干的操作过程，如加温太高，会导致种子死亡。因此，种子收获后，放在田间或晒场上进行预干，是最经济而稳妥的办法。

第六节　吸附性和吸湿性

一、吸附性

种子胶体具有多孔性的毛细管结构，在种子的表面和毛细管的内壁可以吸附其他物质的气体分子，这种性能称为吸附性（absorbability）。当种子与挥发性的农药、化肥、汽油、煤油、樟脑等物质贮藏在一起，种子的表面和内部会逐渐吸附此类物质的气体分子，分子的浓度愈高，贮藏的时间愈长，则吸附量愈大，不同种子吸附性的差异主要取决于种子内部毛细管内壁的吸附能力，因为毛细管内壁的有效表面总和比种子本身外部的表面积超过 20 倍。

吸附作用通常因吸附的深度不同分为三种形式，即吸附、吸收和毛细管凝结或化学吸附。当一种物质的气体分子凝集在种子胶体的表面，称为吸附；其后，气体分子进入毛细管内部而被吸着，称为吸收；再进一步，气体分子在毛细管内达到饱和状态开始凝结而被吸收，则称为毛细管凝结。但就种子来说，这三种形式都可能存在，而且很难严格地加以区分。

种子在一定条件下能吸附气体分子的能力称为吸附容量，而在单位时间内能被吸附的气体数量称为吸附速率。被吸附的气体分子亦可能从种子表面或毛细管内部释放出来，从而散发到周围空气中去，这一过程是吸附作用的逆转，称为解吸作用。一个种子堆在整个贮藏过程中，所有种子对周围环境中的各种气体都在不断地进行吸附作用与解吸作用。如果条件固定不变，这两个相反的作用可达到平衡状态，即在单位时间内吸附和解吸的气体数量相等。

当种子移置于另一环境中，则种子内部的气体或液体分子就开始向外扩散，或者相反，由外部向种子内部扩散。如果种子贮藏在密闭状态中，经过一定时间，就可达到新的平衡。

种子堆里的吸附与解吸过程主要是靠气体扩散作用来进行。种子堆周围的气体由外部扩散到种子堆的内部，充满在种子的间隙中，一部分气体分子就吸附在每颗种子的表面；另有一部分气体分子扩散到毛细管内部而吸附在内壁上，达到一定限度，气体开始凝结成为液态，转变为液态扩散；最后有一部分气体分子渗透到细胞内部而与胶体微粒密切结合在一起，甚至和种子内部的有机物质起化学反应，形成一种不可逆的状态，即所谓化学吸附，若被吸附的气体可以被可逆地完全解吸出来，则称为物理吸附。

农作物种子吸附性的强弱取决于多种因素，主要包括下列几方面：

1. 种子的形态结构

形态结构包括种子表面粗糙、皱缩的程度和组织结构。凡组织结构疏松的，吸附力较强；表面光滑，坚实，或被有蜡质的，吸附力较弱。

2. 吸附面的大小

种子有效面积愈大，吸附力愈强。当其他条件相同时，籽粒愈小，表面愈大，其吸附性比大粒种子强，此外，胚部较大和表面露出较多的种子，其吸附性也较强。

3. 气体浓度

环境中气体的浓度愈高，则种子内部与外部的气体压力相差也愈大，因而加速其吸附。

4. 气体的化学性质

凡是容易凝结的气体，以及化学性质较为活泼的气体，一般都易被吸附。

5. 温度

吸附是放热过程，当气体被吸附于吸附剂（种子）表面的同时，伴随着放出一定的热量，称为吸附热。解吸则是吸热过程，气体从吸附剂表面脱离时，需吸收一定的热量。在气体浓度不变的条件下，温度下降，放热过程加强，有利于吸附的进行，促使吸附量增加；温度上升，吸热过程加强，有利于解吸的进行，吸附量减少。熏蒸后在低温下散发毒气较为困难，原因就在于此。

二、吸湿性

种子对于水汽的吸附和解吸的性能称为种子的吸湿性（hygroscopicity）。由于种子的主要组成成分是亲水胶体（典型的油质种子除外），所以大多数种子对水汽的吸附能力是相当强的。

水汽和其他气体一样，吸附和解吸过程都是通过水汽的扩散作用而不断地进行。首先，水分子以水汽状态从种子外部经过毛细管扩散到内部去，其中一部分水分子被吸附在毛细管的有效表面，或进一步渗入组织细胞内部与胶体微粒密切结合，成为种子的结合水或束缚水。当外部水汽继续向内扩散，使毛细管中的水汽压力逐渐加大，结果水汽凝结成水，称为液化过程。其次，外部的气态水分子继续扩散进去，直到毛细管内部充满游离状态的水分子，通常称游离水。这些水分子在种子中可以自由移动，所以也称自由水。当种子含自由水较多时，细胞体积膨大，种子外形饱满，内部的生理过程趋向旺盛，往往引起种种发热变质。种子收获后遇到潮湿多雨季节，空气中的湿度接近饱和状态，就容易发生这种情况。

当潮湿种子摊放在比较干燥的环境中，由于外界的水汽压力比种子内部低，水分子就从种子内部向外扩散，直到自由水全部释放出去。有时遇到高温干燥的天气，即使是束缚水也会被释放一部分，结果种子水分可达到安全贮藏水分以下，这种情况在盛夏和早秋季节或干旱地区是经常会发生的。

据研究，在相同温度和相对湿度条件下，同一种种子吸湿增加水分和解吸降低水分，这两种情况下的平衡水分不同。种子吸湿达到平衡的水分始终低于解吸达到平衡的水分，这种现象称吸附滞后效应。种子贮藏过程中，如干种子吸湿回潮，水分升高，以后即使大气湿度恢复到原来水平，种子解吸水汽，但最后种子水分也不能回复到原有水平。因此，这一问题是生产上值得注意的。

种子吸湿性的强弱主要取决于种子的化学组成和细胞结构。种子含亲水胶体的比率愈大，吸湿性愈强；反之，含油脂较多的种子吸湿性较弱。禾谷类作物种子由于胚部含有较多的亲水胶体物质，其吸湿性要较胚乳部分强得多，因此，在比较潮湿的气候条件下，胚部比胚乳部分要容易吸湿回潮，往往成为每颗籽粒发霉变质的起始点。在贮藏上解决这个问题的根本措施是干种子密闭贮藏，以隔绝外界水汽的侵入。

思考题

1. 禾本科和十字花科植物种子的形态特征与加工贮藏有何关系？
2. 种子孔隙度和种子加工贮藏有什么关系？
3. 什么是种子的平衡水分？常见作物种子的平衡水分为多少？
4. 种子导热性在种子贮藏中如何利用？

第二章　种子清选、精选原理

第一节　种子清选、精选的目的

一、种子清选的目的和内容

（1）种子清选，一般指新收获种子的初清和基本清选。清选主要目的是除去混入种子里的空壳、茎叶碎片、泥沙、石砾等掺杂物。

（2）种子精选，一般指种子精选分级工作。其主要目的是从种子中分离出异作物、异品种、饱满度和密度低、活力低的种子。

二、种子精选分级的目的和内容

其主要目的是剔除混入的异作物或异品种种子，不饱满的种子，虫蛀或劣变的种子，以提高种子的精度级别和利用率，即可提高纯度，发芽率和种子活力。

第二节　种子清选、精选原理

种子清选、精选可根据种子尺寸大小、种子比重、空气动力学特性、种子表面特性、种子颜色和种子静电特性的差异进行分离，以清除掺杂物和废料。

一、种子的尺寸特性分离原理和技术

（一）种子形状和大小

通常以长度（l）、宽度（b）和厚度（a）三个尺寸来表示（图 2-1）。各种种子长、宽、厚之间的关系，主要有如下四种情况：

$l > b > a$，为扁长形种子，如水稻、小麦、大麦等种子。

$l > b = a$，为圆柱形种子，如小豆等种子。

$l = b > a$，为扁圆形种子，如野豌豆等种子。

$l = b = a$，为球形种子，如豌豆等种子。

图 2-1 小麦种子形状

（二）平面筛的种类和筛孔形状

1. 筛子种类

目前常用种子清选用筛按其制造方法不同可分为冲孔筛、编织筛和鱼鳞筛等种类（图 2-2）。

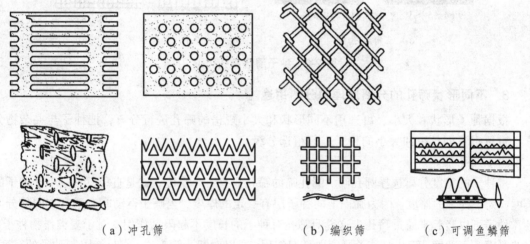

（a）冲孔筛　　　（b）编织筛　　　（c）可调鱼鳞筛

图 2-2 平面筛的种类

（1）冲孔筛。

冲孔筛是在镀锌板上冲出排列有规律的，有一定大小与形状的筛孔，筛孔的形状有圆孔、长孔、鱼鳞孔，也有三角孔等。筛板的厚度一般取决于筛孔的大小，筛孔小的薄一些，筛孔大的厚一些，以保持筛面的钢性强度。如筛面的镀锌板过厚，筛时筛孔易于堵塞，一般使用的厚度为 0.3 ~ 2.0 mm。冲孔筛面具有坚固、耐磨、不易变形的特点，适用于清理大型杂质及种粒分级，但筛孔所占用的面积较小（即有效面积较小）。

（2）编织筛。

编织筛面是由坚实的钢丝编织而成，其筛孔的形状有方形、长方形、菱形 3 种（图 2-2）。编织筛钢丝的粗细根据筛孔大小而定，一般直径在 0.3 ~ 0.7 mm。编织的筛面，钢丝易于移动，筛孔容易变形，筛面坚固性较差，但有效筛面积大，杂质容易穿过，适于清理细小杂质。菱形孔的编织筛面主要用于进料斗上，做过滤防护网使用。编织筛面也可用于圆筛、溜筛。

2. 筛孔形状

一般常用的冲孔筛面的筛孔有圆孔、长孔和三角形孔等形状（图2-3）。

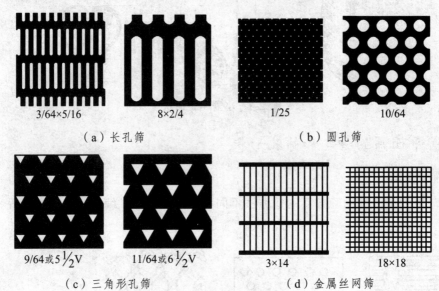

| 3/64×5/16 | 8×2/4 | 1/25 | 10/64 |

（a）长孔筛　　　　　　　　　　　　（b）圆孔筛

| 9/64或5½V | 11/64或6½V | 3×14 | 18×18 |

（c）三角形孔筛　　　　　　　　　　（d）金属丝网筛

图 2-3　种子清选筛孔类型

3. 不同形状筛孔的分离原理和分离用途

根据种子形状和大小，可选用不同形状和大小规格的筛孔进行分离，把种子与夹杂物分开，也可把不同长短和大小的种子进行精选分级。

（1）圆孔筛。

按种子的宽度分离选择圆孔筛。圆孔筛的筛孔只有一个量度，就是直径，它应小于种子的长度，大于种子的厚度。因为筛面上的种子层有一定的厚度，当筛子运动时有垂直方向的分向量，种子可以竖起来通过筛孔，这说明筛孔对种子的长度不起限制作用。对于麦类作物种子，它的厚度小于宽度，筛孔对种子厚度也不起作用。所以对圆孔筛来说，它只能限制种子的宽度。种子宽度大于筛孔直径的，留在筛面上；宽度小于筛孔直径的，则通过筛孔落下（图2-4）。

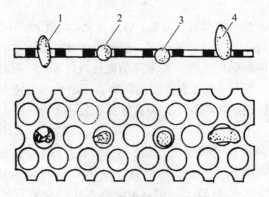

图 2-4　圆孔筛清选种子的原理

1，2，3—种子宽度小于筛孔直径（能通过筛孔）；
4—种子宽度大于筛孔直径（不能通过筛孔）

（2）长孔筛。

按种子的厚度分离，选用长孔筛。长孔筛的筛孔有长和宽两个量度，由于筛孔的长度大于种子的长度（大2倍左右），所以只有筛孔宽度起限制作用。麦类作物种子的宽度大于厚度，种子可侧立起来以厚度方向从筛孔落下，所以种子的长度和宽度不起作用。只有按厚度分离，种子厚度大于筛孔宽度的留在筛面上，小于筛孔宽度的落于筛下（图2-5）。这种筛子工作时，只需使种子侧立，不需竖起，种子做平移运动即可。因此，这种筛子可用于不同饱满度种子的分离。

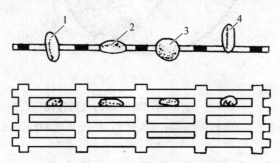

图2-5　长孔筛清选种子的原理

1，2，3—种子厚度小于筛孔宽度（能通过筛孔）；
4—种子厚度大于筛孔宽度（不能通过筛孔）

（3）窝眼筒和窝眼盘。

对种子长度进行分离。窝眼筒的窝眼有钻成和冲压两类。钻成的窝眼形状有圆柱形和圆锥形两种，而冲压的窝眼可制成不同规格的形状。

喂入筒内的种子，其长度小于窝眼口径的，就落入圆窝内，并随圆筒旋转上升到一定高度后落入分离槽中，随即被搅龙运走。长度大于窝眼口径的种子，不能进入窝眼，沿窝眼筒的轴向从另一端流出。

窝眼筒可以将小于种子（小麦）长度的夹杂物（草籽等）分离出去，也可以将大于种子长度的夹杂物（大麦等）分离出去。前者窝眼口径小于种子长度，而后者大于种子长度。[图2-6（a）（b）]。

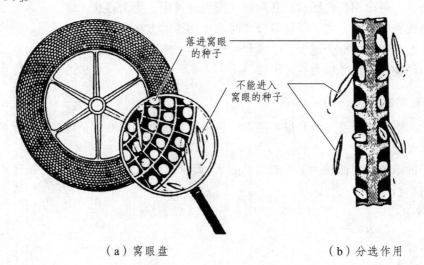

（a）窝眼盘　　　　　　　　　　（b）分选作用

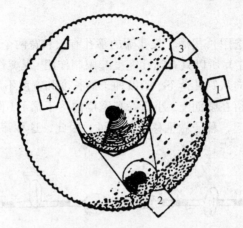

（c）窝眼筒构造和分选过程

图 2-6　窝眼盘和窝眼筒的分离作用

1—种子落入窝眼筒壁；2—收集调节；3—分选调节输送搅龙；
4—种子厚度大于筛孔宽度（不能通过筛孔）

　　窝眼筒是用金属板制成的，内壁上有圆形窝眼的圆筒，可水平或稍倾斜放置。工作时，筒做旋转运动，在圆筒中安有铁板制成的 V 形分离槽，收集从窝眼落下的种子。分离槽内一般装有搅龙，用来排出槽内种子［图 2-6（c）］。

4. 筛孔尺寸的选择

　　筛孔尺寸选择的正确与否，对大杂、小杂的除净率和种子的获选率有着极大的影响。应根据种子、杂质的尺寸分布、成品净度要求及获选率要求进行选择。通常底筛让小杂质通过，用于除去小杂，而让好种子留在筛面上。底筛筛孔尺寸小，小杂除去量多，有利于质量的提高，但小种子淘汰量也相应增加。中筛主要用于除去大杂，让好种子通过筛孔，而大杂留在筛面上，到尾部排出。中筛孔越小，大杂除净率越高，有利于成品种子质量的提高，但获选率会相应下降。上筛主要用于除去特大杂质，便于种子流动和筛面分布均匀。

　　根据杂质的特性，同一层筛可采用一种孔形或几种孔形，如加工大豆用的下筛，若以半粒豆杂质为主，可改用长孔筛或长孔和圆孔筛组合使用，更为理想。

　　以上是按种子的长、宽、厚进行分离时选择筛子的方法。值得提出的是，种子尺寸越接近筛孔尺寸，其通过的机会越少，二者尺寸相等时，实际上不能通过。因此，确定筛孔尺寸时，应比被筛物分界尺寸稍大些才可以。

5. 筛孔的布置

　　筛孔的布置对种子通过性有很大关系。种子通过筛孔的可能性是随着筛面上的筛孔面积之和的增加而增加的。

　　设筛子的单位工作面积为 F（单位：m^2），而单位面积上的筛孔面积之和为 f（m^2），则相对有效面积利用系数：

$$\mu = \frac{f}{F}$$

μ 值越大，生产率越高。但是由于材料不同，对筛孔的分布和密度受到一定的限制，在材料允许的情况下，应尽量增加筛孔的面积。在孔距相同时，孔的排列形式不同，其 μ 值也不同。例如，按棱形排列和按方形排列，设它们的孔距均为 t，筛孔直径为 d，则有效面积利用系数分别为

$$\mu_{棱} = f/F = \pi d^2/(2\sqrt{3}t^2)$$

$$\mu_{方} = f/F = \pi d^2/(4t^2)$$

$$\frac{\mu_{棱}}{\mu_{方}} = \frac{\pi d^2/(2\sqrt{3}t^2)}{\pi d^2/(4t^2)} = 1.155$$

即棱形排列的圆孔筛比方形排列的有效面积利用系数提高 15% 以上。按棱形排列，通常 $\mu = 0.4 \sim 0.5$。

生产实践证明，棱形排列的圆孔筛用长轴作为种子流动方向，比用短轴作种子流动方向更能提高产量和质量。

6. 平面筛的工作原理

筛子的任务主要是使种子与夹杂物在筛面均匀地移动，其中小于筛孔的部分通过筛孔，而大于筛孔的部分则阻留在筛面上，使其沿筛面流出，或借风力将其中轻者吹起，以完成分离。分离的方式可以使所要的种子由筛孔漏下，而将大夹杂物留在筛面上；也可以使小于种子的细小夹杂物，如草籽、泥沙等由筛孔漏下，将所要的种子留在筛面上，这两种分离方式的选择，依工作要求而定。

不管采用任何方式筛选，必须保证被筛物在筛面上移动，使被筛物有更多的机会从筛孔通过，被阻留在筛面上的夹杂物（或种子）则沿筛面流出。

平面筛的筛体一般用吊杆悬起或支起，借曲柄连杆机构使它往复摆动。

筛体的摆动有纵向摆动和横向摆动两种形式。纵向摆动，被筛物沿筛面由纵向上下移动，下移较上移的距离大，逐渐移出筛外。这种形式被筛物在筛面上的停留时间相对较短，所以生产率较高，但分离效果较差。横向摆动，被筛物在筛面上作"之"字形移动，与纵向摆动相比，分离效果较好，但生产率低，目前多用纵向摆动。

在筛体做往复运动中，如不考虑空气的阻力，筛面上的被筛物将受到被筛物本身重力，由筛体加速度产生的惯性力，筛面对被筛物的反力和摩擦力等四个力的作用。通过调节曲柄的不同转速，可使这四个作用力不同，从而使被筛物在筛面运动的方向和方式也不同。

（1）被筛物沿筛面向上移动。

当其惯性力和重力的向上分量之和，大于筛面对被筛物的摩擦力时，被筛物就相对于筛面而向上移动。

（2）被筛物沿筛面向下移动。

当其惯性力和重力的向下分量之和，大于筛面对被筛物的摩擦力时，被筛物就相对于筛面向下移动。

（3）被筛物抛离筛面。

当曲柄转速过大，作用于被筛物的惯性力沿垂直于筛面方向的向上分力，大于被筛物的

重力沿垂直于筛面方向的分力时（此时反力为 0），则被筛物就抛离筛面。

为使被筛物在筛面上得到充分的清选，应使被筛物在筛面上做上下交替的移动。这样可以提高筛子的分离效果，也可以缩短筛理时间。

7. 平面筛的清选质量和生产率

平面筛的清选质量一般用分离完全度（ε）表示：

$$\varepsilon = \frac{G_1}{G_2}$$

式中　G_1——清选机上过筛的种子及夹杂物的重量；

　　　G_2——实验室中过筛（同一尺寸的筛孔）的种子及夹杂物的重量。

筛子的分离完全度 ε 随种子及夹杂物的物理机械性质、筛子尺寸、筛孔形状和分布、筛体的运动性质（振动次数、倾斜度）等的变化而变化。

筛子的分离完全度和被筛物流过筛面的速度有关。如速度太大，则被筛物跃过筛孔，使部分筛孔失去分离作用，同时被筛物在筛面上停留的时间缩短。因此，减少了通过筛孔的机会。如果被筛物移动速度变太小，虽然在筛面上停留时间延长，但筛子生产率低，所以速度降低受到预定的生产率限制。被筛物在筛面上的速度大小，与曲柄的转速、筛子的倾斜角以及被筛物与筛面间的摩擦力有关。

（三）圆筒筛

圆筒筛是制成的一个封闭圆筒形。圆筒壁上制有圆孔或长方形孔（图 2-7）。当需要清选的种子从进口端喂入时，一面在圆筒筛面上滑动，一面沿其轴向缓慢地向出口端移动，进行筛选。其中大于筛孔尺寸的种子，留在圆筒筛内，沿轴内逐渐从出口端排出；而小于筛孔尺寸的种子由筛孔漏出。

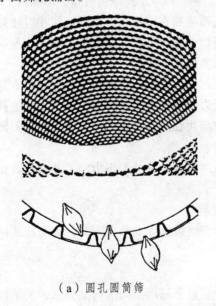

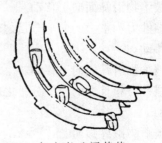

（a）圆孔圆筒筛　　　　　　　　　（b）长孔圆筒筛

图 2-7　圆筒筛的构造和分离

圆筒筛可根据种子分级标准，沿轴向做成两段或三段，每段筛孔尺寸不同。这样当种子通过圆筒筛时，即可将种子分成二级或三级。

圆筒筛有长孔、圆孔两种，其中圆孔筛筛选长粒种子时，种子需直立，或者有 60° 以上的倾角才能使其漏出。另一方面圆孔筛不宜筛选圆粒种子，因为半粒大豆很难用圆孔筛筛出去。为克服上述缺点，目前采用如图 2-7 所示的结构形式，它能使种子很快地直立起来，较顺利地通过圆孔筛。

圆筒筛工作过程中，种子与筛孔接触的机会越多，分离效果越好。

种子在圆筒筛内的每个运动周期中，可能发生四种情况：一是相对静止：这时种子靠摩擦力随筛面上升；二是相对滑动：种子靠自重克服摩擦力的作用沿筛面向下滑动；三是自由运动：种子离开筛面自由下落；四是分离：小于筛孔的种子通过筛孔落下。

圆筒筛的转速过高，种子在离心力的作用下，将紧紧地压在圆筒筛的内壁上，总不下落，形成长久的相对静止，这就失去了圆筒筛的分离作用。因此当种子随圆筒筛转到顶上极限位置时，其重力必须要大于它的离心力。即

$$mr\omega^2 < mg$$

式中　r——圆筒筛半径，m；

ω——圆筒筛角速度，rad/s；

mg——种子重力，kg。

将上式简化后得：

$$r\omega^2 < g \quad \text{或} \quad r\left(\frac{\pi n}{30}\right)^2 < g$$

$$n < \frac{30}{\pi}\sqrt{g/r} \approx \frac{30}{\sqrt{r}} = n_k \text{（r/min）}$$

式中　n_k——圆筒筛临界转速，r/min。

圆筒筛半径 r 一般为 200～1 000 mm，转速在 30～50 r/min。

由于圆筒筛的转速受到限制，生产率不高，在使用中受到影响。但它与平面筛相比，有以下几方面优点：一是种子一次通过圆筒筛可以分成几级；二是圆筒筛旋转，种子除受到本身的重力作用外，还受到离心力的作用，有利于种子通过筛孔，分离效果较好，尤其对小粒种子更为显著；三是圆筒筛做旋转运动，传动简单，易于平衡，筛子便于清理。

圆筒筛的轴线可以水平安装，有时为了增加种子沿轴向的运动速度，提高生产率，圆筒筛的轴线也可以与水平成一不大的角度（1°～50°）安装。

（四）正确选用筛孔的技术

由于清选的种子种类和品种不同，其大小尺寸也有差异。为了能有效地分离清选种子，清选前，必须对欲清选种子样品的最大、最小尺寸，夹杂物的种类和大小尺寸有较清楚的了解，这就需预先根据种子尺寸的分布曲线和复合图来选用筛子种类和筛孔规格大小。

1. 分布曲线的制作

先取一定数量的种子样品，测量每粒种子的大小尺寸。然后以种子的尺寸为横坐标，每种尺寸的粒数或百分数为纵坐标绘制成曲线，即为种子尺寸分布曲线图（图 2-8）。如试验结果表明，小麦种子厚度大于 2.3 mm 的种子活力强，出苗整齐，那么需选用宽度大于 2.3 mm 的长孔筛。

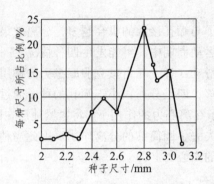

图 2-8　小麦厚度分布曲线

2. 复合图的制作

首先测出种子样品的两种尺寸（宽度和长度），然后绘制成两种尺寸的复合图。从复合图就可确定获选百分率、筛孔类型和筛孔规格大小。

美国农业部俄勒冈种子清选实验室，利用摄像仪测量种子尺寸，同时输入电脑，显现出曲线分布图，从曲线图可确定获选百分率和筛孔规格大小。

二、种子的空气动力学特性和分离方法

（一）种子的空气动力学特性

这种方法按种子和杂物对气流产生的阻力大小进行分离。任何一个处在气流中的种子或杂物，除受本身的重力外，还承受气流的作用力，重力大而迎风面小的，对气流产生的阻力就小，反之则大（表 2-1）。而气流对种子和杂物压力的大小，又取决于种子和杂物与气流方向成垂直平面上的投影面积、气流速度、空气密度以及它们的大小、形状和表面状况。

表 2-1　种子流动时的阻力系数及空气临界速度

作物名称	阻力系数（ε）	临界速度/m·s⁻¹
小　麦	0.184～0.265	8.9～11.5
大　麦	0.91～0.272	8.4～10.8
玉　米	0.162～0.236	12.5～14.0
黍	0.045～0.078	9.8～11.8
豌　豆	0.190～0.229	15.5～17.5

气流对种子的压力 p 的大小，可用下列公式表示：

$$p = \varepsilon \cdot \rho \cdot F \cdot v^2$$

式中　ρ——空气密度；

　　　ε——阻力系数（表 2-1）；

　　　F——物体的承风面积；

　　　v——气流速度，m/s。

当物体（种子）重量 $g > p$（$g_1 > p_1$）时，则种子落下；当 $g < p$（$g_2 < p_2$）时，则种子被气流带走（图 2-9）；当 $g = p$ 时，种子即在气流中悬浮，这时的气流速度称为临界速度。

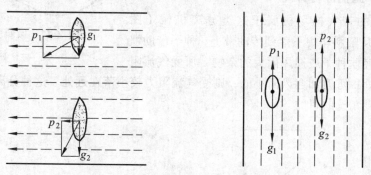

图 2-9　种子按气体动力学分离的原理

（二）分离方法

目前利用空气动力分离种子的方式有如下几种：

1. 垂直气流

垂直气流分离，一般配合筛子进行，其工作原理如图 2-10 所示。当种子沿筛面下滑时，受到气流作用，轻种子和轻杂物的临界速度小于气流速度，便随气流一起上升运动，到气道上端，断面扩大，气流速度变小，轻种子和轻杂物落入沉积室中，而重量较大的种子则沿筛面下滑，从而起到分离作用。

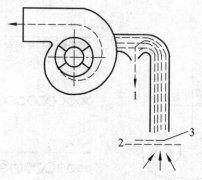

图 2-10　垂直气流清选

1—轻杂质；2—筛网；3—谷粒

2. 平行气流

目前农村使用的木风车就属此类。它一般只能用作清理轻杂物和瘪谷，不能起到种子分级的作用。

3. 倾斜气流

根据种子本身的重力和所受气流压力的大小而将种子分离（图2-11）。在同一气流压力作用下，轻种子和轻杂物被吹得远些，重的种子就近落下。

4. 将种子抛扔进行分离

目前使用的带式扬场机属于这类分离机械（图2-12）。当种子从喂料斗中下落到传动带上，种子借助惯性向前抛出，轻质种子或迎风面大的杂物，所受气流阻力较大落在近处；重质和迎风面小的，则受气流阻力较小落在远处。这种分离也只能作初步分级，不能达到精选的目的。

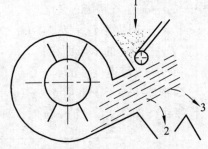

图2-11 倾斜气流清选

1—喂料斗；2—谷粒；3—轻杂质

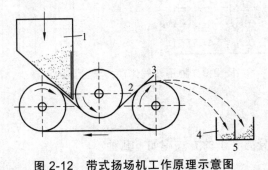

图2-12 带式扬场机工作原理示意图

1—喂料斗；2—滚筒；3—皮带；4—轻的种子；5—重的种子

5. 比重分离

比重分离主要是按种子密度或比重的差异进行分离。其分离过程基本上通过两个步骤来实现［如图2-13（a）和（b）］。

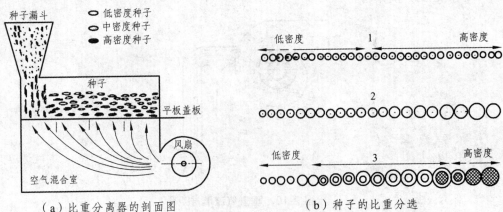

（a）比重分离器的剖面图　　　　　（b）种子的比重分选

图2-13 种子比重分离原理示意图

1—大小相同，密度不同；2—密度相同，大小不同；3—密度大小均不同

首先，如图 2-13（a）所示，使种子混合物形成若干层密度不同的水平层，然后使这些层彼此滑移，互相分离。

这种分离的关键部分是一块多气孔的平板（盖板）、一只使空气通过平板的风扇以及能使平板振动或倾斜的装置。分离器运转时，种子混合物均匀地引到平板的后部，平板既可从后向前下倾，也可从左向右上倾，低压空气通过平板后，渗入种子堆中，使种子堆形成浅薄的流动层。低密度的颗粒浮起来形成顶层，而高密度的颗粒沉入与平板相接触的底层，中等密度的颗粒就处于中间层的位置。

平板的振动使高密度的颗粒顺着斜面向上作侧向移动，同时悬浮着的低密度的颗粒在自身重力影响下向下作侧向移动。当种子混合物由平板的喂入处传送到卸种处时，连续不断的分级便发生了。低密度的颗粒在平板的较低一侧分离，高密度的颗粒在平板的较高一侧分离。这种振动分级器就可根据要求分选出许多档不同密度的种子。

尽管种子的密度是影响分离的主要因素，然而种子的大小也是一个重要的有关因素。为使密度不同的颗粒能恰当地分层，种子混合物必须预先筛选，以使所有的颗粒能达到大小一致，考虑到大小、密度的因素，便可得出应用在比重分离器上的三条一般规则［说明于图 2-13（b）中］。

（1）大小相同，密度不同的种子可按密度分离。

（2）密度相同，大小不同的种子可按大小分离。

（3）密度、大小均不相同的种子，不容易获得分离。

平板覆盖物选用何种材料，视待清选种子的大小而定。密集编织物对小粒种子最适用，而大粒种子应该用粗糙的编织物。几种常用的平板覆盖材料是：亚麻布、各种编织物、塑料、冲有小孔的金属板、金属丝网筛等。覆盖物承托在平板框架上，起空气室室顶的作用，帮助升起的气流均衡地通过种子堆。

操作调整包括喂入速度、气流速度、平板倾斜角、平板振动时的行程频率（以后称为平板行程）这几个方面。喂入速度应尽可能保持不变，因为即使微小的速度变化也会影响效果。气流速度的增加会使种子向平板低侧转移。平板卸料端倾斜角的增加也使种子堆向低侧转移。增加平板由前向后的倾斜角，相应增加了种子堆离开平台的速度。因此，减少了种子层的厚度。平板行程频率的增加引起种子向平板高侧移动，所有这些调整是紧密联系的，必须恰当地配合。

（三）空气筛

空气筛是利用种子的空气动力学特性和种子尺寸特性，将空气流和筛子组合在一起的种子清选装置。这是目前使用最广泛的清选机。

空气筛选机有多种构造、尺寸和式样，如从小型的、一个风扇、单筛的机子，直到大型的、多个风扇、6 个或 8 个筛子并有几个气室的机子。图 2-14 所示为一种典型的空气筛选机。这种机子有四个筛子，种子从漏斗中喂入，这在许多种子清选厂中都可见到。种子靠重量从喂料斗自行流入喂送器，喂送器定时地把（喂入的）混合物送入气流中，气流先去除轻的颖糠类物质，剩下的种子散布在最上面的那层筛子上，通过此筛将大块状的物质除去。从最上层筛子落下的种子在第二筛上流动，在此筛上种子将按大小进行粗分级。接着，第二筛的种子又转移到第三筛，第三筛又一次对种子进行精筛选，并使种子落到第四层，以供最后一次分级，种子流遍第四筛后，便通过一股气流，重的、好的种子掉落下来，而轻的种子及颖糠类物质被升举而除去。

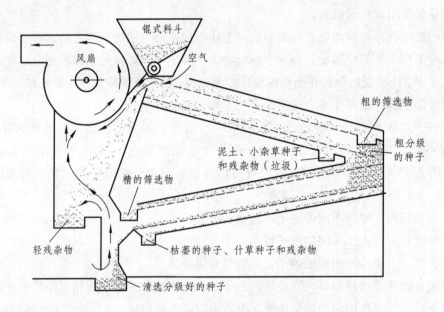

图 2-14　空气筛种子清选机示意图

在上述四筛结构配置中，最上层筛和第三筛称之为上筛；第二、第四筛称之为底筛。其他可能的排列法是：三个上筛、一个底筛或者是一个上筛、三个底筛。

筛子或由冲孔的薄金属板，或由金属丝编织构成。冲孔筛的筛孔通常是圆形或长圆形，少数场合也有用到三角形。金属丝编织筛（网筛）的筛孔是方形的或长方形的。合用的不同型式的筛子可达 200 余种，都是按筛孔的大小与外形进行分类。圆孔筛通过代表冲孔直径的数字来识别。在美国，这些数字以英寸的分数形式来表明筛孔的直径。在欧洲，用常规的牌号数来表示以毫米为单位的孔径。

冲孔筛的筛孔（狭型与宽型）由宽度与长度这两个数字来标出，编织筛用每平方英寸内的筛孔数标出。筛孔实际上的尺寸并不在后者的标示法中表达出来。

选择筛子取决于待清选的种子和待消除的杂质。圆孔形上筛及长方孔形底筛通常适用于像苜蓿或大豆这一类的圆粒种子。长方孔筛用作上筛和下筛，对燕麦、黑麦这一类细长的种子通常都是适用的。当筛孔的外形与粒度选定后，实际发生的分离取决于种子的粒度。圆孔筛、长孔筛分别按其宽度与厚度来识别与分离种子。

三、种子的表面特性分离方法

（一）种子表面特性

根据种子表面形状及表面粗糙等不同情况和对摩擦系数的差异进行分离。1 粒重量为 G 的种子，放置在倾角为 α 的斜面上，它与斜面的摩擦角为 φ（图 2-15），则摩擦力 F 为：

$$F = G\cos\alpha\tan\varphi$$

当种子重力在斜面方向上的分力大于种子与斜面间的摩擦力时，种子下滑：

$$G\sin\alpha > G\cos\alpha\cdot\tan\varphi$$

即

$$\tan d > \tan\varphi$$

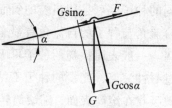

图 2-15　种子下滑条件

反之，则种子向上移动，这就可将种子表面粗糙与光滑种子分离开。

不同类种子表面的光滑程度不一样，摩擦角也不相同。一般来说，表面粗糙的摩擦角大，表面光滑的摩擦角小。种子分离就是根据种子表面特性的不同来进行分离。表 2-2 列出几种作物种子与光滑的铁皮表面移动时的摩擦角。

表 2-2　种子与光滑铁皮间的摩擦角

种子种类	摩擦角	种子种类	摩擦角
大　麦	17°	水　稻	17°40′
黑　麦	17°30′	棉　花	22°50′
小　麦	16°30′	亚　麻	17°30′
燕　麦	17°30′		

（二）分离机具和方法

目前最常用的种子表面特性分离机具是帆布滚筒（图 2-16）。

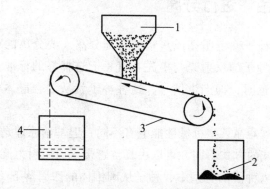

图 2-16　按种子表面光滑程度的分离器

1—种子漏斗；2—圆的或光滑种子；3—粗帆布或塑料布；
4—扁平的或粗糙种子
（引自美国农业部手册，第 179 页）

采用这种方法，一般可以剔除杂草种子和谷类作物中的野燕麦。但是，设计这种机械主要用于豆类中剔除石块和泥块，也能分离未成熟和破损的种子。例如清除豆类种子中的菟丝子和老鹳草，可以把种子倾倒在一张向上移动的布上，随着布的向上转动，杂草种子被带向上，而光滑的种子向倾斜方向滚落到底部（图2-16）。另外，根据分离的要求和被分离物质状况采用不同性质的斜面。对形状不同的种子，可选择光滑的斜面；对表面状况不同的种子，可采用粗糙的斜面。斜面的角度与分离效果密切相关，若需要分离的物质，其自流角与种子的自流角有显著差异，分离效果越明显。此外，也可利用磁力分离机进行分离。一般表面粗糙的种子可吸附磁粉，当用磁性分离机清选时，磁粉和种子混合物一起经过磁性滚筒，光滑的种子不粘或少粘磁粉，可自由地落下，而杂质或粗糙种子粘有磁粉则被吸收在滚筒表面，随滚筒转到下方时被刷子刷落（图2-17）。这种清选机一般都装有2~3个滚筒，以提高清选效果。

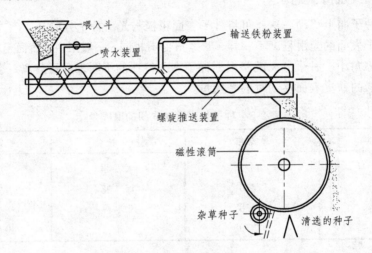

喂入斗
喷水装置
输送铁粉装置
螺旋推送装置
磁性滚筒
杂草种子
清选的种子

图 2-17　磁性分离机

四、利用种子色泽进行分离

用颜色分离是根据种子颜色明亮或灰暗的特征分离。要分离的种子在通过一段照明的光亮区域，在那时每粒种子的反射光与事先在背景上选择好的标准光色进行比较。当种子的反射光不同于标准光色时，即产生信号，这种种子就从混合群体中被排斥落入另一个管道而分离。

各种类型的颜色分离器在某些机械性能上有不同，但基本原理是相同的。有的分离机械在输送种子进入光照区域的方式不同，可以由真空管带入或用引力流导入种子，由快速气流吹出种子。在引力流导入种子的类型中，种子从圆锥体的四周落下（图2-18）。另一种是在管道中，种子在平面槽中鱼贯地移动，经过光照区域，若有不同颜色种子即被快速气流吹出。在所有的情况下，种子都是被一个或多个光电管的光束单独鉴别，不至于直接影响邻近的种子。目前这种光电色泽分离机已被广泛使用。

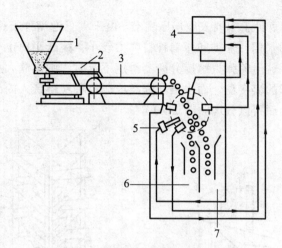

图 2-18 光电色泽种子分离机图解

1—种子漏斗；2—振动器；3—输送器；4—放大器；
5—气流喷口；6—优良种子；7—异色种子
（引自国际种子检验协会会刊 vo1.34，1969）

五、根据种子的密度进行分离

种子的密度因作物种类、饱满度、含水量以及受病虫害程度的不同而有所差异，密度差异越大，其分离效果越显著。

目前最常用的方法是利用种子在液体中的浮力不同进行分离，当种子的密度大于液体的密度时，种子就下沉；反之则浮起，然后将浮起部分捞去，即可将轻、重不同的种子分离开。一般用的液体可以是水、盐水、黄泥水等。这是静止液体的分离法。此外还可利用流动液体分离（图 2-19）。种子在流动液体中是根据种子的下降速度与液体流速（q）的关系而决定种子流动的近还是远，即种子密度大的流动得近，密度小的被送得远，当液体流速快时种子也被流送得远。一般所用的液体流速约为 50 cm/s。如用液体进行分离出来的种子，生产上不是立即用来播种，而是应洗净、干燥。

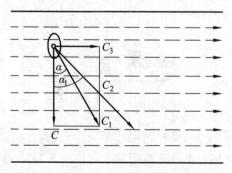

图 2-19 按种子的密度在流动液体中分离

六、利用种子弹性特性的分离方法

这种分离方法是利用不同种子的弹力和表面形状的差异进行分离。如大豆种子混入水稻和麦类种子，或饱满大豆种子中混入压伤压扁粒。由于大豆饱满种子弹力大，跳跃能力较大，弹跳得较远，而混入的水稻、麦类和压扁种粒弹力较小，跳跃距离也小。当大豆种子与混入的水稻、麦类或压扁种粒沿着弹力螺旋分离器滑道下流时，则饱满大豆种子跳跃到外滑道，进入弹力大的部分种子的盛接盘，而水稻、麦类或压扁种粒跳跃入内滑道，滑入弹力小的部分盛接盘，大豆种子从而得以分离（图2-20）。

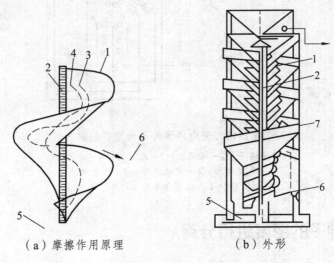

（a）摩擦作用原理　　　　　（b）外形

图 2-20　螺旋分离机

1—螺旋槽；2—轴；3，6—球形种子；4—非球形种子；
5—非球形种子出口；7—档槽

七、利用种子负电性的分离方法

一般种子不带负电。当种子劣变后，种子负电性增加，因此带负电性高的种子活力低；而不带负电或带负电低的种子，则活力高。现已有设计成的种子静电分离器。当种子混合样品通过电场时，凡是带负电的种子被正极吸引到一边而落下，得以剔除低活力种子，达到选出高活力种子的目的。

思考题

1. 种子清选目的是什么？
2. 种子清选常见的方法分哪几类？
3. 圆筒筛的生产率与旋转速度和分离面积有什么关系？
4. 平面筛的清选质量怎么描述？
5. 简述根据种子表面特性进行种子分离的原理。

第三章　种子预加工设备

　　种子预加工是为了顺利进行种子清选或为某种特殊目的而预先进行的各种作业。如脱粒、取籽、脱壳、脱绒、除芒、除翅、除针毛、清洗、磨光与破皮等。种子加工中心的建设要根据物料条件和种子最终加工要求，在预处理中选用种子脱粒机、除芒机、刷种机、剥壳机、脱绒机、脱籽机等。然后再根据工艺流程和质量控制等方面的要求，配备其他设备和装置。特别在加工蔬菜种子时，要注意加工工艺流程中的预处理机型的选配。

　　目前常用的种子预加工设备有玉米种子脱粒机、水稻和牧草种子除芒机、种子预清机等。

第一节　脱粒机

一、种子脱粒原理与方法

　　种子脱粒机不同于普通谷物脱粒机，它对种子破碎与损伤的要求更严格。玉米种子脱粒，要求脱粒机的破碎率增值小于 1%，脱粒机最好能有初步分离杂质和芯轴抛送功能。玉米种子脱粒机的生产能力还要和后续种子加工生产线相匹配，但当脱粒后有较大的储存设施时，玉米种子脱粒机生产能力大些有助于平衡前面果穗烘干的生产能力。

　　根据种子的不同脱粒特性，必须相应地采用不同的脱粒方法进行脱粒。常见的脱粒方法有以下几种。

1. 冲击脱粒

　　使种穗和脱粒部件发生相互冲击，从而达到脱粒的目的，称为冲击脱粒。增大冲击强度，可提高脱净率和生产率，但却导致破碎率的增加。为了提高脱净率，需要延长脱粒时间，或增加脱粒次数，但却降低了机器的生产率。冲击强度随冲击速度增高而加强。故在许多脱粒装置上，都能改变脱粒速度，以便根据具体情况调节，适应破碎率、脱净率和生产率的要求。目前常用钉齿滚筒式脱粒装置。钉齿式脱粒滚筒的构成主要由滚筒主体和脱粒钉齿组成，钉齿直径一般为 12～16 mm，按螺旋线排列于滚筒外缘，脱粒时，随着滚筒的旋转，钉齿对进入滚筒的种穗产生冲击式的击打，使籽粒与种穗分离，从而达到脱粒的目的。

2. 揉搓脱粒

　　揉搓脱粒主要靠种穗与机械部件、种穗与种穗之间的摩擦脱粒。脱净率与摩擦力的大小有关。增强对谷穗的揉搓作用，如改变脱粒间隙、改善工作部件摩擦表面等，可提高脱净率和生产率，但往往易导致种子的脱壳与脱皮。提高工作部件的工作速度，也可以增强揉搓作用，从而提高脱净率和生产率。但此速度超过一定范围，也会使破碎率大大增加。有纹杆滚筒脱粒装置和螺旋鼠笼脱粒装置,纹杆式脱粒滚筒主要由纹杆滚筒和栅条凹板组成脱粒系统,被脱粒的作物在滚筒与凹板之间,随着滚筒的旋转,谷物穗部受到纹杆的揉搓而使得谷粒与种穗分离,从而达到脱粒的目的。

3. 梳刷脱粒

梳刷脱粒主要是靠脱粒部件对籽粒施加拉力而脱粒。利用梳刷脱粒原理脱水稻和牧草种子效果较好。常用的梳刷脱粒多采用弓齿式脱粒滚筒。弓齿式脱粒滚筒主要由滚筒主体和各种不同形状、规格和作用的脱粒弓齿组成,弓齿由耐磨性很高的优质碳素钢丝制成,钢丝直径一般为 4 ~ 6 mm,弓齿被按螺旋线规律分布在滚筒表面,滚筒前部 2、3 排为梳整齿,后部为脱粒齿。滚筒与网状凹板组成脱粒系统。脱粒时谷物秸秆在夹持部件的夹持下,种穗部分在滚筒与凹板之间,随着滚筒的旋转,在弓齿的梳刷作用下使种子籽粒与种穗分离,从而达到脱粒的目的。

4. 碾压脱粒

碾压脱粒主要是靠脱粒部件对种穗的挤压而脱粒(像石碾打场一样)。其特点是冲击力小,种子不易破碎与脱皮。

二、5YT 系列揉搓式玉米脱粒清选机

(一)结构及工作原理

该机主要由玉米果穗脱粒系统、筛选系统和风选系统组成(图 3-1)。玉米果穗经输送设备到达脱粒机的进料口 1,经进料口进入脱粒室 2。脱粒室内有格栅式凹板,带有弧形板和弧形齿板的主轴。主轴低速转动,通过弧形齿板、弧形板和格栅凹板的揉搓,达到籽粒与穗轴分离的目的。

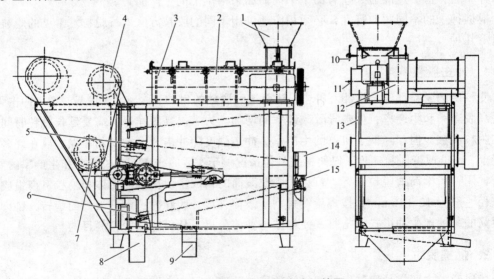

图 3-1 T-3.5 型玉米脱粒清选机简图

1—进料口;2—脱粒室;3—排芯口;4—第一吸风道;5—上筛;6—下筛;
7—第二吸风道;8—好种子出口;9—小杂质出口;10—进料调节杆;
11—调节风门;12—风机;13—机架;14—大杂质出口;
15—筛子固定手柄

弧形齿板及弧形板在脱粒主轴上带有旋向，使玉米果穗一边揉搓一边向前推进，在推进过程中，籽粒与穗轴分离，穗轴经过脱粒机上的排芯口 3 排出机外。籽粒进入筛选及风选系统。进入筛选及风选系统的籽粒，首先经过第一吸风道 4，将籽粒中最轻的杂质大部分除去，再进入筛选。经过上筛 5，将玉米籽粒中的大杂质去除。再经过下筛 6，将籽粒中的小杂质去除。下筛上的物料，再经过第二吸风道 7，进行第二次除杂。清选后的玉米种子经好种子出口 8 排出机外，完成脱粒清选过程。

（二）使用与调整

1. 空运转试验

看脱粒机运转方向是否正确，面对主轴皮带轮，如主轴皮带轮顺时针方向运转即为正确运转方向，清选机电机无运转方向规定。

2. 进料量的控制

脱粒机的进料应均匀并充足，只有这样才能达到满意的脱粒效果，建议采用电磁振动给料机进料。进料口内有一对控制进料量的挡板，可以通过它来调节进料量，以达到限制最大进料量的目的。

3. 穗轴排出的调整

穗轴排出口内有一套穗轴排出抑制装置，它由内压板、转轴、配重轴及配重铁组成。调整配重铁数量及在配重轴上的位置就可以抑制穗轴的排出。增加配重铁及配重铁与转轴之间的距离，穗轴排出受到较大抑制，这样就可以增加玉米穗在脱粒室内的滞留时间，以利于提高脱净率。所以，当玉米果穗籽粒含水率较高时，应按此方法调整；反之，应减少配重数量，甚至取除配重轴，以降低破碎率。总之，应在确保脱净率的前提下，尽量减少配重及配重铁与转轴之间的距离，以使破碎率降至最低。

4. 吸风道风量的调整

第一吸风道和第二吸风道有两个吸风筒，上面各有有机玻璃风量调节活门，可通过转动活门来调节风量的大小。风量的大小以出风口内不排出籽粒为宜。

5. 筛片的更换

当脱粒清选的玉米种子品种更换时，需更换筛片。更换筛片时，将清选机上固定筛框的挡板拧紧手柄松开，拿下挡板及大杂排出口，抽出筛框，即可换所需的筛片。

（三）使用安全注意事项

（1）开机后应先空运转 2~4 min，看运转是否正常，有无碰撞等异常声响，待运转正常后方可投料。工作过程中如发现问题，应立即停机检查。

（2）机器工作时，严禁将手伸进进料口和排芯口。

（3）维修、更换零件，必须停机进行，机器运转状态时，不得拆装有关零件。

（4）机器工作时，严禁打开上盖板。

（四）维修与保养

（1）所有轴承处，在工作一个季节后，应加一次润滑油。
（2）筛片如果长时间不用时，应从筛箱中取出，妥善保管。
（3）一个工作季节结束后，或更换品种时，应将机器清理干净，避免混杂。
（4）机器应保持清洁，经常清理表面的浮尘。

第二节　除芒机

　　水稻种子和大多数禾本科牧草种子都有芒刺，如不除去会大大影响种子的流动性和后续加工作业。除芒机为全封闭金属结构，破碎率要小；排料口的开度应根据种子的除芒效果进行调节，主轴上的拨辊或翼板为装配式结构，以便于调节角度；传动皮带要装有独立的防护罩；机器生产能力与整条生产线配套。

一、结构与工作原理

　　该机结构如图 3-2 所示，被选物料由进料口流入除芒室内，除芒室的圆筒内壁装有固定齿片，中间转轴上有同样的齿片，排列成螺旋状，物料在螺旋排列的齿片作用下，做圆周和轴向运动，通过齿片的棱角打击和揉搓，去除物料表面的颖壳与芒刺，除芒后的物料由出料口排出，作业过程中的灰尘从除尘口被吸走。

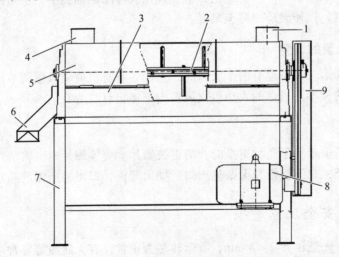

图 3-2　除芒机结构

1—进料口；2—齿片；3—堵板；4—除尘口；5—除芒室；
6—出料口；7—机座；8—电机；9—护罩

二、使用调整

（1）机器安装时，要用地脚螺栓固定好机器，机架纵向、横向都要保持水平。

（2）使用前，紧固各部件螺栓，看皮带传动有无障碍，皮带张紧要适宜，先空运转 10 min，确认完好后，即可作业。

（3）该机喂入量必须在作业状态下进行调整，首先要对配套提升机的供给量进行控制，并根据所要求的生产能力和除芒率调整出料口配重块。配重块顺时针方向转动时，生产力增加，而除芒率降低；反之，生产率减少，而除芒率提高。

（4）该机作业完成后，不能立即停机，继续空转 5 min，使全部物料卸完后方可停机。清除残留物料时，打开位于筒下部的清理铁门。

三、维护保养

（1）每次作业前，应检查各部件紧固螺栓是否松动，转动是否灵活，有无不正常的声音，在排除故障后方可使用。

（2）作业前检查三角皮带张紧力，必要时予以张紧调整。

（3）对轴承处每隔 30～40 h 断电停机后加注润滑油。

（4）每次作业结束后进行清扫和检查，及时排除故障。

（5）机器进行大修时，需请有一定技术水平的专业人员作指导。

（6）机器保存时应切断电源，彻底清扫机器，检查修理，恢复到完好技术状态，取下三角带另行保管，机器放在室内干燥处。

四、安全技术要求

（1）未满 16 周岁的青少年和未掌握本机操作要求的人员严禁操作。

（2）动力线无破损，符合绝缘要求，机体应接地良好，以防触电事故发生。

（3）必须按操作规程操作，作业前认真检查机器，发现问题及时修复解决，否则不可开机。

（4）作业前必须空转 10 min，发现问题，切断电源及时解决。

（5）作业时操作者必须认真负责，坚守岗位，不能拆卸传动皮带轮上的防护罩，手不可伸入皮带和运动部件。

（6）作业时中途停电，一定要切断电源，以防意外。

（7）机器在场上或近距离转移时，先切断电源，停止作业后方可进行。

（8）机器运输时，应先切断电源，清扫干净。

（9）作业过程中，要换种清理或清除堵塞时，先断开电源，机器停稳后才能进行，以免夹伤手指。

（10）严禁在机器运转时紧固螺栓和加注润滑油。

（11）作业时严禁打开除芒室上的堵板。

（12）为确保用户安全，在机器的防护罩上面有"警告"安全标志，请操作者注意。

五、易损件

易损件主要是定齿和动齿。

第三节　磨光机

种子磨光是指清除种子表面的附属物（芒、刺、毛、翅、颖片、膜片等），并擦光表皮，同时可以分离双粒种子与成团的种子以及未脱净的穗头、碎裂种球与脱壳、脱荚等，但种球不破裂或极少破裂，从而使之重量、体积降低，为进一步清选加工创造条件，便于包装、运输和贮存。

磨光常用于近似球形的蔬菜、牧草、林木、花卉等种子和谷物加工的前处理工序，磨光后的种子有如下优点：① 可便于进一步剥裂、包衣等加工处理；② 用种单位可不需再作除杂处理；③ 便于机械、半机械播种；④ 减少用种量（只有磨光前的 80%～85%）；⑤ 可缩短发芽率的测定时间；⑥ 减少种子流通过程中的费用等。

以甜菜种子为例，甜菜种子经磨光后可减重 14.29%，体积降低 37.43%，总粒数减少1.3%（筛去了磨碎种子和小粒种子），含杂率在 1%以内。磨光后的种球发芽率、发芽势均能得以提高，同时还可以去除混在种子内的害虫，使之不能随种子调运到异地。从流通过程的经济效益分析来看，磨光后的甜菜种子大大降低包装费、铁路运输费、检疫费和仓储费。

5ZG-2.0 磨光机主要用于甜菜种子的磨光和其他带芒的坚果种子除芒，一般与其他种子加工设备配套使用。被选物料在螺旋排列的齿片和上盖内磨片之间，做圆周和轴向运动，受到齿片和上盖内磨片的共同摩擦作用，去除表面芒刺。

一、安全技术要求

（1）未掌握本机操作要求的人员严禁操作。

（2）动力线无破损，符合绝缘要求，机体应接地良好，以防触电事故发生。

（3）必须按操作规程操作，作业前认真检查机器，发现问题及时修复解决，否则不可开机。

（4）作业前必须空转 10 min，发现问题，切断电源及时解决。

（5）作业时操作者必须认真负责，坚守岗位，不能拆卸传动皮带轮上的防护罩，手不可伸入皮带和运动部件。中途停电时，一定要切断电源，以防意外。

（6）机器在场上或近距离转移时，先切断电源，停止作业后方可进行。

（7）机器运输时，应先切断电源，清扫干净。

（8）作业过程中，要换种清理或清除堵塞时，仍然先断电源，机器停稳后才能进行，以免夹伤手指。严禁在机器运转时紧固螺栓和加注润滑油。机器运转时严禁打开磨光室上盖。

（9）为确保用户安全，在机器的防护罩上面有安全标志。同时皮带传动装置必须要安装好防护罩。请操作者注意。

二、操作说明

1. 工作原理

被选物料在螺旋排列的齿片和上盖内磨片之间，做圆周和轴向运动，受到齿片和上盖内磨片的共同摩擦作用，去除表面芒刺。

2. 结构与工作过程

该机结构如图3-3所示，主要用于甜菜种子的磨光和其他带芒的坚果种子除芒。甜菜种子从进料口流入磨光室内，方轴上的齿片排列成螺旋状，上盖内表面附有一层粒状的陶瓷结合剂刚玉磨片，种子在螺旋齿片与上盖内表面之间做圆周和轴向运动，受到齿片和上盖磨片的共同摩擦作用，从而去除种子表面的芒刺。磨好的种子经过出料口排出，进入下一个作业工段，灰尘杂质经过网筛落入集尘斗，间断排出。

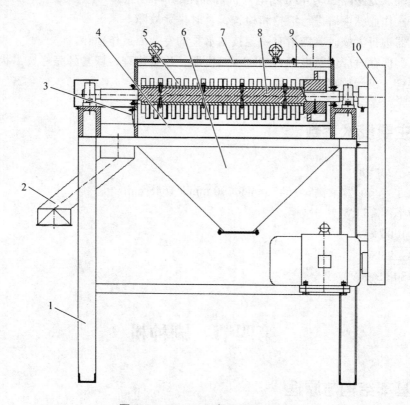

图3-3　5ZG-2.0磨光机结构图

1—机架；2—出料体；3—出料调节板；4—网筛；5—齿片；6—集尘斗；
7—上盖；8—方轴；9—进料口；10—护罩

3. 使用与调整

（1）机器安装时，要用地脚螺栓固定好机器，机架纵向、横向都要保持水平。

（2）使用前要检查机器技术状态的完好性，紧固各部位松动螺栓，检查机体内有无卡齿物体。

（3）机器试运转前必须进行全面检查，确认技术状态完好时，才能试运转。空运转一般要进行 30 min。

（4）检查电机运转方向：看传动皮带轮有无运转障碍，皮带紧度要适宜。

（5）该机喂入量必须在作业状态下进行调整，首先要对配套提升机的供给量进行控制，并根据所要求的生产能力和磨光率调整出料口配重块。配重块顺时针方向转动时，生产率增加，而磨光率降低；反之，生产率减少，而磨光率提高。

（6）该机完成作业后，不能立即停机，继续空转 5 min，使全部物料卸完后方可停机。

三、维护与保养

（1）每班要检查各部位紧固螺栓，注意检查固定磨片和回转叶片的紧固螺栓。

（2）生产间歇，要检查技术状态，发现问题及时处理。

（3）对轴承处每隔 30 ~ 40 h 断电停机后加注润滑油。

（4）每次作业结束后进行清扫和检查，及时排除故障。

（5）机器进行大修时，需请有一定技术水平的专业人员作指导。

（6）机器保存时应切断电源，彻底清扫机器，检查修理，恢复到完好技术状态，取下三角带另行保管，机器放在室内干燥处。

四、主要技术参数

生产率：2.0 t/h

外形尺寸：长 × 宽 × 高 = 1645 mm × 790 mm × 1648 mm

电机功率：7.5 kW

重量：1000 kg

磨光率：93%

噪声：80 dB（A）

第四节　刷种机

一、基本结构与原理

刷种机主要由喂料、刷种、出料、机架、主轴调节和传动系统等组成。图 3-4 是目前应用较普遍的 5SZ 系列机型的基本结构，有 600 mm 和 800 mm 两种筛筒直径的机型。

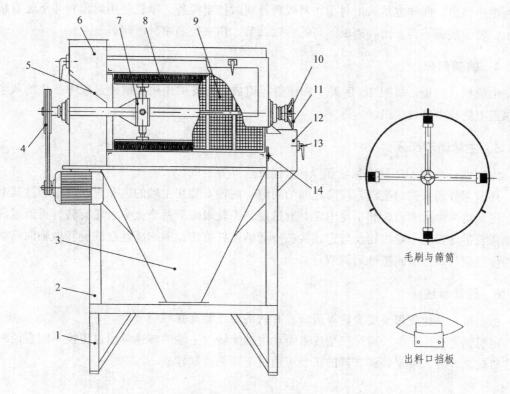

图 3-4 刷种机结构图

1—底架；2—机架；3—出料斗；4—传动系统；5—喂料挡板；6—进料口；
7—齿轮箱；8—毛刷；9—筛筒；10—锁定螺钉；11—手轮；
12—出料口；13—观察窗；14—出料口挡板

1. 喂料部分

主要由进料口 6、喂料挡板 5 组成。物料由进料口进入，通过喂料挡板进入筛筒。

在成套设备中使用时，有些物料不需要刷种，则可将喂料挡板旋转，堵住筛筒进口，物料则由进料口直接落入出料斗。

2. 刷种部分

主要由毛刷 8 和筛筒 9 组成。

三片圆弧形筛网固定在机架上形成筛筒，筛网由不锈钢方钢丝编织而成。四把毛刷固定在主轴上，与主轴共同旋转。物料进入筛筒后，毛刷旋转带动物料在毛刷和筛筒之间运动，使种子与种子之间、种子与固定筛网之间产生摩擦和揉搓来清除种子表面的附着物，从而达到表面处理的目的。毛刷的刷毛有猪鬃、尼龙丝或钢丝等材质，用于刷理不同黏结牢度的附着物。

3. 出料部分

由出料口 12、出料口挡板 14 及出料斗 3 组成。

物料被刷理后通过出料口排出，落入出料斗中。脱落的芒、毛等和部分小粒种子也从筛筒网眼中钻出，同样也落入出料斗，两股料流同时排出机外。单机使用时出料斗下装有接料卡子，便于接袋装料。出料挡板的高低可以调节，用来控制刷种时间。

4. 机架部分

由侧板、门板、机架 2、底架 1 和顶盖等组成，起支护作用。刷种过程中产生的灰尘可从顶盖上的吸尘口处吸出。

5. 主轴调节部分

由内轴、手轮 11，两个齿轮箱 7、丝杠及丝母等组成。

调节部分用来调整毛刷与筛筒之间的间隙。内轴安装在主轴的内孔里，内轴通过其上的三个键，将两个大伞齿轮和手轮固定。通过旋转手轮来带动两个大伞齿轮旋转，再通过两个大伞齿轮带动四个小伞齿轮及与它连接在一起的丝杠旋转，毛刷随丝杠的旋转做轴向移动，从而使刷面与筛筒的间隙得到调节。

6. 传动系统

由电机、三角皮带及皮带轮等组成，有的机型还装有变频调节器。

电机固定在机架上，通过三角皮带带动主轴旋转。主轴的转速可通过更换不同直径的电机皮带轮来改变，带变频调节器的机型可通过变频来控制转速。

二、适用范围

刷种机主要用于处理几何形状复杂，但不易于清选作业或不利于播种的种子，如带芒的种子（老芒麦种子）、带绒毛的种子（胡萝卜、番茄、沙拐枣种子）、易粘连的种子（瓜类种子）、带皮的种子（草木栖）和带翅的种子（落叶松），还可以对多胚甜菜种子进行分离。这些种子经除芒、除毛处理后，表面变得光滑，增加了流动性，易于通过筛孔，从而方便该类种子的进一步加工，并改善外观效果。

刷种机为全封闭金属结构，能除去种子表面的毛刺，并要求易清理，破碎率小；进料量根据刷种效果能进行方便调节，主轴上的毛刷为装配式结构，刷种筒壳上的孔径与所加工的种子相匹配，并便于更换；传动皮带要装有独立的防护罩；机器生产能力与整条生产线相配套。

该机适于表皮较结实的种子，不适于易脱壳、易破碎的种子。

该机作业时粉尘较大，应配置除尘设施，以免粉尘外溢影响工作环境。

三、使用与调整

（1）机器应安装在室内坚固、平坦的混凝土地面上，靠近电源且通风良好的地方。为使工作方便，需合理安排物料的运卸路线，并留有足够的操作、保养和维修空间。

（2）机器应调整水平，并通过地脚螺栓与地面连接。

（3）机器安装完毕后，接好电源，检查皮带轮、手轮转动是否灵活，转向是否正确，与成套设备的连接是否可靠等，确认无误后方可运转。

四、机器的使用与操作

1. 操作程序

（1）如需要更换筛网，打开前后门板，松开筛网与筛网之间的螺栓（为安全起见，可先套上两根绳子），取下筛网，然后将所选用的筛网装在筛网架上。注意上筛网时定位销孔要对准网架上的定位销，螺栓应加弹簧垫圈，然后将门板封严。

筛网的选用：

① 胡萝卜、草木樨、番茄种子等选用 11~13 目筛网；

② 老芒麦、水稻种子等选用 7~9 目筛网。

（2）将喂料口上的观察孔盖打开，将喂料挡板置于加工位置，然后关闭观察孔盖。

（3）打开出料口观察孔盖，将出料口挡板调至合适位置，然后将手轮上的锁定螺钉拔出，旋转手轮（逆时针旋转为减小间隙），调整刷子与筛网的间隙，调整好后将锁定螺钉插入，盖上观察孔盖。

（4）启动电机，空转 10 min，各部分无异常现象后即可喂料加工。

2. 操作注意事项

（1）开始作业之前首先应确定种子的含水率。但在不具备测定条件的地方，则需凭经验进行观察。种子的含水率应符合下列标准，否则刷种效果将受到影响。

胡萝卜<10%，番茄<8%，老芒麦<11%，草木樨<12%。

（2）当更换种子品种时，要把原加工的种子清除干净，不可残留任何种粒。清除方法如下：

① 停止喂料后机器再空运转 10 min 左右；

② 停机后将出料口挡板调至最低处，然后调小刷子与筛网的间隙，再让机器空转几分钟，直至出料口处没有种子流出为止；

③ 检查各部位，若还有残留种子，则人工清理，必要时打开筛网清理，直至没有残留种子为止。

（3）筛网严禁撞击和蹬踏，以免变形而影响刷种效果。

五、机器的调整

1. 电机轴与主轴之间皮带张紧度的调节

当皮带张紧度需要调节时，首先松开电机与电机座的四个螺栓，顺着电机座上的长孔移动电机，使皮带张紧度适当，然后拧紧螺栓。

2. 刷种间隙和刷种时间的调节

对于不同品种的种子和相同品种不同批次的种子，刷种间隙和刷种时间均应做细致的调节，使两个参数（刷种间隙、刷种时间）之间处于最佳的配合状态，其方法如下：

种子开始加工时，从出料口观察刷种情况，若有种子破碎现象，则应增大刷种间隙（手轮顺时针旋转为增大间隙）；若刷种不彻底时，则应减小刷种间隙（手轮逆时针旋转为缩小间隙）；若刷种效果好时，则将出料口挡板降低，使种子在刷种筒内停留时间（即刷种时间）缩短，增加生产率。注意：此调整均应停机后进行。

3. 主轴转速的调节

通过更换电机皮带轮或调节电流频率来实现。转速越高，刷种效果越明显；反之亦然。更换皮带轮后，皮带的张紧度要作相应的调整。

调整毛刷与筛筒筒壁之间的间隙、改变主轴转速或控制排料时间等均可改变刷理强度，以适应不同种子的表面处理，但刷理强度不宜过高，以免使种子表皮产生损伤或种温增加过多，降低种子的发芽率。

六、维护保养

（1）每次作业之前，应检查各部位紧固螺栓是否松动，转动部件转动是否灵活，有无不正常的声音等，在排除故障后方可使用。

（2）检查三角皮带的张紧度，必要时应予以调整。

（3）轴承上的润滑点应每半年加注一次润滑油。

（4）物料品种更换时，应将机器内外清除干净，防止品种混杂。

（5）机器存放时，应切断电源，彻底清扫机器，检查修理，保持完好的技术状态。

七、安全技术要求

（1）工作时，按照操作规程进行作业，作业前必须检查动力、传动等部位，发现问题及时修复。

（2）作业前需空转 8 ~ 10 min，发现问题立即停机修复。

（3）作业时，操作者必须认真负责，坚守岗位，发现问题应及时停机，切断电源，决不能开机或停机带电修理与调整。

（4）开机作业时，必须将皮带罩罩好。

（5）电路应由电工安装，地面动力线要采用电缆线。工作时若发现有接触不良现象，应及时切断电源，停机检修。

（6）在加工物料或维修机器时，不允许有任何异物进入刷种筒内。

（7）使用时，若因为更换物料品种需要调整毛刷间隙或清理机器内部时，一定要切断电源。

八、常见故障及排除方法（表 3-1）

表 3-1　常见故障及排除方法

故障	原因	排除方法
物料只进不出	喂入筒堵塞	停机，打开进料口，观察孔盖并疏通
主轴转速降低	三角带松弛	调整三角皮带，使其张紧
除净率低	刷种时间短	提高出料挡板高度
	刷种间隙大	减小刷种间隙
	转速低	换上较大的电机皮带轮或提高电流频率
	刷子磨损	更换刷子
种子破碎率高	刷种时间长	降低出料挡板高度
	刷种间隙小	增加刷种间隙
	转速高	换上较小的电机皮带轮或降低电流频率

第五节　其他预加工设备

一、谷糙分离

谷糙分离机主要是用来除去水稻种子中的裸米、枝梗和小麦种子中的碎粒、茎秆等杂质。具有生产率高，价格低廉等特点。谷糙分离机通常在水稻种子加工线上配置在基本清选之后，在小麦种子加工线上配置在基本清选之前。

谷糙分离机是利用种子和杂质摩擦特性差异来进行分离。被选种子在有一定倾斜角度的鱼鳞状分离板上，通过工作台的往复振动使摩擦力大的物料逐步向高端移动；同时摩擦力小的物料向低端移动，完成分离作业。

二、种子预清机

预清选是为了改善种子物料的流动性、贮藏性和减轻主要清选作业的负荷而进行的初步清除杂质的作业。预清机生产能力要和脱粒机相匹配，预清一般有风筛清选、鼠笼筛、圆筒筛、气流清选等多种类型。它的工作原理同风筛式清选机相近，只是筛子的倾角比较大，风量调整范围比较宽，种子的流动速度比较快，生产率比较高。

三、特殊种子的湿加工工艺

随着种子成熟度的提高，种子的水分不断下降，但番茄、青椒、茄子等茄果类种子和许多瓜类种子在成熟时，仍被果实内的多汁果囊所包覆，必须在采收过程中通过湿加工来初步降低种子水分、排除种子外表的胶状黏结物，使种子处于散粒体状态，这样才能在种子加工厂中完成清选分级以及包衣丸化等加工程序。

传统的特殊种子湿加工方法是人工破果采籽，然后用缸、桶存贮带囊种子发酵，最后将种子清洗晾干。经过近 30 年的研究发展，目前已形成比较成熟的种子采收和湿加工结合成一体的工艺流程和设备。

种子湿加工的工艺流程中主要包括采种机械、分离机械、洗涤槽缸、胶膜处理、离心甩水、种子烘干以及必要的传动装置、输送接受设备和控制仪表等。采种机械主要完成瓜果破碎和瓜皮、果囊、种子的分离；分离机械把种子表皮的肉绒和胶膜进一步刮除清洗；洗涤槽缸采用空气或其他动力驱动液体旋转流动，轻质物体上浮，种子沉积在底部被提走；胶膜处理采用 pH1.0~1.5 的硫酸或盐酸浸泡，清除胶膜，使种子在干燥过程中不黏结成块，加工中运动流畅，并有灭菌杀虫的作用；酸处理和清洗的种子水分高，利用离心甩干能将其水分降至 45% 左右，然后正常烘干到安全水分，这可大量减少能耗，又加快降水速度。

我国于 20 世纪 80 年代末研制出湿线生产率 0.5 t/h，辅以手工操作的小型茄果类蔬菜种子加工成套设备。国外已研制出自动化连续作业的大型蔬菜种子湿加工线，生产率 1.5~2.0 t/h，种子净度 85% 以上，发芽率 92% 左右，水分 10%~14%。

四、棉种脱绒

棉花经轧花机轧花后，毛籽表面残留一层短绒，造成毛籽互相粘连，流动性差，不能直接进行清选，需要进行脱绒，使毛籽变成光籽后，才能进行清选、包衣、包装。因此，棉种加工有两部分内容：一是棉种所特有的脱绒加工，二是脱绒后的清选加工。这里主要介绍棉种脱绒加工技术与设备。

棉种脱绒分为化学脱绒和机械脱绒两类。化学脱绒主要有四种：盐酸脱绒、浓硫酸脱绒、稀硫酸脱绒、泡沫酸脱绒。稀硫酸脱绒又分为过量式稀硫酸脱绒和计量式稀硫酸脱绒。机械脱绒按采用磨料的不同，主要分为砂瓦脱绒和钢刷脱绒两种。

当前在我国应用较多的是泡沫酸脱绒和过量式稀硫酸脱绒。

（一）盐酸脱绒

盐酸脱绒也称干酸脱绒或气态酸脱绒，美国于 20 世纪 60 年代开发研制成功。干酸脱绒剂采用盐酸。脱绒时先将盐酸加热至 65 ℃，使其蒸发成盐酸蒸汽，同时将带短绒的棉种，称重计量，送入加温容器中加温，然后将加温后的棉种，导入酸反应罐，将盐酸蒸汽计量导入反应罐，使盐酸蒸汽压力达到 400 lb/m^2（1 lb/m^2 = 4.445 Pa）。反应罐横卧，旋转，30 r/min，处理 2 min，使酸蒸汽与短绒充分接触、腐蚀。处理完后，先导出废盐酸蒸汽，经喷水吸附成酸液，用氨水或石灰水中和后作废水排出。处理后的棉种倒入摩擦机中，除去废绒。脱绒后的棉种与氨中和 40 s，除去残酸。然后输入精选系统精选加工。

干酸脱绒工艺简单、经济，脱绒质量好，生产比较安全，操作方便，是一种比较成熟的脱绒方法，在美国的干燥地区普遍推广应用这种脱绒工艺，经美国西方设备公司设计安装的这种脱绒加工线，在美国有 20 多条。但这种加工工艺，只适合于棉种加工贮藏季节的空气相对湿度低于 40% 的地区。棉种含水量超过 10% 也不适合采用这种方法，否则残酸渗入种皮，杀伤种子，造成发芽率严重下降。而且，因该工艺采用的是气态酸，对设备的密封性能要求非常严格。盐酸的跑漏对厂房、设备有较大腐蚀，对四周环境也会造成相当程度的污染。

（二）浓硫酸脱绒

浓硫酸脱绒主要工艺流程是：棉籽与浓度 98% 的硫酸按比例在反应罐中混合，在温度为 85 ℃ 的条件下搅拌 3~4 min，将短绒腐蚀脱去，然后对棉籽加水冲洗，冲洗后的光籽送入干燥机内干燥、精选及药物处理。采用这种方式对浓硫酸的消耗量相当大，脱绒废水中含有大量的硫酸和短绒污物，对环境造成严重的污染，这种脱绒方法已被限制使用。

我国推广的人工浓硫酸脱绒，多用于科研育种机构和对小批量种子脱绒处理，脱绒冲洗后的棉种，略加晾晒即行播种。方法是：将机械剥绒后的棉花种，每 5 kg 加入浓硫酸 1 kg，使硫酸和种子充分混合、水解、碳化棉绒，而后用水把碳化的棉绒冲掉，烘干后精选。这种方法用水量大，每千克棉种约用水 7 kg，废水需要排放，对环境造成污染。脱绒后的棉种残酸高，而且对脱绒、精选设备腐蚀严重，不适合大批量生产。

（三）稀硫酸脱绒

稀硫酸脱绒技术是在浓硫酸脱绒技术的基础上发展起来的。该工艺克服了浓硫酸脱绒的各种弊端，降低了硫酸用量，酸籽比由浓硫酸脱绒的 1：6 提高到 1：30，并大大减轻了对环境的污染，在美国、加拿大、英国、菲律宾等国得到普遍应用。稀硫酸脱绒有过量式稀硫酸脱绒和计量式稀硫酸脱绒两种方法。

1. 带离心机过量式稀硫酸脱绒

过量式稀硫酸脱绒技术是从浓硫酸脱绒技术中演变而来的，是美国在 20 世纪 70 年代中期开发出的一种棉种脱绒方法。我国 90 年代初在引进、吸收和改进的基础上，研究成功了棉种过量式稀硫酸脱绒成套设备。

脱绒时，将含短绒的棉种，输入酸处理器中，用稀释成 8%~12% 的稀硫酸在酸处理器中浸泡 2 min 左右，边浸泡边搅拌，使棉种短绒全部浸泡稀硫酸溶液。然后将浸泡过的棉种送入离心机中脱去多余的酸液（脱去的酸液经过回收管回收，过滤后可重复利用）。从离心机中出来的棉种（含有种子重量 8%~10% 的稀硫酸溶液），输入烘干机中烘干。烘干机的入口温度为 120~140 ℃。出口气温为 55 ℃ 左右。种子在烘干机内的温度为 50~53 ℃，在烘干机中烘干约 10 min，烘干机的转速 18 r/min。烘干机中的棉种，随着水分的蒸发，稀硫酸不断浓缩，棉绒逐步被水解。水解后棉绒碳化变脆，在转动摩擦中脱落。从烘干机出来的棉种，脱绒尚未完全，再输入摩擦机中继续处理，使棉绒脱尽。摩擦机的出口空气温度一般保持在 43 ℃。

从摩擦机出来的棉种，棉绒已脱尽，可直接送入精选系统精选、包衣、包装。

带离心机的过量式脱绒工艺，是目前棉种脱绒工艺中较成熟、可靠的一种。操作方便，物耗低，能耗低，成本低，残绒低，残酸率低，种子损伤小。可不用氨中和，利于贮藏。稀硫酸可以回收循环利用，既节约成本，又大大减少了对环境的污染。设备使用寿命较长，适合在各种气候条件下使用。

目前这种生产工艺在我国受到普遍重视，已有数十家棉花种子加工企业开始采用过量式稀硫酸脱绒工艺。

2. 不带离心机计量式稀硫酸脱绒

该脱绒工艺是在 80 年代初，由美国西方设备公司根据我国的特殊条件而专门设计的一种脱绒方法。目的是省去价格昂贵的离心机。这种方法，稀硫酸浓度为 12%，棉种含短绒 7%～8%，棉种和稀硫酸混合时分别进行计量（即棉种与稀硫酸按比例定量混合），在反应槽中混合，混合后把棉种输入烘干机烘干，再送入摩擦机摩擦，使棉种脱绒。脱绒后的棉种，送到精选系统精选。这种不带离心机的计量式脱绒工艺，虽省去了离心机，投资相对小。但在工艺设计上存在许多问题，是一种不成熟的脱绒工艺。虽为计量酸，但由于棉种含短绒，很难保持恒定以及供料供酸也不能绝对的一致，使混合后的棉种含酸和含水量不稳定，严重影响脱绒效果和种子质量。该工艺操作非常困难，物耗高，加工后棉种不是含绒量高，就是发芽率低。生产无法保持稳定正常。我国先后共引进这种加工线 6 条，现在有 5 条已改造成带离心机的过量式稀硫酸脱绒工艺。

（四）泡沫酸脱绒

该脱绒工艺目的是为了把价格昂贵的离心机从稀硫酸脱绒工艺中省去。此法把浓硫酸（98%）、水、发泡剂按比例混合，在压缩空气的作用下使浓硫酸稀释泡沫化，增大单位重量的酸的体积，通过管道将泡沫酸送入反应槽，与棉种混合，含有泡沫酸的棉种输入烘干机，使稀酸浓缩，水解炭化脱去棉绒。脱绒棉种经氨中和后，可送到精选系统进行精选。

该项技术与稀硫酸的不同之处是在浓度为 8%～10% 的稀硫酸中加入了一种发泡剂（非离子表面活性剂），在压缩空气的作用下，使之泡沫化，而使稀硫酸的体积增加近 50 倍，大大增加了稀硫酸溶液的渗透活性和与棉绒的接触机会。用最少量的酸液浸透尽量多的棉绒，不仅将酸籽比提高到 1∶50，减少了硫酸的用量，而且由于棉籽是和泡沫化的硫酸接触，靠棉绒的毛细管作用吸收酸液，因此作用过程极其柔和，酸液不易渗入种子内部，从而能最有效地保证种子质量不受影响。

泡沫酸脱绒工艺，因不用离心机，投资较低，适合于在不同气候条件下使用。该工艺进料稳定，烘干、摩擦温度稳定，用酸量少，对棉籽的酸处理轻柔，烘干耗能少，易中和，能很好地保证棉种的发芽率，目前已在国内得到广泛应用。

（五）机械脱绒

机械脱绒按采用磨料的不同，可分为砂瓦脱绒和钢刷脱绒两种工艺。机械脱绒克服了化学脱绒设备庞大，工艺复杂，费用高，污染严重等不足，投资小，安全可靠，特别是棉籽短绒得以收集利用，可以获得较高的经济效益。该工艺投资少、无污染，但生产率低、对种子有损伤。

思考题

1. 简述 5YT 系列揉搓式玉米脱粒清选机结构及工作原理。
2. 简述 5ZG-2.0 磨光机结构及工作原理。
3. 简述 5SZ 刷种机工作原理。
4. 简述泡沫酸脱绒和过量式稀硫酸脱绒工作原理。

第四章 种子清选、精选设备

第一节 风筛清选机

风筛清选机就是将风选与筛选装置有机地结合在一起而形成的机器，利用种子的尺寸特性进行筛选，利用种子的空气动力学特性进行风选。风筛清选机是种子加工中重要的设备，可完成预清和基本清选作业任务，目前最常用的是 3 ~ 5 层筛和 2 条风选管路组成的风筛式清选机。

一、风筛清选机基本结构与原理

（一）风筛清选机结构

风筛清选机主要由机架、喂料装置、筛箱、筛体、清筛装置、曲柄连杆机构、前吸风道、后吸风道、风机、小筛、前沉降室、后沉降室、排杂系统、风量调节系统等组成，如图 4-1 所示。

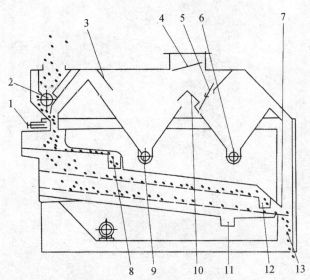

图 4-1 5X-4.0 型风筛清选机结构

1—喂入轮转速调节手柄；2—喂入辊；3—前吸风道调节阀；4—主风门；
5—后吸风道调节阀；6—后吸风道杂余搅龙；7—调风板；8—大杂；
9—前吸风道杂余搅龙；10—风压平衡调节阀；
11—小杂；12—中杂；13—后吸风道

（二）主要组成部分的作用

（1）喂料装置，起均匀进料和宽度方向匀料的作用。工作时，喂料箱内盛有半斗种子，在整个喂料辊宽度上均有种子分布，种子陷于喂料辊槽内，喂料辊转到下方时，种子落至上筛。喂料辊转速可调，能满足不同种子的喂入量要求，起到强制喂料作用。

（2）筛箱，起固定各层筛片及集料等作用。

（3）筛体，筛片可换，满足加工不同品种种子及清理的要求。

（4）清筛装置，避免筛孔堵塞，保证筛选质量稳定。

（5）曲柄连杆机构，提供平面往复振动，满足筛选的运动参数。

（6）前吸风道，除去颖糠、尘土及轻杂。

（7）后吸风道，除去轻瘪粒、虫蛀粒及茎秆等轻杂。

（8）风机，提供风选用的气流。成套使用时，可借助系统风源。

（9）小筛，种子经过后吸风道清选时，小筛一方面承托种子，另一方面保证气流流动和匀风，提高风选效果。小筛可换。

（10）前、后沉降室，分别收集前、后吸风道除出的轻杂。

（11）排杂系统，将风选和筛选出来的杂物排出机外。

（12）风量调节系统，调节前后吸风道的风量，满足加工不同品种种子的要求。

（13）筛片清洁器。

筛片在工作中，筛孔经常会被种子或夹杂物堵死，使筛片工作面积减少，降低分离质量，为此在筛片上装有清洁器，防止筛孔堵塞。筛片清洁器按结构可分为以下四种。

① 橡皮球清洁器（图 4-2）：橡皮球清洁器的橡皮球装在筛片与辅助筛之间，以橡皮球与筛片的撞击进行筛片清理，这种形式结构简单，清筛效果较好，目前在风筛式清选机中得到了广泛的应用。

② 架刷式清洁器（图 4-3）：架刷式清洁器是最早开始使用的筛片清洁器，这种方式由一套偏心连杆机构带动架刷做往复式运动，使用鬃毛和筛片的直接接触来清洁筛片，清筛效果好。

③ 链刷式清洁器（图 4-4）：由链条和刷子构成。刷子贴着筛底的运动方向与筛上种子的运动方向相同。链条的速度一般在 0.10 ~ 0.15 m/s。

④ 打杆式清洁器（图 4-5）：由筛架的摆动带动打杆摆动，以其杆端打击筛片，借此清理筛面。打击力的大小可以用改变打杆的摆幅来调节。

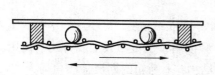

图 4-2　橡皮球清洁器

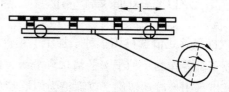

图 4-3　架刷式清洁器

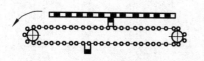

图 4-4　链刷式清洁器

图 4-5　打杆式清洁器

（三）工作过程

如图 4-1 所示，喂入进料斗的物料，在旋转着的喂料辊的作用下，通过前吸风道风口落到上筛筛面上，物料降落过程中，上升气流将其中的尘土和轻杂带走，进入前沉降室，由于沉降室截面突然增大，气流速度降低，尘土和轻杂下沉，由搅龙排出机外。未被气流吸走而落到上筛筛面上的种子，因其几何尺寸小于上筛筛孔尺寸，在筛面往复振动的同时，穿过上筛孔落到中筛筛面上。大于上筛筛孔尺寸的大杂质沿上筛筛面下滑至大杂出口排出机外。落到中筛筛面上的种子，其尺寸小于中筛筛孔的，穿过中筛，落到底筛上，大于中筛孔的中杂沿筛面下滑至中杂出口排出机外。落到底筛上的种子，尺寸小于筛孔的小杂，穿过筛孔，落到小杂滑板上，滑到小杂出口排出机外，底筛筛面上的好种子沿筛面下滑至好种出口排出。

筛选过的种子在沿下筛筛面下滑过程中，途经后吸风道时，在由下而上穿过小筛进入后吸风道形成的强气流的作用下，漂浮速度低于气流速度的病弱、虫蛀、未成熟等较轻籽粒或杂质被吸走到后沉降室，并沉于底部，由搅龙排出机外。好种子沿筛面滑至端部排出。

（四）机器的调整

根据被选种子的特性，选好各层筛片，启动机器后主要进行以下调整：

（1）喂入量的调整。

（2）前吸风道风量的调整。

（3）后吸风道风量的调整。

（4）总风量的控制。

（5）风压平衡调节阀的调整。

更换品种时，要清理干净机器，以免残留种子混杂。对同一品种的不同种子或不同品种的种子，要更换筛片和小筛。清筛橡胶球按要求分布，从而保证清筛效果和加工质量。

二、5XD 型风筛清选机

5XD 风筛式清选机用于种子加工、粮食处理和食品加工行业，对小麦、水稻、玉米、菜籽及牧草籽等作物（种子）的清选和分级，既可单独使用，也可与其他设备配套使用。

该机采用橡胶球清筛，双筛箱为四层筛自衡式结构，上筛箱的两层筛倾角均为 4°，下筛箱两层筛倾角均为 5°，振动频率 70~350 次/min，筛箱底板可以转换。设计无级调节的风室和风选室，筛箱振动频率可以无级调节，机架设计新颖，采用空心夹层式，使整机结构优化，设计有方便吊车和叉车安装的结构。

该机内部与外形结构如图 4-6 和 4-7 所示。

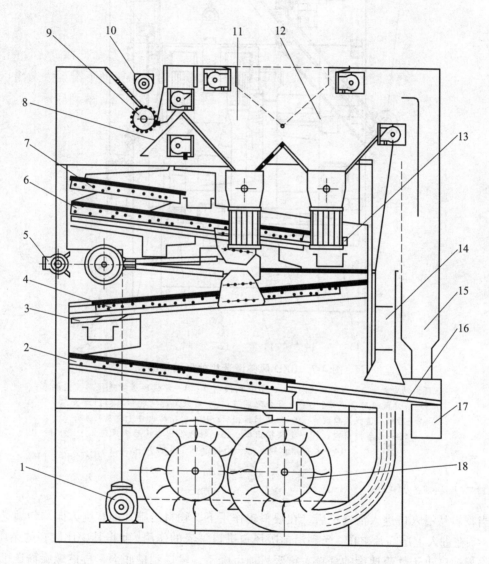

图 4-6　5XD 风筛清选机内部结构图

1—风机电机；2—四层筛；3—湍流板；4—三层筛；5—筛箱电机；6—二层筛；
7—上筛；8—前吸风道；9—喂料辊；10—喂料口；11—前沉降室；
12—后沉降室；13—湍流板；14—后吸风道；
15—后吸风道落杂口；16—小筛网；
17—主排口；18—风机

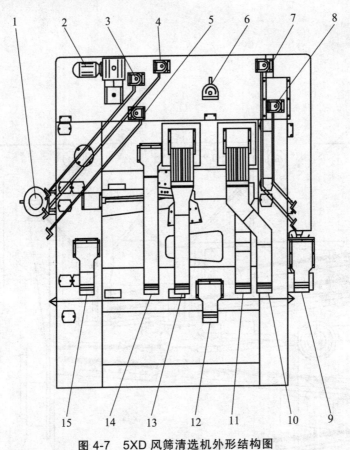

图 4-7　5XD 风筛清选机外形结构图

1—筛箱振动电机；2—喂料辊电机；3—喂料闸门调节；4—前吸风道空气短路阀门调节；

5—前吸风道风量调节；6—风量分配调节；7—后吸风道空气短路阀门调节；

8—后吸风道吸风口调节；9—轻瘪粒排出口；10—轻杂排出口（前吸风道）；

11—大杂排出口；12—小杂排出口；13—轻杂排出口（后吸风道）；

14—大杂排出口；15—小排杂口（可调）

（一）工作原理

当物料从喂入口进入清选机后，在喂料辊作用下，物料沿筛片的宽度方向均匀地进入上层筛片，在进入上层筛片之前，受到沿前吸风道进口气流的作用，使得其中比较轻的杂质（即那些临界速度小于气流速度的籽粒）被吸入前沉降室，输送到槽底部，再被螺旋输送机输送到排料口排出，排料口安装有防止外界空气被吸入的多块木制条状活门板，进入筛片的籽粒经过多层筛片的作用分别把不同的杂质从各个排料口排出，各层筛片根据不同的目的配置了长孔筛和圆孔筛，分别对籽粒的宽度和厚度进行清选。

经过筛选后的籽粒，在排出之前，先到达小网筛，籽粒在这里受到下风机吹出来的上升气流的作用，在它的作用下，残存的不合格籽粒（即那些临界速度小于上升气流速度的籽粒）被吹入沉降室沉降在底部，再被螺旋输送机输送到排料口排出，同样在排料口处安装有防止外界空气被吸入的多块木制条状活门板，由于后吸风道比较高，残存的籽粒中比重较大的那些籽粒可能在还没有吹到后沉降室之前就落下来返回到好种子中，降低了好种子的质量，所以在后吸风道下部安装有辅助排料口，用来排出这部分籽粒，同时安有可以调整高度的挡板，可以控制排出籽粒的质量，最后加工出来的好种子从机器的主排料口排出。

（二）特性分析

（1）自衡式双筛箱筛体。该机筛体设计为双筛箱结构，偏心驱动通过四根连杆分别连接上筛箱和下筛箱，上筛箱连杆偏心套与下筛箱连杆偏心套的偏心方向处于180°位置对称安装。箱体工作时，上下两筛箱以相反的方向做往复运动，达到相互平衡的目的，大大提高了整机运转的稳定性。

（2）该机各层筛的有效筛面面积较大，保证了种子的清选效果。筛体结构为双筛箱四层筛，上筛箱两层筛，下筛箱两层筛，一层筛1张筛片，二层、三层、四层筛均为2张筛片，共7张筛片，各层筛有效筛面面积（S_1，S_2，S_3，S_4）如下：

每张筛片面积：长×宽=$1.240 \times 0.800 = 0.992$ m^2

有效面积：0.648 m^2

各层筛面有效面积：$S_1 = 0.648$ m^2；$S_2 = S_3 - S_4 - 0.648 \times 2 = 1.298$ m^2

（3）双筛箱、四层筛使得清选和分级的效果比较明显。筛箱内装有两种淌料板（供3件选择），二层筛下装有可卸式底板（供4件选择）。

清选作物时，淌料板1用半封闭型形式，非封闭端朝主排料口方向，淌料板2安装如图4-8所示方向，可卸式底板靠主排口端的一件装半封闭式，前部装全封闭式。分级作业时，淌料板1用全封闭式，淌料板2按图4-8所示方向相反安装，亦可图4-8所示方向安装（由用户按物料分级情况自定），可卸式底板全装全封闭式底板，亦可前部装半封闭式，后部装全封闭。由上可以看出，该机不仅清选效果佳，而且分级能力很强，用户可根据需要任意组合选择不同的分选方法。

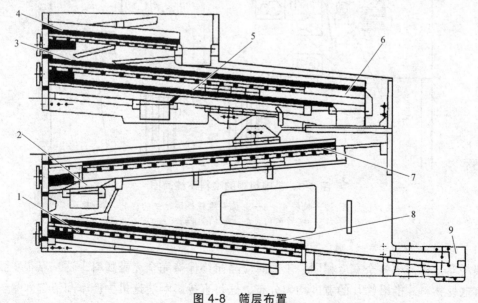

图4-8　筛层布置

1—橡胶球架；2—淌流板2；3—二层筛；4—一层筛；5—可卸式底板；

6—淌流板1；7—三层筛；8—四层筛；9—主排口

（4）本机清筛机构为橡胶球清筛，结构简单，拆卸维修方便，清筛干净。橡胶球架与筛片相配合，共有 7 个橡胶球架，每个橡胶球架上装有 144 个橡胶球，其直径为 24 mm。筛箱振动频率设计为 70～350 次/min，作业时一般在 320 次/min 左右。

（5）结构优化的风室及后吸风道。为了提高风选性能，该机设计专门的鼓风室，安装在主机底部，其内部装有两台前后交错的风机，风量采用调节风机转速的方法进行调节，最大风量 Q 为 12 500 m³/h，出风口面积 S 为：长×宽=0.15×1.238 = 0.185 7 m²，出风口最大风速：$v_{max} = Q/S = 12\ 500\ /\ (0.185\ 7×3\ 600) = 18.70$ m/s。出风口风速大于农作物最大飘浮速度。出风口与小网筛相接，当经过全部筛片的种子流经小网筛时，经风室出风口的气流将种子充分吹起，通过调节风量大小使种子在小网筛上全部呈现"沸腾"状态，同时通过后吸风道负压气流将轻、瘦、瘪谷及轻杂带走。风室的主要作用表现在将经小网筛上的物料（种子），通过风室正压气流的充分接触，使其全部呈现"沸腾"状态。

后吸风道是后风选室的一个活动部件（图 4-6），通过调节后吸风道与小网筛之间的高低位置，使通过小网筛上呈"沸腾"状态的物料（种子）中的轻杂，经后吸风道的负压气流带走；再经反射板，较重的杂质排入后吸风道落杂口，较轻的杂质进入后沉降室。因此，该机的风室和后吸风道的设计明显提高了该机的风选性能。

（三）主要结构和操作

1. 带喂料辊的喂料系统（图 4-9）

由喂料斗、喂料搅拌器、喂料辊调节机构、喂料闸门、喂料闸门调节器等部分组成。

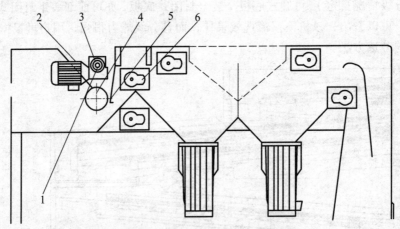

图 4-9　带喂料辊的喂料系统简图

1—喂料搅拌器；2—喂料斗；3—电机和喂料辊调速机构；4—喂料辊；
5—喂料闸门；6—喂科闸门调节器

（1）喂料斗

喂料斗与机器的整个宽度相同，工作时应当始终保持完全充满物料，这一点很重要，因为只有这样物料才能沿筛片的宽度均匀分布，这将直接影响清选机生产率和清选效果。

（2）喂料搅拌器

喂料搅拌器安装在喂料斗内，它的作用是使物料能不间断地喂入机器里。

（3）喂料辊

喂料辊可以确保喂料的均匀一致性，同时降低并稳定物料的下落速度，稳定的喂料对提高前吸风系统的效果是有好处的。

（4）喂料闸门

喂料闸门是铰链连接，可以根据所要求的生产率和物料特性，调节喂料辊与闸门之间的间隙达到控制喂入量的目的。喂料闸门上安装有弹簧，当大杂质通过时，喂料闸门的间隙在这些杂质的作用下可以瞬时加大，不至于堵塞喂料口，等这些杂质通过后，在弹簧的作用下，又会恢复到原来的位置。

（5）喂料闸门调节器

喂料闸门调节器通过手柄调节，手柄被安装在容易操作的高度，闸门可以在 5～10 mm 内调整，可以通过多种物料。

2. 前吸风系统（图 4-10）

前吸风系统由前吸风道和调节器、前空气短路阀和调节器、前沉降室和排料螺旋输送机、条状活门板等部分组成。

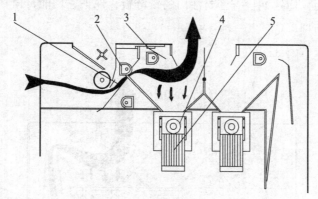

图 4-10　前吸风系统简图

1—前吸风道；2—前吸风道调节器；3—前空气短路阀门调节器；
4—前沉降室排料螺旋输送机；5—条状活门板

（1）前吸风道和调节器

前吸风道吸气口在喂料辊正下方，物料在下落的过程中，气流通过物料使物料在进入筛箱之前先进行第一次风选。用调节器调节前吸风道吸气口的大小，达到改变风速的目的。调节器连接着风速调节板，调节板位于喂料辊的下方，通过蜗轮蜗杆机构改变调节板位置。保证了调节的灵敏和位置的准确，调节器是通过手柄来调节，手柄安装在机器外部合适的高度。前吸风道可以抽走如尘土、谷壳等轻杂质，刻度为"0"时，相当于最小的吸风效果，刻度为"10"时，相当于最大的吸风效果，但是要注意，如果吸风道的风速太大就会将好种子甚至重籽粒吸到前沉降室内，经螺旋输送机排出，所以可以通过检查前沉降室排出的物料判断前吸风道速度是否合适。

（2）前空气短路阀和调节器

前空气短路阀位于前沉降室的顶部，调节前空气短路阀也可以控制前吸风道的风量，当前空气短路阀处于关闭状态时，所有的风量都是通过前吸风道进入，此时，在前吸风系统可获得最大的风量。相反，当前空气短路阀处于打开状态时，在总风量中会有一部分风从短路阀进入，剩余的风量才从前吸风道进入，此时，在前吸风系统可获得最小的风量，即前空气短路阀起到了短路前吸风系统风量的作用。用调节器调节前空气短路阀，通过蜗轮蜗杆机构改变阀门的位置，保证了调节的灵敏和位置的准确，调节器是通过手柄来调节的，手柄安装在机器外部合适的高度，刻度为"0"时，短路阀全部打开。为了获得最好的清选效果，必须使振动给料器喂料和前吸风道风速的调节相平衡。

（3）前沉降室和排料螺旋输送机

前沉降室的作用是分离各种轻杂质和尘土，前吸风道连接着前沉降室，含有尘土和轻杂质的气流从前吸风道吸入前沉降室，由于前沉降室的截面积远远大于前吸风道的截面积，到达前沉降室后，气流速度会大大降低，低于随气流吸入的尘土和轻杂质的临界速度，所以这些尘土和杂质就会沉降下来，落到前沉降室的底部，经位于底部的螺旋输送机将它们输送到排料口排出。

（4）条状活门板

排料口处设有带有铰链的条状活门板，在前沉降室内负压的作用下，紧紧盖在排料口处把排料口密封，防止空气进入前吸风系统，并防止操作人员因接触到旋转的叶片而导致伤害，当螺旋输送机送出的物料到达排料口时，物料将条状活门板推开，等物料排出后，条状活门板重新把排料口密封。应定期检查密封活门的铰链板，保证它们能自由移动。千万不要用手触摸铰链活门板的后面。

3. 后吸风系统（图4-11）

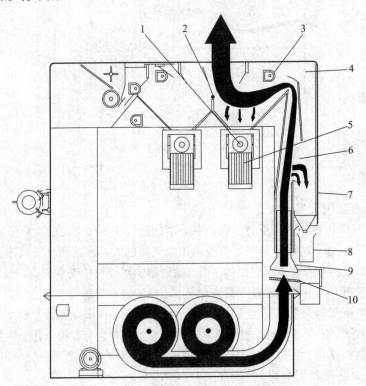

图4-11 后吸风系统简图

1—后沉降室和排料螺旋输送；2—风量分配阀；3—后空气短路阀；4—顶部多余空气排口；
5—条状活门板；6—后吸风道；7—玻璃观察窗；8—辅助排料口；
9—调节罩；10—小网筛

后吸风系统由后吸风道和调节器、后沉降室和排料螺旋输送机、后空气短路阀和调节器、条状活门板、顶部多余空气排口、辅助排料口、小网筛和上方调节罩、风量分配阀、玻璃观察窗等部分组成。

　　（1）后吸风道和调节器

　　后吸风道位于机器后部上方，在气流的作用下，从小网筛上分离出来的杂质进入后吸风道到达沉降室。后吸风道下面与小网筛上方调节罩和辅助排料口相连接，中间没有风量挡板。

　　（2）小网筛和上方调节罩

　　小网筛由筛网和筛框组成，位于底层筛片的末端，安装后可以和底层筛箱一起振动，后吸风系统的气流将通过它，经过风选和筛后的籽粒从底层筛片上向下流动时，必须经小网筛后才能排出，在通过小网筛时，受到向上气流的作用，再一次分离那些不合格的籽粒。小网筛上方设有一个可以调节高度的调节罩，为了达到最好的风选效果，调节罩应调节至小网筛上方 10～20 mm，应注意空气罩不要阻碍籽粒的流动。刻度为"0"时，调节罩的距离最大，此时会有最多的向上气流从调节罩和小网筛之间排出，使得通过空气罩的气流量最少，由于空气罩的截面积没变，所以气流的速度最小。

　　（3）后沉降室和排料螺旋输送机

　　后沉降室的作用是分离从小网筛上来的各种轻杂质和干净空气，后吸风道连接着后沉降室，含有杂质的气流从后吸风道吸入后沉降室，由于后沉降室的截面积远远大于后吸风道的截面积，到达后沉降室后，气流速度会大大降低，低于随气流吸入的尘土和轻杂质的临界速度，所以这些杂质就会沉降下来，落到后沉降室的底部，经位于底部的螺旋输送机将它们输送到排料口排出。

　　（4）后空气短路阀和调节器

　　后空气短路阀位于后沉降室的顶部，调节后空气短路阀也可以控制后吸风道的风量。假设底部风机不运转，当后空气短路阀处于关闭状态时，所有的风量都是通过后吸风道进入。此时，在后吸风系统可获得最大的风量。相反，当后空气短路阀处于打开状态时，在总风量中会有一部分风从短路阀进入，剩余的风量才从后吸风道进入，此时，后吸风系统可获得最小的风量，即后空气短路阀起到了短路后吸风系统风量的作用。用调节器调节后空气短路阀，通过蜗轮蜗杆机构改变阀门的位置，保证了调节的灵敏和位置的准确，调节器是通过手柄来调节的，手柄安装在机器外部合适的高度。与前吸风系统相比，由于有了下吹风系统、辅助排料口和顶部多余风量排出口，所以实际情况要复杂得多。

　　调节器设在顶部，通过后吸风道上小网筛上方调节罩和后空气短路阀调节器的相互作用，就可以改变通过小网筛的气流速度，达到最好的风选效果。刻度为"0"时，后空气短路阀全部打开，小网筛距离最大，此时风选效果最差。

　　（5）条状活门板

　　后吸风系统条状活门板与前吸风系统条状活门板工作原理一样，见前述"条状活门板"。

　　（6）顶部多余空气排口

　　顶部多余空气排口位于机器顶部后端，为一个可以拆卸的门，在门的下面安装有一个八角孔筛网，用来控制后吸风道的风量，从底部吹上来的气体可由此排走，门的状态开或关，取决于后沉降室的压力。后沉降室内不能出现正压力，当后沉降室排料口处的条状活门板出现微微向外打开的现象，说明后沉降室内出现正压力，就会出现灰尘外逸现象，整个后吸风系统就混乱了。但是由于清选的需要，往往又不能减少底部风机的风量，此时，应把这个门打开排走多余的向上气流。

（7）辅助排料口

辅助排料口位于后吸风道下方，那些被向上气流吹起来的杂质中，比较重的籽粒到达一定高度后，由于后吸风道截面积发生变化而使气流速度减小，以致这些籽粒不再向上升而落下，经辅助排料口排出，以减少好种子的损失。

（8）风量分配阀

风量分配阀位于风选部分的中间位置，一般而言，35%～50%的风量分配在前吸风系统，其余的风量分配到后吸风系统。前、后吸风系统的风量调整都是从0～7档。

（9）玻璃观察窗

玻璃观察窗安装在后吸风道上面，通过它可以观察被吹上来的杂质情况，从而判断后吸风道的气流速度是否合适。合适的气流速度应当是从观察窗看到籽粒总的是向上运动，其中一些籽粒一直向上最终被吸入后沉降室内，另一些籽粒在向上运动一段后下落从辅助排料口排出。

4. 底部吹风系统

底部吹风系统由风机、风机电机和调速装置、多管通风道等部分组成。

（1）风机

底部吹风系统共有两个风机，它将空气经过多管风道吹出，使整个小网筛下面都有相同速度的空气通过。

（2）风机电机和调速装置

电机用一条三角皮带驱动风机，通过调节无级变速器的旋转调节旋钮可以改变电机的转速。但是应当注意的是，每次重新启动机器，机器启动后，应缓慢调节旋钮，逐步改变风机转速直到合适为止。

当清选谷物时，风机的转速可控制在300～500 r/min，此时只要调节后吸风系统，就可以平衡风机吹出的风量。

当清选玉米、大豆时，风机的转速要提高到720 r/min。这时可能出现把空气短路阀全部打开，都不能平衡风机吹出来的风量的情况（即后沉降室出现正压力，条状活门板被吹起来），这就需要打开顶部多余空气排口，排出多余的风量。

（3）多管通风道

多管通风道与底部风机出风口相连接，起匀风作用，防止管道拐弯时过多的空气被离心力推向管子的外侧。

5. 筛选系统（图4-12）

筛选系统由上、下两个筛箱、筛箱驱动系统、导向板、流向分配板、可变换工艺流程的筛片、排出口等部分组成。

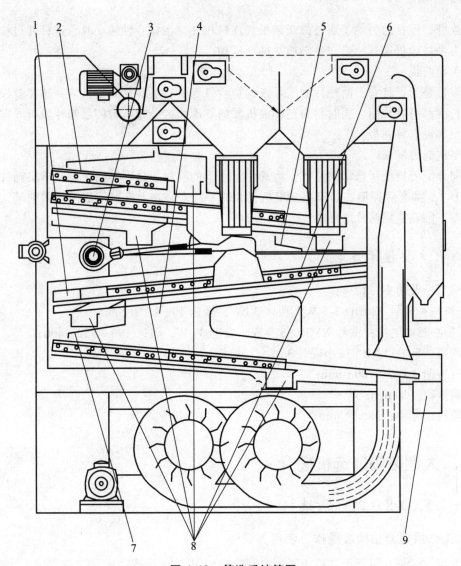

图 4-12　筛选系统简图

1—流向分配板；2—上筛箱；3—筛箱驱动装置；4—下筛箱；5—导向板；
6—筛片；7—导向板；8—杂质排出口；9—主排口

（1）上、下筛箱

根据机器的型号，每一个筛箱可能有 2 层或 3 层筛片。安装更换筛片时，先拧松锁紧把手，卸下后挡板，拉出回收板，用专用的拉杆抽出筛片，在筛片抽出后，筛片轨道应当干净、无杂物，以保证新的筛片能够自由滑入，将新筛片放入轨道，然后装好回收板，安装后挡板，再拧紧锁紧把手。每一层筛片下面都有一个大小完全相同的橡胶球托盘，托盘内有若干清理筛片用的橡胶球，在筛片振动时，这些小球可以上下跳动，不断地敲击筛片，达到清理筛片的目的，即使筛片振动很小时橡胶球的弹力也保证能清除堵塞筛孔的杂质。

（2）筛箱驱动系统

筛箱上装有偏心驱动轴，电机通过一条齿形皮带驱动它，轴上安装有两个偏心轴承，分别用于驱动每一个筛箱。两个筛箱的移动方向相反，可以保证机器的动态平衡，偏心轴承上安装有连杆，连杆的另一端通过弹簧钢板与连杆相连，当偏心轴转动时，连杆通过拉杆将水平驱动力平稳地传递到筛箱，使筛箱平稳地运动。

（3）导向板

导向板是为了将它上面筛片加工下来的物料带到下一层筛片的喂入端，这样就保证筛片的全部长度都可以利用，同时物料还能沿机器的宽度均匀分布。除四层筛片没有导向板外，其余每层都设有导向板。

（4）流向分配板

流向分配板根据所选定的流程，将筛片上、下的物料，分别导向出口或下层筛片。

5XD-5.0共有两种型式的流向分配板，大的一块安装在上筛箱下层筛片的前端，小的一块安装在下筛箱上层筛片的后端。

（四）主要技术参数

电机型号及功率、转速：

A. 风机：型号 XMBD-3-5-W，功率 3 kW，转速 190～950 r/min；

B. 偏心驱动电机：型号 XMBD-3-5-W，功率 3 kW，转速 190～950 r/min；

生产率：5 000 kg/h（按小麦计）；

风机转速：140～700 r/min；

筛箱振幅：30 mm；

筛箱振动频率：280 次/min。

三、大型风筛清选机简介

（一）5XD-8.0 风筛清选机

1. 工作原理、结构及操作、使用、调整

基本与5XD-5.0风筛清选机相同。内部结构如图4-13所示。

该机共用筛片10张，筛片规格可根据种子几何形状及尺寸由用户选定，与之配套使用的清洁球架也是10件，装入筛片时，可将筛片与清洁球架摞起一并送入筛箱轨道内，装入筛片时请注意：上筛、二层筛、四层筛、五层筛筛体前长10 mm的舌唇应朝主排料口方向，并与筛箱内前横梁或后一筛片搭接紧密；三层筛筛片的安装方向与上筛、二层筛、四层筛、五层筛筛体方向相反，筛片前长10 mm的舌唇方向朝进料端方向，筛箱内横梁上长10mm的舌唇应搭接在第一片筛体上。

本机筛箱内装淌料板2种，清选作业时，一层筛和四层筛进料端装有分料器，物料由进料口进入上分料器后，一半进一层筛，一半进二层筛，取大杂，由大杂口排出，三层筛根据需要通过换淌料板，既可取大杂也可取小杂，物料由三层筛进入下分料器后，一半进四层筛，一半进五层筛，取小杂。最后通过后筛由后吸风道二次提取轻杂和小杂，通过风选和筛选后的好种子由主排口排出。

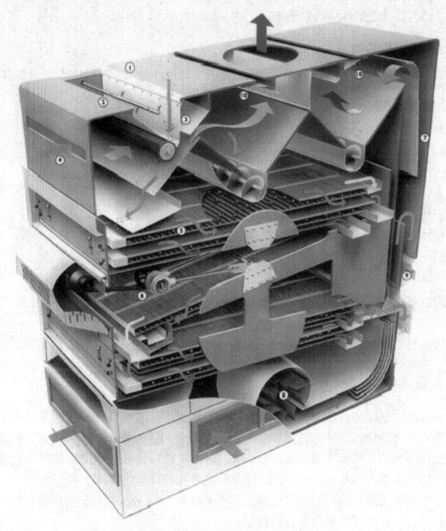

图 4-13　5XD-8.0 风筛清选机内部结构图

1—进料斗；2—拨料辊；3—进料调节板；4—进风口；5—筛子；6—驱动装置；
7—后吸风道；8—底风机；9—双风道；10—前后沉降室

2. 主要技术参数

电机型号及功率、转速：

A. 风机电机：型号 XMBD-3-5-W，功率 3 kW，转速 190～950 r/min；

B. 偏心驱动电机：型号 XMBD-4-5-W，功率 4 kW，转速 190～950 r/min；

生产率：8 000（10 000）kg/h；

风机转速：140～700 r/min；

筛箱振幅：30 mm；

筛箱振动频率：70～350 次/min；

筛箱倾角：上筛、二筛 4°；三筛、四筛、五筛 5°。

（二）5XD-12.0 风筛清选机

1. 结构与工作原理

与 5XD-8.0 基本相同，不同的是：该机五层筛，每层 3 片筛，每层比 5XD-8.0 多 1 片筛。

2. 主要技术参数

电机型号及功率、转速：

A. 偏心驱动电机：型号 MBL40-Y4，功率 4 kW，转速 200 ~ 1 000 r/min；

B. 风机电机：型号 MBL40-Y3，功率 3 kW，转速 200 ~ 1 000 r/min；

生产率：（12 000 ± 5%）kg/h（按小麦计）；

筛箱振幅：30 mm；

筛箱振动频率：70 ~ 350 次/min；

筛箱倾角：上筛 4°；下筛 5°。

四、风筛清选机使用与维护

风筛清选机机型较多，结构有差异，现将使用与维护上的共同之处介绍如下。

（一）设备的安装

风筛清选机筛选部分一般采用木质构件为主，因此要求安装在干燥、通风条件良好的室内进行工作。风筛清选机安装时，周围应留出足够的空间进行操作和维修机器。机器进料口前侧及出杂口一侧应至少有 1 000 mm 的空间，以便更换筛片及监控排杂情况。机器的另一侧和成品出口端应留出 760 mm 空间，以便维护皮带及处理有关故障。

机器必须安装在适当加固的水泥地面上。不平度在 ± 0.8 mm 以内。用螺栓将机器准确地固定在地基上，若需要可以加垫片进行调整。

一旦机器已被安装好，在启动前应将所有固定筛体的木块撤掉。

在所有输送管连接好后，设备应进行 10 ~ 15 min 的空转，并特别检查下列事项：

（1）所有螺栓应拧紧并在正确位置。

（2）任何零散物，例如备用筛片、工具等必须远离操作区域。

（3）所有电机都应有正确的转向。

（4）电机运行的电流值应在标牌上额定值范围内。

（二）筛选流程及筛片的选择

风筛清选机在使用前，首先要根据加工物料原始含杂情况以及对加工后物料的尺寸和净度要求选择适当筛选流程和筛片。一般来说，如果在原始物料中含有的大杂比较多，则在筛选流程上，上筛和中筛均应清除大杂，下筛清除小杂；如果原始物料中含有的小杂比较多，则在筛选流程上，中筛和下筛均应去小杂，上筛清除大杂。确定了筛选流程后，再选择筛片。

1. 流程上采用中筛除大杂

（1）上筛的选用原则。经过上筛清选后的物料（筛下物）中只含有较少的大杂（尺寸比好种子略大），而且筛选出的大杂（筛上物）中不含好种子。

（2）中筛的选用原则。筛孔比上筛略小，经过中筛清选后的物料（筛下物）中基本不含大杂，而且筛选出的大杂（筛上物）中不能含有较多的好种子（可根据对加工后物料的净度要求做出取舍）。

（3）下筛的选用原则。经过下筛清选后的物料（筛上物）中基本不含小杂，而且筛选出的小杂（筛下物）中不能含有较多的好种子（可根据对加工后物料的净度要求做出取舍）。

2. 流程上采用中筛除小杂

（1）上筛的选用原则。经过上筛清选后的物料（筛下物）中基本不含大杂，而且筛选出的大杂（筛上物）中不能含有较多的好种子（可根据对加工后物料的净度要求做出取舍）。

（2）中筛的选用原则。经过中筛清选后的物料（筛上物）中只含有较少的小杂，而且筛选出的小杂（筛下物）中不含好种子。

（3）下筛的选用原则。经过下筛清选后的物料（筛上物）中基本不含小杂，而且筛选出的小杂（筛下物）中不能含有较多的好种子（可根据对加工后物料的净度要求做出取舍）。

最常用也最简单有效的选择方法是用手筛或成品筛对待加工种子进行筛选，采用效果最满意的孔形和尺寸的筛片装机使用。

（三）调　整

1. 喂入量的调整

一般以筛面厚度为两层种子为佳，禾本科牧草种子小于一层。喂入量要与风筛清选机的额定生产率相匹配。喂入量过大，会影响清选效果；喂入量过小，则影响生产效率。

2. 前吸风道的调整

前吸风道的作用是清除物料中的颖壳、尘土等轻杂质。前吸风道风量过大时，容易将好种子吸走，过小则不能完全清除物料中的轻杂，所以调节时一般以刚好不吸入好种子为准（可与前沉降室卸压风门配合调整）。

3. 后吸风道的调整

后吸风道的作用是清除物料中的轻瘪粒、虫蛀粒及茎秆等轻杂质。后吸风道的调整包括风量（可与后沉降室卸压风门配合调整）的调整和小筛与吸风口间隙的调整。调整时可通过后吸风道上的观察窗观察，一般以不吸入好种子为准。

4. 下吹风的调整（部分机型无下吹风机）

下吹风的作用保证后吸风道的清选质量。清选较轻的种子时风量要调小；而清选较重的种子如玉米、小麦等，风量要适当调大。

（四）维护与保养

（1）每次作业前应检查各紧固件是否松动，转动是否灵活，有无异常声响，故障全部排除后方可作业。

（2）检查三角皮带与链条的张紧度，必要时给予调整。

（3）各滚动轴承与链条要加足润滑油，以后每工作 200 h 加注一次。

（4）各相对滑动部件表面应加注机油，以后每隔一定时期加注一次，以保证各调节机构操作灵活。

（5）尺寸不足和老化的橡胶球必须及时更换。

（6）风筛清选机必须在室内存放，并有良好的通风防潮措施，以防木质件受潮变形。

（7）成套存放时，要彻底清扫机器，空转排出各部位残存的种子和杂物，使机器恢复到完好的技术状态。

（8）取下筛片清理干净，涂防锈油，以防生锈。

第二节　长度清选机

窝眼筒清选机是按种子长度进行分选的清选设备。窝眼筒清选机能将混入好种子中的长、短杂质清除出去。如水稻种子中的米可视为短杂，小麦种子中的草籽可视为短杂，混入小麦种子中的野燕麦可视为长杂等，窝眼清选机能将它们有效地分离开来。

一、基本结构和原理

窝眼筒清选机主要由进料斗、窝眼筒、集料槽、集料槽调节装置、幅盘、排料装置、传动装置和机架等组成。

窝眼筒有整体式和组合式，整体式更换时拆装较麻烦，目前大多采用组合式，常用多个半圆弧形窝眼板拼成圆筒，用螺栓固定在幅盘上，拆装均较方便。

集料槽沿滚筒全长置于中央位置，以便接收从窝眼中坠落下来的短物料。集料槽接料边在筒内位置的高低对分选有很大的影响，通常以蜗杆蜗轮装置进行调节，也有用手柄直接转动槽体。集料槽应可以直接翻转，使更换清选物料时清理方便。收集在集料槽中的短物料多数采用螺旋输送器向末端排出，个别机型采用振动排料。

窝眼筒清选机工作时，窝眼筒做旋转运动，喂入筒内的种子，在进入窝眼筒的底部时，短小的种子（或杂质、草籽）陷入窝眼内，并随旋转的筒体上升到一定高度，因自重而落到集料槽内，并被槽内搅龙排出；而未入窝眼的物料，则沿筒内壁向后滑移，从另一端流出。当去长杂时，好种子和短杂由窝眼带起落入集料槽而被排出，而长杂沿窝眼筒轴向移动，从另一端排出，从而将种子与长杂分开，如图 4-14。

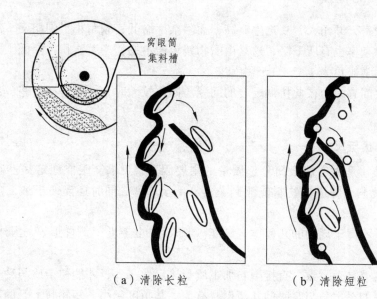

（a）清除长粒　　　　　　　（b）清除短粒

图 4-14　窝眼筒工作原理

二、配套与选型

（一）窝眼筒清选机的适用范围

窝眼筒清选机是按种子长度进行清选的机器，因此窝眼筒清选机主要适用于长粒种子的清选，如小麦、水稻、大麦、禾本科牧草种子等，一般不适用于长度和宽度相差不大的种子的清选，如玉米、豆科种子等。

（二）选配窝眼清选机考虑的主要因素

1. 转速的影响

窝眼滚筒的工作效率取决于单位时间内种子与窝眼接触的次数。很显然，当提高转速时，产量增加；若产量不变，增加速度，分选机会增多，分选得更加彻底。但是转速受到一定的限制，因为窝眼内的谷粒转至一定高度，其重力必须大于离心力才有下落的可能，因此要求 $mr\omega^2 \le mg$，通常取 $r\omega^2 = 4$（m/s）较理想。即

$$n = \frac{19}{\sqrt{r}} \quad (\text{r/min})$$

式中　r——窝眼筒半径，m。

试验表明，用窝眼除短杂时，提高转速有利于提高短杂除净率，但不利于提高获选率。

2. 滚筒倾角与加工质量的关系

在滚筒内不装设长籽粒输送装置的情况下，滚筒轴必须与水平倾斜一定角度，倾角大小对加工质量有一定的影响，但不如转速那么敏感。经试验，在生产率和集料槽角度相同的情

况下，对清短杂而言，倾角大，获选率略高，而除杂率略低；倾角小，则相反。但倾角过小不仅获选率低，除杂率也有所下降，这是由于物料流通不畅，产生淤积，降低了短籽粒与窝眼接触的几率。通常倾角为 1.5°～3.5° 为宜。

倾角与转速之间有一个彼此协调配合的问题。倾角较大时，转速可高一些，否则分选质量趋于降低。

3. 窝眼的形状与尺寸

窝眼形状、尺寸是决定窝眼筒分选质量的主要因素。要求窝眼能稳定并正确地承托与容纳需要分离的物料，并应使物料能顺利坠落，不至堵塞，同时还能便于加工成型，降低成本。

窝眼孔形状并不属于规则的几何体，大致有半球形、锥台形、圆柱形等，国外种类较多，以满足不同要求。

窝眼尺寸及偏差是否一致，直接影响加工质量，尺寸一致，才能使杂质与种子有明确的尺寸界限；短物料的滑出角与窝眼的几何形状有关，其角度越小，短物料上升的高度越高，便于分离；窝眼的排列及单位面积的窝眼个数与加工质量和生产率有关，后者随前者的增加而提高。不对称孔型与旋转方向的配置正确与否，直接影响分选质量。

窝眼孔大小的选用，应根据加工物料的种类、含杂情况和加工质量要求而定，先画出种子和杂质的长度分布图，根据实际需要而选定。下面给出几组参考数值（单位 mm）：去小麦中短杂的窝眼孔直径为 $\phi4.5～5.5$，去长杂为 $\phi8.0～9.0$；对水稻去短杂为 $\phi5.6～6.3$，去长杂为 $\phi8.5～9.0$；胡萝卜种子去长杂为 $\phi4.0$。

4. 集料槽的位置

集料槽集料边的高度应高于长谷粒起滑点而低于短谷粒下落点，在此范围内调节。集料槽高度升高，去短杂时，除杂率降低而获选率提高。具体高度位置应根据物料尺寸特性和加工要求来调整。通常集料槽斜面与水平面的夹角为 30°～40°。

5. 窝眼筒的结构尺寸

通常，在生产率不变的情况下，窝眼筒直径的增加或长度的增加，有利于加工质量的提高；在加工质量要求相同时，窝眼筒直径的增加或长度的增加，可增加产量。但窝眼筒的直径与长度不能无限加大，在加工质量符合要求的情况下，窝眼筒的长度和直径之比有一定的范围，$L/D = 2～5$ 为宜。生产率与窝眼筒的尺寸也有一定的关系，窝眼筒单位面积（筒壁表面）负荷能力为 $400～800\ kg/(m^2 \cdot h)$，直径大，则取大值。对除小麦种子的短杂而言，窝眼筒直径 D、长度 L 和生产能力 Q 的关系如表 4-1。

表 4-1　窝眼筒直径、长度、生产能力的关系

D/mm	400	400	500	600	600	700
L/mm	750	1 500	1 500	1 500	2 250	3 000
Q/kg·h^{-1}	500	1 000	1 500	2 000	3 000	5 000

6. 滚筒的组合形式

（1）清长杂与清短杂组合

目前大量采用清长杂与清短杂相组合的窝眼筒，是相互平行配置几个滚筒串联作业。如两个滚筒上下配置的形式，物料先由第一个滚筒清除长杂（或短杂），然后由第二个滚筒清除短杂（或长杂）。因清除长杂的生产率低于清除短杂的生产率，选用时应注意匹配。

（2）主要清选与辅助清选的组合

在主要窝眼筒的下方配置较小的窝眼筒，对长杂或短杂进行二次分选，以便回收其中较好的籽粒。必要时也可以对物料的主流再次分选。

（3）并联与串联组合

为提高产量，可将若干个滚筒并联。为了同时清除长杂、短杂或进行回选，通常构成串联、并联的组合形式。

表 4-2　窝眼筒窝眼直径表

作物名称	窝眼直径/mm					
	分离长夹杂物用			分离短夹杂物用		
小麦	8.0	8.5	9.0	4.5	4.7	5.0
黑麦		9.0	10.0		5.0	5.6
燕麦				6.3	7.1	8.0
大麦		11.2	12.5	5.6	6.3	7.1
水稻			9.0	5.6	6.3	
谷子		3.1		2.2	2.5	
玉米	12.5	11.8			10.5	9.5
荞麦		8.5			5.0	
亚麻	5.0	5.6		3.1	3.5	4.0
大麻	5.0	5.6		3.1	3.5	4.0

三、使用与维护

窝眼筒（图 4-15）主要功能有：

分级：即按种子长度进行分级。

清选：从种子中清除有害草籽（短杂草籽或长粒杂草籽）。

机器可与风筛式清选机、比重式清选机等配套组成种子加工机组，以便清除清选机无法清除的短粒杂质（野豌豆）和长粒杂质（燕麦），同时又可作为单机独立操作。

图 4-15　5W-5.0 窝眼筒清选机

（一）主要部件及工作原理

1. 主要结构（图4-16）

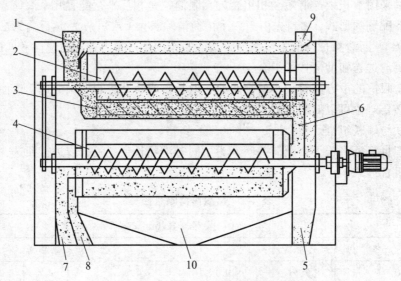

图4-16　5W-5.0窝眼筒清选机结构

1—进料口；2—清除短杂质窝眼筒；3—刮板；4—清除长杂质窝眼筒；
5—短杂质出料口；6—选长粒杂质窝眼筒进口；7—谷物出料槽；
8—长籽杂质出口；9—吸尘口；10—清粮（种）口

2. 工作原理

种子由进口进入清除短杂质窝眼筒，并随着滚筒的转动由刮板向前输送，而小于窝眼直径的小粒种子和野豌豆等杂质则由窝眼筒带起进入分离槽，由搅龙送入短杂出料口，其余种子则通过窝眼进口处，进入长杂窝眼筒继续清选，随着该窝眼筒的旋转，小于窝眼直径的好种子被送入分离槽中并由搅龙进入出口，而大于窝眼直径规格的长杂则被刮板送入出口，从而完成窝眼筒清选。

种子清选的质量，主要由窝眼筒的转速、窝眼筒的加工质量以及分离槽角度决定。窝眼筒转速和分离槽角度一般机型都可以无级调整，窝眼筒可以更换。

（二）使用操作

1. 上下窝眼筒的功能及其变通形式

（1）上窝眼筒能分离出比被清选物料正品外形尺寸（主要指长度）小的圆形或椭圆形以及破碎的物料。

（2）下窝眼筒主要用来分离比被清选物料正品外形尺寸（主要指长度）大的物料。为提高获选率，减少损失，增强分选效果，下滚筒可不装刮板。

（3）变通形式：在下窝眼筒通过加装刮板并选用合适窝眼片，也可用来对短粒谷物进行分离。因此，刮板作为随机备件，用户可根据需要选择使用。

2. 窝眼规格的选择

选择窝眼规格的原则：窝眼规格大小必须要与被加工的种子长度尺寸相符，不同的谷物，窝眼大小的规格不同，下面对如何选择窝眼规格作具体说明：

（1）短粒谷物窝眼筒

窝眼直径/种子的平均长度：比重大的种子为 0.8～0.9，比重小的种子为 0.95～1。

（2）长粒谷物窝眼筒

窝眼直径/种子的平均长度：比重大的种子为 1.1～1.2，比重小的种子为 1.3～1.4。

谷物的平均长度为：从谷物中任意地选取 20～30 个完整的颗粒所量出的平均长度。谷物最长长度为：从谷物中任意取出 100 个完整的谷物颗粒，其中最长谷物颗粒的长度即为最长长度。

实际上选择短粒窝眼规格时，为选得更净，窝眼规格要比设定的大一些。如：谷物平均长度的 0.8 倍等于 5.9 mm，最好选择规格为 6.3 mm 的窝眼，而不是 5.6 mm 的窝眼。

下面举例说明如何选择窝眼规格：

假如小麦平均长度 6.0 mm，最长长度 8.5 mm，短粒窝眼规格 5.6 mm，长粒窝眼规格 9.5 mm。

假如大麦平均长度 7 mm，最大长度是 9.2 mm，则选择短粒窝眼规格 6.3 mm，长粒窝眼规格 11 mm。

假如燕麦平均长度 7.6 mm，最大长度 10.3 mm，则选择短粒窝眼规格 7.1 mm，长粒窝眼规格 12.5 mm。

（三）转速的调整

滚筒转速对分级效果影响极大，因此必须细调。旋转减速机手柄，转速可在 5.8～58 r/min 的范围内无级调整。这个转速范围能满足一般谷物的清选要求。用取样器，观察分离后的成品种子和分离出的短杂，先把转速调整到分级效果最明显处，然后兼顾上下两筒，细调转速定到最合适处即可。

（四）分离槽角度的调整

通过旋转把手（上下分离槽调节把手）可以调节分离槽角度。分离槽角度可以从观察窗中看到，并且其实际角度与观察窗看到的一致。用取样器观察分离出的杂质和分离后的种子，转动调节把手，把分离槽角度调节到满意为止。

（五）安全保护及维修保养

1. 安全保护

为了安全起见，防止机器突然起动，部分机型装有自锁机构，通过锁紧装置使链轮和电路处于锁紧状态时，可更换窝眼筒板，更换完毕后，使锁紧作用撤销，关上左门，使行程开关接通即可开机。

为使工作场地清洁，通过窝眼筒顶部的出风口，用一根接管使之与除尘管路风道相连，进而使封闭的窝眼筒工作腔内形成负压，起到除尘作用，保证工作场地的清洁。

2. 维护保养

机器每运转 500 h，要检查滚动轴承，如果轴承运转时发出异常声音，必须更换轴承。机器工作 1 000 h 后，定时加油，并检查螺栓连接部分是否松动及橡胶圈、滚子链条松紧程度。工作 15 000 h 后，必须进行大修。

第三节　比重清选机

一、比重清选机基本结构与原理

比重清选机主要按比重差异分选外形尺寸基本一致的颗粒状物料，把比重较大和较小的成分从原始物料中分离出来。在种子加工中，主要用于去除混杂在好种子中的砂石土块等比重较大的杂质和部分不饱满种子、虫蛀种子、霉变种子、发芽种子、变形种子以及其他比重较小的杂质。

（一）基本结构与各分部功能

比重清选机主要由机架、气流系统、振动台、驱动装置、平衡装置、倾角调节装置、导向板和接料槽等组成。配套设施有给料装置和除尘装置。

1. 气流系统

（1）结构形式

有正压式和负压式两种。正压式由单台或者多台独立或联动的风机从台面下方向上吹风，风量通过风门或风机转速来控制，转速由机械或变频器来调节。负压式由单台风机从台面上方吸风，通过风门来控制风量。系统中设有多孔匀风板来均衡工作台面各区域内的风量。

（2）作用

主要作用是使工作台面上待分选的物料按比重大小实现分层。

2. 振动台

（1）结构形式

有矩形、三角形和梯形等多种形式，工作台面可更换。台面材料有方钢丝编织网、钢板网、铜丝布、麻布等，孔眼大小不同。大孔眼适宜大颗粒种子，小孔眼适宜小颗粒种子。

（2）作用

通过振动使物料按比重大小实现分离，下层物料向台面高边移动，上层物料向台面低边滑移。

3. 驱动装置

（1）结构形式

正压式采用普通电机来带动曲柄连杆机构，振动频率由机械或变频器来调节，三角形台面机型振幅可调。负压式为振动电机直接驱动，频率不可调，振幅可调。

（2）作用

驱使振动台做往复运动，通过调整振动频率或振幅来改变振动台的振动强度，配合其他参数的调整，使分选工况得以保证。

4．平衡装置

（1）结构形式

正压式有平衡块、分体式反向振动配重和联动式反向振动配重三种形式。负压式没有平衡装置，是通过弹簧来减轻振动力对机架的影响。

（2）作用

抵消振动台往复振动产生的冲击力，减轻对机架和基础的影响，保证振动台工作平稳，延长设备的使用寿命。

5．倾角调节装置

（1）倾角的定义

振动台面与水平面之间的夹角称作倾角，振动方向为纵向，与之垂直的为横向，大多数机型双向倾角都能调节。

（2）结构形式

有螺杆式、杠杆式、链轮链条式、蜗轮蜗杆式和油缸式等，部分机型能自锁，其余机型调节时需要先松开锁紧装置，角度调整完后再锁紧。大多数为人工调节，部分机型通过电动或液压调节。

6．导向板

（1）结构形式

多数机型在台面的出料端设有可转动的导向板或挡板，在重杂口处设有可插拔的挡板，部分机型在接料槽里设有可移动或转动的导向板。

（2）作用

挡板的作用是阻挡物料，不让物料通过或限制物料通过。如初始上料阶段，关闭排料端的导向板或挡板，使物料迅速铺满整个台面，进入分选状态后再依次打开，可提高初始分选精度。

再如重杂过少时，重杂口处的挡板通常关闭，待重杂积累到一定程度时再临时打开，重杂排放后又关上，可提高获选率。限制物料通过时可改变局部料层厚度，提高轻杂分离效果。

导向板的作用是调节排放区域的大小，引导不同区域物料的排放，使好料、混杂料和不良料得以区分，保证分选精度。

7．接料槽

（1）结构形式

有固定式、随机振动式和独立振动式。槽上设有重杂、好种、回流和轻杂等排料口，台面由高到低与之对应。

（2）作用

分别收集和输送各区域排放的物料，并由相应的排放口排出。

（二）基本工作原理

在倾斜的工作台面（也有称之为筛床）上，通过重力、振动和气流的综合作用，使物料形成流化态，并按轻重自动分层。从最底层到最上层物料逐渐从重变轻。底层物料与台面接触，受振动和摩擦的作用较大，主要沿振动方向往上爬移。中层物料同时受各种力的作用，既有纵向移动，也有横向移动，在横向扩散到一定区域后，逐步与底层物料脱离而沉降下来，形成新的底层物料纵向往上爬。浮在上层的物料由于中间层的缓冲，受振动力较小，主要受气流、自身重力和后来物料挤压力的作用，该层物料沿台面的倾斜方向往低处流动。这样，物料按轻重向台面的不同区域运动，最重的物料移动到排料端最高处，最轻的物料流向最低处。在台面的边缘，可调节的导向板把不同区域的移料流导向各自的排料槽，从而完成物料的分选作业。

（三）比重清选机的工作条件

1. 对给料量有要求

当料层厚度发生变化时，分选质量会产生波动。料层太厚，密度稍小的好种子处于较高的层次，与轻杂不易区分，轻杂口排出的好种子增多；若风机提供的压头不足，风量将减少，料层达不到良好的流化状态，轻杂向好种区域蔓延，分选不干净，回流口压力增大。料层太薄，轻杂离台面较近，易随料流向高处运动，造成台面铺不满，轻杂区缺角；若强制将物料布满台面，分选工况将受到破坏，同时能耗增加并降低生产能力。因此，比重清选机要求给料量控制在一定的范围内，且连续稳定。

2. 对种子的物理性状有要求

比重清选机主要是依靠物料达到良好的分层。在重力和气流的作用下，分层效应取决于颗粒本身的密度、大小和形状。三者之间的影响是相互交错的，密度不同、大小不等或形状各异的物料，利用比重清选机是很难分离的。因此，比重清选机一般配置在风筛清选机和窝眼筒清选机后，最好是配置在分级机后，以获得大小和形状基本一致的待加工物料，这样，影响分层的主要因素就是密度。密度差异越大，分层效果越好，分选性能也越佳。如果密度差异过小，分层效果就会变差，性能再好的比重清选机也很难把它们区分开来。对于湿度较大的物料，如水分超过 16%，由于种子和杂质的密度差异变小，分层效应不佳，影响分选效果。湿度过大的大粒种子，由于颗粒较重，风力难以匹配，通常都不能实现分离。对于容易粘连的物料，如带芒或带毛的种子，也不易分层和流动，从而难以分选。因此，比重清选机只适合干燥的松散型颗粒状物料，且大小和形状基本相似，密度有一定的差别。

二、比重清选机常用机型

（一）5TZ-2200 型比重清选机

1. 结　构

如图 4-17 所示，5TZ-2200 型比重清选机主要由吸风箱、风量调节机构、风机、振动框架、振动台架、工作台面、偏心调节机构、驱动电机、机座、风机电机和无级调速系统等部件组成。

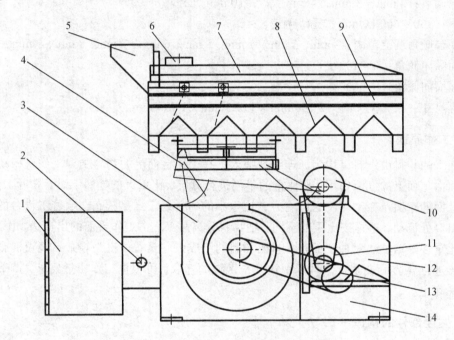

图 4-17　三角形台面比重清选机结构示意图

1—吸风箱；2—风量调节机构；3—风机；4—纵向倾角调节机构；5—喂料口；6—除尘口；
7—导料板；8—振动机架；9—工作台面；10—振幅调节机构；11—驱振电机；
12—机座；13—风机电机；14—无级调速系统

2. 产品的适用范围和性能特点

5TZ-2200 型比重清选机按被加工物料比重的不同进行分选，能剔除种子中含的一些用其他机械难以清除的轻杂、瘪粒、虫蛀种粒、变质种粒、石块、沙粒、金属块之类的重杂颗粒，也能将有生命的种子按比重进行分级，是蔬菜和其他作物种子加工中不可缺少的环节之一。种子通过比重分选，其千粒重、发芽率及净度等各项指标都有明显的提高，因而不但可以节省用种量，而且能明显地提高单位面积产量。

5TZ-2200 型比重清选机不但能对小粒种子如白菜籽、甘蓝籽、胡萝卜籽、萝卜籽、紫云英籽、牧草种子和花卉等种子进行分选，而且能对如小麦、玉米、水稻等农作物种子进行分选。

3. 主要技术规格及参数

生产率：3～4 t/h（按小麦计）。

风机电机：型号 Y160M-4，功率 11 kW。

振动台工作电机：型号 Y90L-6，功率 11 kW。

风机叶轮型式：多叶前弯曲叶轮。

工作台面有效工作面积：1.58 m²；工作台出料口长度：2 200 mm。

振动参数：

振幅调节：2 mm，3 mm，4 mm，…，10 mm 九档。

频率：350～600 次/min，无级调速。

振动台倾角调节范围：2 mm、3 mm、4 mm、5 mm、6 mm、7 mm、8 mm、9 mm、10 mm。

台面纵向倾角：0～100°。

台面横向倾角：0～60°。

外形尺寸：长×宽×高 = 2 750 mm×1 525 mm×1 730 mm。

4. 工作原理

被加工的物料由进料口均匀、连续地喂入，在工作台面上的物料受到工作台振动及穿过工作台面由下而上的气流作用，按比重的不同进行分层，比重大的物料下沉，靠近工作台面，由工作台面的摩擦及振动作用送向右方，比重小的物料处于漂浮状态，顺着工作台的倾角向左下方出口处流动，这样按比重的不同，把物料分离开来。在工作台面的出口边，由左向右，物料的比重逐渐增加。对种子而言，排出物料的组成由左至右依次为轻杂、轻重混合物（此部分需再进行分选）、好种子和重杂，这几个区域的选取，可根据工作质量要求，调节导料板的位置来确定。

5. 主要部件的构造

（1）工作台面

工作台面是该机的主要工作部件，它可以确保作用在被加工物料上的气流均匀，轻杂漂浮在表面移向左方，同时由它产生作用力，把比重大的物料送至右上方。其结构如图 4-18 所示，主要由框架、匀风筛板、匀风筛、工作筛面和挡料板等组成，对于粒度大小不同的物料，其配用的工作筛面的类型也不同。

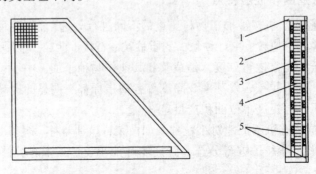

图 4-18　三角形工作台面结构示意图

1—框架；2—匀风筛板；3—匀风筛；4—工作筛面；5—挡料板

本机备有多种可供用户选择的工作筛面类型。其中有铜丝编织筛,用于加工小粒种子;方钢丝编织筛,用于加工小麦、水稻等中粒种子;孔眼更大的方钢丝编织筛,用于加工大粒种子如玉米、菜豆和大豆等。工作台面与振动台装卸简单,更换筛面迅速,清理方便彻底。

（2）分料斗

分料斗是振动台架的组成部分,它们之间用铰链连接。工作时用三个手轮锁紧,松开三个手轮就能将分料斗打开,以便更换或清理工作台面。其结构如图 4-19 所示。主要由分料斗和导料板组成。它的作用是将工作台面出口分成不同物料区,如轻杂、轻重混合物、好种等。因为物料中轻杂的含量不同,对好种的质量要求也不同。所以导料板的位置应根据需要而定。轻杂由出料口 1 排出,轻重混合物由出料口 2 排出。出料口 3~6 为好种排出口,且千粒重依次递增。根据需要,增加导料板数量和长度,好种也可从其中的一个出料口排出。若出料口 1 含好种子较多,则需将左边导料板左移一定距离,若出料口 3 好种净度不高,则应将右边导料板右移一定距离,这时出料口 2 排出的二次处理量就增加,反之则导料板左移。

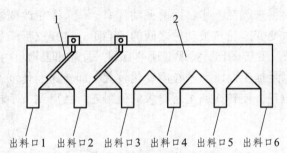

出料口 1　出料口 2　出料口 3　出料口 4　出料口 5　出料口 6

图 4-19　分料斗结构示意图

（3）振动框架

图 4-20 是振动框架的结构示意图,它主要由上、中、下三个框架,撑板,纵、横向锁紧手轮和纵、横向倾角调节手轮等组成。下框架撑板、板弹簧与机座连接,上框架与振动台架和工作台面连接,工作时整个振动框架、振动台架和工作台面一起做往复运动。通过调节上、中、下三个框架的相对角度,可以改变工作台面的纵向和横向倾角,从而满足不同物料的加工要求。

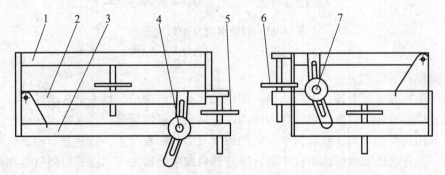

图 4-20　振动框架结构示意图

1—上框架;2—中框架;3—下框架;4—纵向锁紧手轮;5—纵向倾角调节手轮;
6—横向倾角调节手轮;7—横向锁紧手轮

通常在一定的范围内纵向倾角越大，分选质量越高，但工作台面上的物料向右上方运动越困难。正常工作时，工作台面在纵向要有一定的倾角，才能保证加工质量。倾角的大小视不同品种的物料而异，一般来说物料与工作台面的摩擦系数越大，则纵向倾角也越大，反之越小。横向倾角越大，物料在工作台面上停留的时间越短，分选越不彻底；横向倾角越小，物料在工作台面上停留的时间越长，物料层也越厚，同时生产率就越低。通常工作台面上的物料层厚度 10～30 mm 为宜。

（4）风量调节装置

风量调节装置的作用在于改变风机的进风量，以满足加工不同物料的要求。转动调节手轮，改变活门与吸风箱壁之间的距离，从而达到调节风量的目的。滤网用来滤清空气，以防灰尘、杂质进入风机发生堵筛现象，影响工作质量。风量的增加或减少可以参照气压指示装置进行。工作时，风量的大小必须调至使工作台面上的物料流化。风量高低对机器的工作质量影响较大，风量过高使台面上的物料向左下方移动，反之向右上方移动。

（5）调速装置

图 4-21 是调速装置的结构示意图，它主要由电机、电机底座、变速轮、变速皮带和手轮等组成。调速装置主要用来改变工作台面的振动频率，调节手轮改变电机与电机底座在上下方向的相对位置。即改变变速轮与被动轮之间的中心距，这样皮带张紧力得到变化，迫使变速轮盘轴向滑动，从而改变传动比，实现变速的目的。通常加工物料的粒度大小变化较小时，仅需调节手轮，就能满足加工要求。若粒度变化较大，即转速变化范围较大时，需先改变电机与电机底座的相对位置，使转速调至所要求的值附近，然后调节手轮，即能达到较好的加工效果。

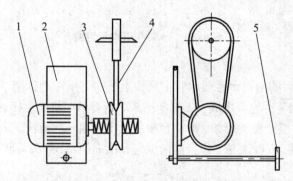

图 4-21 调速装置结构示意图

1—电机；2—电机底座；3—变速轮；4—变速皮带；5—手轮

（6）振幅调节机构。

振幅调节机构主要有偏心调节机构、固定轴承座、皮带轮、偏心轴等组成，其主要作用是将电机提供的旋转运动改变成工作台面的往复运动，且能满足改变振幅大小的要求。偏心量的调节采用双偏心机构，改变两个偏心轴圆周方向的相对位置，就能起到调节作用。对于不同物料，其要求的振幅值也不同，通常随着物料粒度的增大，需要的振幅值也相应增加。

6. 使用前的准备

5TZ-2200 型比重清选机的部分工作部件采用木质制成，因此要求安装在干燥、通风条件良好的室内进行工作。在有条件的情况下，单机使用最好在除尘口之上配上吸尘管道，以免轻杂外扬，污染工作环境，空气吸出量大于 2 500 m³/h 为宜，除尘口与吸尘管道之间用软管连接。

5TZ-2200 型比重清选机要求喂入连续、均匀，因此在喂料口之上要配上一个暂储仓，其容积不小于 1.5 m³。暂储仓容积的出料口要高于喂料口 100 mm 左右，它们之间用厚质帆布连接。

5TZ-2200 重清选机与基础之间的固定是用 4 个 M12 的地脚螺钉连接，连接要牢固，工作时不能产生振动。若用 M12 的膨胀螺栓连接，则要求水泥地面有足够的坚硬度，需用高标号水泥（不低于 500 号）浇注，混凝土厚度不小于 200 mm。

在空机起动前，应检查各紧固件是否有松动现象。用手转动风机轴和偏心轮轴，检查是否转动灵活，有无卡滞现象。各部分保证完好后，启动电机，检查风机和偏心轴转向是否正确，然后空转 1 h 左右，检查各电机和轴承，温升正常，方可投入使用。

7. 操作使用、安全规则与维护保养

（1）主要调节机构的使用

① 工作台面倾角的调节。

如图 4-20 所示，松开纵向 4 或横向锁紧手轮 7，转动纵向 5 或横向倾角调节手轮 6，就能改变工作台面的纵向或横向倾角。倾角的增大或减小可参照刻度牌进行，倾角调节手轮右旋时，倾角减小，反之倾角增大。倾角调节完成后，必须拧紧纵向或横向锁紧手轮。

② 风量大小的调节。

转动风量调节手轮，就能改变风量的大小，手轮右旋时，风量增加，反之减少。其值大小可以参照气压指示装置进行。

③ 振动频率的调节。

如图 4-21 所示，手轮 5 右旋，频率升高，反之频率降低。这可参照手轮旁的频率指示针，指针向上，频率升高，反之频率降低。若指针调至上极点或下极点时，频率仍偏低或偏高，则可松开电机底座固定螺钉，改变电机与电机底座的相对位置，就能较大幅度地改变频率。电机上移，频率升高，反之频率降低。

④ 振动频率的调节。

如图 4-22 所示，振幅的调节有以下几个步骤：

a. 松开螺母 1。

b. 移动大偏心套 2，使销 3 脱开销孔。

c. 转动小偏心套 4，使销 3 对准大偏心套 2 上的刻度线，其刻度即为振幅值。

d. 选好所要的刻度后，移回大偏心套 2，使销 3 插入销孔。

e. 锁紧螺母 1。

必须注意调整时，左右两边必须同时进行，保证选择的振幅值一致。

（2）安全规则

① 电机外壳必须接地。

② 工作时皮带罩要上好。

③ 工作时切勿用手触及运动部件。

④ 工作台筛面不能与硬质物体相碰，以免筛面变形。

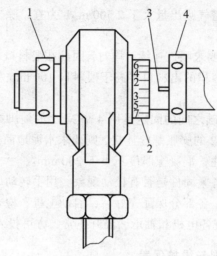

图 4-22　偏心调节机构外形简图

1—螺母；2—大偏心套；3—销；
4—小偏心套

（3）维护和保养

机器使用后每隔一、二个班次，应检查紧固件是否有松动现象。

检查易损件是否有疲劳现象，若发现应及时更换，以免引起其他部件的损坏。工作一定时间后，定期清理进风箱滤网，以免影响气流特性。工作台筛面如出现堵孔现象，应及时清理。物料中若含小杂过多，堵筛现象严重，应对物料进行预清，排除堵筛的可能性，以便提高分选质量。每工作 200 h，各轴承应加注润滑油。变速轮滑动轴、大小偏心套滑动表面以及各调节机构运动之间，应每月加注润滑油一次，保证调节灵活。长时间（半年以上）不用，使用前各润滑部位需重新加注新润滑油。

（4）运输、存放及保管

运输过程中，机器不能倒置或侧置，不能有大的冲击和振动。在包装或装车前，应将比重分选机的振动框架与机架之间用垫板垫牢，使振动框架不能活动，防止运输过程中由于振动造成机器损坏。产品必须在室内存放，并应有良好的通风与防潮措施。工作台筛面不能负重或与硬质物品相接触，以防变形。

（5）操作中可能出现的问题、产生的原因及解决的方法，见表 4-3。

表 4-3　5TZ-2200 型比重清选机操作指南表

序号	可能出现的问题	产生的原因	解决方法
1	物料层过厚	1. 喂入量太大	1. 调节进料口插板开度，减少喂入量
		2. 横向倾角太小	2. 增大横向倾角
2	工作台面右上方物料铺不满	1. 风量过大	1. 减少风量
		2. 纵向倾角过大	2. 减小纵向倾角

续表

序号	可能出现的问题	产生的原因	解决方法
2	工作台面右上方物料铺不满	3. 振动频率和振幅偏低	3. 增加频率和振幅
		4. 横向倾角过大	4. 减小横向倾角
		5. 工作台面类型选用不当	5. 更换工作台面
		6. 喂入量太小	6. 调节进料口插板开度,增加喂入量
3	工作台面左下方物料铺不满	1. 与序号2相应栏1-4相反	1. 与序号2相应栏1-4相反
		2. 与序号2相应栏5-6相同	2. 与序号2相应栏5-6相同
4	工作台面左右两端物料铺不满	1. 纵向倾角与振动频率和振幅搭配不当	1. 增加或降低振幅和频率,相应地降低或加大纵向倾角
		2. 地脚松动	2. 紧固地脚螺母
5	物料漏入振动台架内腔	工作台面和振动台架配合不紧密	先松开台面压紧手轮,上紧锁紧手轮,最后拧紧台面压紧手轮
6	轻杂排出口含好种子过多	1. 喂入量太大	1. 减小喂入量
		2. 风量太小	2. 增加风量
		3. 导料板位置不当	3. 导料板左移
7	好种子出口含重杂过多	重杂排出口开度不当	增加重杂排出口开度
8	工作台面出口边排出物料不按轻至重规律分布	1. 工作台运动特性不符合设计要求,有附加运动出现	1. 调节左右两边振幅值
		2. 左、右两边振幅值不一致	2. 调节连杆长度(等长)
		3. 机座固定不牢,有振动现象	3. 加固底座连接
9	频率调节手轮拧不动	未松开锁紧螺母	先松开锁紧螺母再调节
10	频率调节机构出现振动	锁紧螺母未紧	拧紧锁紧螺母
11	风压、风量过低	1. 滤网阻力过大	1. 定期卸下滤网清理干净
		2. 风机反向转动	2. 更正电机转向
12	工作台筛孔被堵	物料含小杂太多	清除物料中的小杂
13	加工后物料净度不高	1. 导料板位置不当	1. 移动导料板位置
		2. 原始物料净度太低	2. 预清物料再次分选

(6)常用主要参数推荐值见表4-4。

表 4-4　主要工作参数推荐表

加工物料	工作台面类型	静压 /mmH$_2$O*	振动频率 /次·min^{-1}	振幅 /mm	纵向倾角 /（°）	横向倾角 /（°）
白菜、甘蓝、萝卜、青椒、番茄等种子	30 目铜丝编织筛	15~60	420~530	4~6	30~60	00~20
小麦、水稻等种子	14~16 目方钢丝编织筛	25~45	380~420	7~10	40~60	00~20
玉米、菜豆等种子	8~10 目方钢丝编织筛	60~90	360~420	6~10	30~60	00~20

注：* 1 mmH$_2$O = 9.8 Pa。

（二）5TZ-10 比重清选机

1. 用　途

按物料的比重大小进行清选，适用于小麦、玉米、水稻、大豆等种子的清选，可有效地清除物料中颖壳、石头等杂物以及干瘪、虫蛀、霉变的种子。

2. 主要技术参数

生产率：（12 000 ± 10%）kg/h（按小麦计）。

动力：筛床振动电机。

型号：Y132S-8。

功率：2.2 kW。

转速：710 r/min。

风机电机型号：Y132M-4，2 台。

功率：2 × 7.5 kW。

转速：1 440 r/min。

风机参数：

进气口直径：250 mm。

风量：32 400 m^3/h。

筛箱振动频率：400~600 次/min，变频器可调。

筛床振幅：$S = 7$ mm。

筛床纵向倾角调整范围：0°~60°（度）。

筛床横向倾角调整范围：3°~60°（度）。

筛网：7 目。

筛网面积：5.39 m^2。

外形尺寸：长 × 宽 × 高 = 4 290 mm × 1 840 mm × 1 580 mm。

3. 结　构

本机由机架、风机、传动系统、纵横角度调节机构、纵横夹紧机构、出料斗、空气滤清罩等组成，见图 4-23。

2 台 7.5 kW 电动机通过三角皮带，分别带动两组风机轴转动，一组风机轴上串联 5 台离心式风机，另一组风机轴上串联 4 台离心式风机，风通过机架侧面上的空气滤清罩后被吸入风机，在机架右侧有 9 个手轮，可以单独调节每台风机的进风量。风量调节的大小可以在机器侧边上安装的风压表上读出，每块风压表显示一台风机的风量大小。

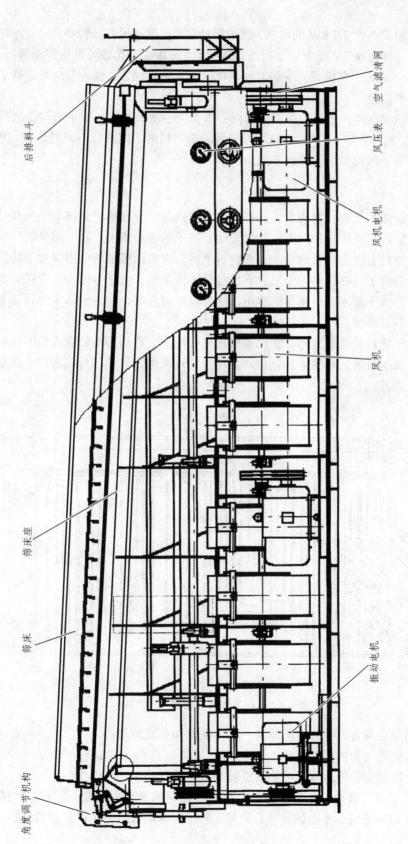

图 4-23 5TZ-10 比重清选机

筛床的振动来源于 1 台 2.2 kW 的电机,通过振动电机,带动偏心轴转动,偏心连杆的往复运动使筛床产生往复运动,从而带动上面的筛床振动。筛床振动次数可根据需要进行调整,调整范围 400 ~ 600 次/min。在机器上安装有一块电子显示的转速表,显示当前筛床振动的频率,便于用户记录和调整。

筛床为铝合金结构框架,上面为一层金属网,下面为一层镀锌板,板上有许多通风孔。本筛床筛片为圆孔,有 $\phi 2$ 与 $\phi 6$ 两种,筛网根据所清选物料的不同选择不同的目数。筛床在长度(横向)和宽度(纵向)上可以调节倾角。

4. 工作原理

比重清选机的筛床面在长、宽两个方向都有一定的倾角,分别称之为横向倾角和纵向倾角。工作时,筛床在传动机构的作用下作往复振动,种子落在筛床上,在下面风机气流作用下,台面上的种子进行分层,较重的种子落在物料下层,受筛床振动的作用,种子沿振动方向往上运动。较轻的种子浮在物料的上层,不能与筛床面接触,由于台面存在着纵向倾角,种子向下飘落。另外由于筛床纵向倾角的作用,随着筛床的振动,物料沿筛床的长度方向向前运动,最终至出料口排出。

由此看出,由于物料的比重差异,在比重清选机台面上,它们运动的轨迹是不同的,从而达到了清选或分级的目的,见图 4-24。由以上比重清选机的工作原理可以看出,比重清选机要满足以下几个条件:

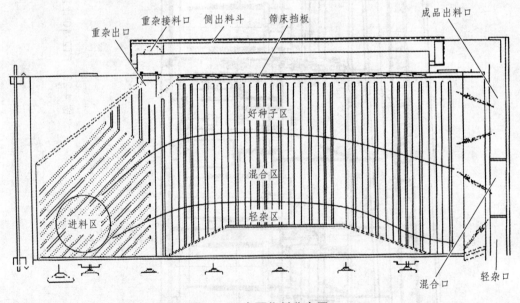

图 4-24　台面物料分布图

(1)工作台面上必须有两个方向的倾角:纵向倾角和横向倾角;

(2)台面的振动能使物料向上运动;

(3)自下而上的风力能使台面上的物料进行分层。

在比重清选机正常有效地工作时,筛面上应保证物料铺满台面,有一层料层厚度 20 ~ 30 mm 的均匀流动的种子流,才能达到分选效果,料层太厚则风力不足以使物料分层,料层太薄则无法分层，这样都会影响到比重清选机的清选效果。所以应适当调节种子的喂入量，并尽可能使物料能均匀地喂入。

5. 安　装

机器通过地脚螺栓牢固地安装在防震水泥地平上，并处于水平状态，空机运转，若整机不跳动则可视为平稳。在将比重清选机定位时，机器周围应留有足够的空间，以便于操作控制，还要便于取下筛床进行清理、更换及维修保养。

6. 操作和调整

本机在出厂前已做过调试，一般不需调整即可正常工作，当所选物料有差异时，在工作中可略作调整。调整前首先将机器进行 10 min 空转，确保无异常振动和噪音，对纵、横向夹紧机构进行检查，确保夹紧。然后可以投料试机。试机中如有下列现象则应采取如下措施：

① 如果在成品种子出口处混有过量的轻杂时：加大风量；增大筛床纵向和横向倾角；减小振动频率。

② 如果在轻杂出口处有好种子排出时：减小筛床的纵向倾角；加大成品种子出口处挡料挡板的开放角度；增大振动频率；减小风量。

上述调整内容可选择使用，不必同时调整，在许多情况下，调整一项就能够达到满意的效果。每进行完一项后，应观察 2 min，确定是否起到了预期效果，然后再进行另一项调整。

在使用过程中可调节以下各方面（图 4-25）：

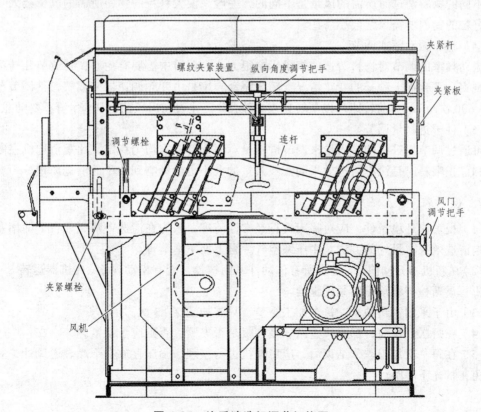

图 4-25　比重清选机调节机构图

109

在对筛面的纵向和横向倾角调节时，首先要停机，放松夹紧拉杆或夹紧螺栓，角度调整好后夹紧，否则机器会发生较强振动影响筛选质量。因倾角的调节需要停机后调节，相对来说比较麻烦，在调节时，可以先调节其他内容，如频率和风量都可不停机进行调节，如果调节后仍不能达到预期的目的，再来调节筛床的倾角。

（1）筛床横向倾角调节

通过调节横向角度调节把手来调节，角度可在 30°～60° 变化。调节时要注意先松开螺纹夹紧装置、夹紧拉杆才能调节。调节完以后仍然要锁紧螺纹夹紧装置和夹紧拉杆。

（2）筛床纵向倾角调节

松开纵向角度夹紧螺栓，转动机器两边的（纵向倾角）调节螺栓，则可以改变纵夹板的角度，角度可在 0°～60° 变化。由于两边的角度不是同时进行调节，因此调节时要注意将两边的角度调节一致。

（3）风量调节

风量调节可以不停机进行。9 台风机风量的调整从进料斗处起顺序调节，机器右面有 9 个风门调节手轮与 9 台风机相对应。工作时 9 台风机的风量大小调节应从进料斗处起逐渐减少，由于物料不断地流出，后面的料层逐渐变薄，因此台面上需要的风量会逐渐的变小。顺时针转动手柄风量增大，反之风量减少。机器上配有风压表，风量的大小可以从风压表上很直观的读出，用户可以在机器风量调节好后记录下来，方便下一次清选同一种物料时快速地进行调节。

不同的物料清选时所需的风量是不同的，一般来说大籽粒的物料所需的风量会大一些，而小籽粒的物料所需风量会小一些。

（4）筛床振动频率调节

振动频率的调节对物料清选的效果影响很大，在调节中需要有耐心，每调节几转都得停下来观察一下台面上种子的变化情况。筛床振动频率是由变频调速器来调整，其调节范围为 400～600 次/min。当前转速可以从转速表中读出。转速表在出厂前已调好，请不要随意设置。

（5）种子进料量调节

可通过调节提升机的喂入量来调节进料量。喂入料要求均匀稳定，比重清选机在刚开始工作和停止喂料时是没有清选效果的。喂入量的大小也会影响到种子的清选质量。

7. 保　养

（1）视工作环境条件，应对筛床进行经常性清理，因为在清选中灰尘如将下筛堵塞，将会影响清选效果，最好的方法是用压缩空气，自上而下地清理。

（2）在新机器开动前，应检查所有传动件紧固螺栓是否有松动现象。在机器运转 8～10 h 后停机，重新检查轴承座的紧固螺栓。

（3）由于采用密封轴承，每个加工季节，只需加油 2～3 次。

（4）在每次开机前，都要检查纵、横夹板是否夹紧，否则应予锁紧。

（5）在每一次加工季节结束后，应对整机进行整理，筛床存放在干燥、通风处，并应尽量避免在日光下曝晒。

三、比重清选机使用维护与调整

由于比重清选机机型较多，结构各异，其使用与维护共性部分介绍如下。

（一）设备的安装

比重清选机通常是固定作业，需要平整牢固的基础，以利于长期稳定作业。在设备的周边，要留有足够的操作空间，以便于台面拆卸和调整操作。

比重清选机要水平安装，尤其是单向倾角调节的机型，需要将地脚基础焊牢。没有预埋钢板或地脚螺栓时，最好用膨胀螺栓固定。

按照规范和说明连接电气设备，控制按钮应安装在设备附近，以便于观察设备运转状态。配有变频器的机型要注意电路干涉现象。

（二）台面选择与整机检查

配有不同工作台面的比重清选机，须按照加工对象的大小选择合适的台面。玉米、大豆等大粒种子，台面分离网的钢丝较粗，孔径较大。水稻、小麦等中粒种子，钢丝和孔径要小一些；菜籽和苜蓿种子等还要更小；白三叶、芹菜等种子要选用布面。如果以小孔台面加工大粒种子，种子爬升能力要减小，风机能耗也大得多，甚至达不到流化状态，不利于分选；若以大适小，尺寸较小的种子和杂质等会漏下去或卡住网眼，台面堵塞较多时，分选变差。

台面选择好后，应检查设备内外是否有损伤和泄漏，润滑点是否加足润滑油，各部件的紧固是否牢靠，运动部件上是否存有异物，台面是否平整，电源接线是否准确等。可调振幅的机型应注意使两侧偏心保持一致，检查偏心量是否合适，一般偏心量调整到 5~8 mm，大粒种子对应大值，小粒种子对应小值。检查完毕后，锁紧台面，准备空机运转。

（三）空机调试

先分别启动设备，注意风机运转方向和异常震动与声响。一切正常时，应进行半小时以上的空机运转，逐一调节台面的双向倾角、振动频率、风量和其他可调装置，观察各部件的调节是否灵活稳定和设备运转是否平稳，一旦有异常情况，应随时注意停机。

空机调试完后，把纵向倾角抬到一半位置，横向倾角略微升起，三角形台面横向倾角放到水平位置；振动频率调整到中间值，有变频器的把电流调到 30 Hz 左右；采用风门控制的机型关闭风门，采用转速控制的机型把转速调到低值，风门和转速综合控制的机型，风门全开，转速调到低值。保持该工况，抓一把待加工种子放到台面进料口处，观察种子在台面上的运动情况。若种子不能从重杂口排出，逐步调高频率，直到种子能较快地从重杂口排出为止。

（四）联机调试

比重清选机可调节参数较多，相关性较强，尤其是给料量、风量、振动频率和倾角的调节，对分选质量会产生相互影响，调节尺度有时难以把握，因此，需要备足待加工物料及接料容器，以便调试能连续进行。连线调试时，准备好 1 h 左右的待加工物料，单机调试时，应选取经风筛清选机加工过的物料，预备半小时以上的加工量。在给料前开启除尘设备，按预调工况给料调试。

通常情况下，先观察物料在台面上的运动和分布情况，对相关参数进行综合调整。在调整过程中应随时接样检查，直到分选效果满意为止。每调定一个工况，应稳定 1 min 左右，根据观察和接样检查情况，再进行下一步调整。

下面将逐一介绍各参数的影响与基本调节方法。

1. 给料量

为使台面上的物料按预定区域运动，台面上的物料必须达到一定的层厚。层数少了，不仅生产率偏低，轻杂也会向下蔓延与好种混合，好种与回流不易区分，轻杂口容易出现空白。层数多了，轻重粒分层延时，好种会与轻杂混合，轻杂口好种过多，轻杂与回流不易区分，获选率降低。因此，重力清选机的生产能力有一定的范围，而且要求喂料量稳定。

不同机型，不同物料，台面层厚不一样，应根据设备标定生产能力、物料含杂情况和具体加工要求，通过实际操作来掌握。通常在接近重杂排出口的台面边缘有一定的层厚，轻杂在出口处的宽度 2 ~ 10 cm 为宜。调试时，起初可以少量给料，以物料大体能铺满台面为止，结合其他参数的调整，根据台面的分布情况再逐渐加大。

给料量的大小一般是通过振动给料器来控制，由电控旋钮进行调节。部分机型是自然落料，通过闸门来控制流量。由于电压或控制电路的不稳定，或者暂储仓料面高低的较大变化，或者闸门松动，都会使给料量产生波动，调试时应加以注意。

2. 风 量

风量决定去杂效果。粒度大的物料所需风量大，粒度小、扁平或较轻的物料所需风量小。轻杂密度与种子相差不大时，风量可适当调大。

风量过大，物料翻腾厉害，个别地方甚至被吹穿，不能按密度大小分层，好种上爬能力小，易向轻杂区堆积，影响轻杂分离。风量过小，不能达到有效的流化分层状态，入料口处料层加厚，重杂易被裹带出收集区，同时轻杂会向好种区蔓延，加大了回流压力，分离不彻底。适当的风量使物料铺满整个台面，达到流化悬浮状态而未明显冒泡，轻杂流向轻杂出口而不向好种出口蔓延，与好种有较明显或大体能判断出来的分界线。

风量调节的原则是从进料口端向出料口端依次调节，风门宜大、转速宜低，这样节能效果好，部件使用寿命长。调节一般由小到大，风门或风机转速逐渐加大，边调节边观察，每次调整后，工况需稳定 1 min 左右，再接样检查，如不合适再调整。对于中、小粒种子，比较简易的方法是快速加大风量至台面冒泡，然后再调低一些。

3. 振动频率

振动的强弱决定物料向上爬动的快慢。提高振动频率，振动力度加大，物料加快向高边移动，但频率过高，物料向上移动太快，易产生跳跃而破坏物料在台面上的有序运动，轻杂易向上蔓延而影响去除效果，同时台面振动不平稳，噪音加大，零部件易损坏。降低频率，则上移速度减慢。频率过低时，物料会向低边移动而失去分离效果。

振动频率与台面的纵向倾角密切相关，当采用较大的纵向倾角，且物料达到流化状态，轻杂还向高边蔓延时，说明频率过高，应适当减小，直到轻杂归向轻杂排出口。

振动频率可通过变频器或机械变速机构来调节。

4．振　幅

振幅是决定振动力大小的另一参数，振幅大，对应的频率低；振幅小，对应的频率高。大振幅一般适合大粒种子，小振幅适合小粒种子，通过调节偏心量的大小或偏心块位置（振动电机）可改变振幅。

振幅的调节需要停机进行，设定后通常很少调整。部分机型振幅固定，部分机型振幅可调。

5．纵向倾角

纵向倾角与清选效果有关。加大倾角则物料下滑力增加，底层物料上爬速度减慢，中间和上层物料加快向低处移动。倾角过大，物料易向轻杂区堆积，台面低处料层加厚，重杂口处易缺料，影响生产率与轻杂的去除。正常情况下纵向倾角加大可以达到较好的分离效果，当然也不能将斜面设置得太陡。降低倾角则物料下滑力减小，加快向高边移动。倾角过小，轻杂向上蔓延造成底边缺角而影响分离。

在风量适宜的情况下，倾角的调节通常与振动频率的调节结合进行，如果不管怎样加大振动频率都只有少量甚至没有物料向高边移动，就表明倾角太大。如果不管怎样降低振动频率，轻杂仍会向高边移动，就表明倾角太小。

6．横向倾角

横向倾角与生产率有关。横向倾角决定着物料横向的流动速度。角度增大就可提高流速，加快物料在台面上的扩散，减少物料在台面上的分离时间；角度降低就可以延缓扩散，增加物料在台面上的分离时间。一般来说，分离时间越长，分离效果越好。但横向倾角较小时，喂料区料层较厚，影响快速分层，重杂易被裹带出收集区，此时必然会降低生产率。

横向倾角调节与给料量是正相关的。喂入量增加，横向倾角必须加大，这样就使台面上的料层不会太厚。当给料量减小时，横向倾角亦应减小，这样台面上的物料就不会太薄，而仍保持完全覆盖。

7．挡　板

挡板装在台面的排料边沿，可阻挡物料直接向外排放，起到调节物料排放速度或导向的作用。部分机型没有挡板。

调试前，挡板可以关闭。最初阶段喂料量较小，待物料基本铺满台面后，通过观察轻杂的走向，再逐一把挡板调至半开位置。调整其他参数，待工况达到有效分选后，结合给料量的加大，根据分选情况再调整打开的位置。在回流与好种、回流与轻杂的交汇处，可利用挡板作适当的分隔。

重杂排出口的挡板，待重杂积累到一定程度后，视重杂排量再打开到合适开度，可减少好种子的流失。

8．分料板

在排料槽内，多数机型还设有可旋转或可折叠移动的分料板，其作用是把分选后的不同成分引导到各自的接料口，其位置根据接样情况和分选要求进行调整。分选精度高时，重杂口、回流口及轻杂口可适当加宽，反之可收小。

（五）工况比较与调整

对于良好的工况，物料总是处于流化状态并布满整个台面（图4-26），不同成分逐渐归向不同的出口。在靠近重杂出口的地方抽样检查，好种子当中应基本没有重杂出现，轻杂应明显地向下滑动，与好种子有较明显的分界线，在轻杂出口处抽样检查，应难以见到好种子。回流的混杂区不应过宽。

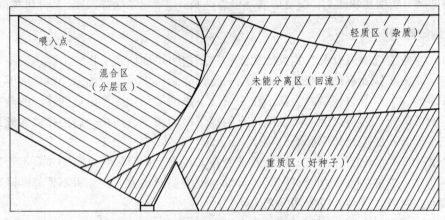

图4-26　正常工况物料在台面的分布情况

当轻杂区域出现空白时，如果料层比较薄，说明给料量偏低，应增加给料量；如果料层正常或较厚，说明振动太快、风量过低或者纵向倾角过小，此时应结合调整各参数。

当重杂区域出现空白时，如果料层比较薄，说明横向倾角较大，应降低横向倾角；如果料层正常或较厚，说明振动太慢、风量过高或者纵向倾角过大，此时应观察轻杂的走向，结合调整各参数。

当轻杂不易分离时，通常应加大风量，并相应提高频率。若效果不明显，可适当提高纵向倾角并加快频率。

如果在成品种子出口处混有过量的轻杂时，则应进行以下调整：

（1）加大风量。

（2）增大振动台的纵向和横向倾角。

（3）降低振动频率。

反之，如果在轻杂出口处混有成品种子时，应做如下调整：

（1）减少振动台的横向和纵向倾角。

（2）加大成品种子出口处挡板的开放角度。

（3）增大振动频率。

（4）减少风量。

上述调整内容可选择使用，不必同时调整。在每进行一项调整后，应观察几分钟，以确定是否起到了预期的结果，然后再进行另一项调整。当调整两项以上效果仍不理想时，其余项需要进行反方向调整。

图4-27为比重清选机常见的非正常工况图。

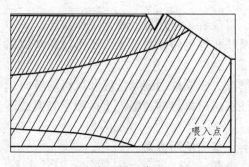

（a）工况正确

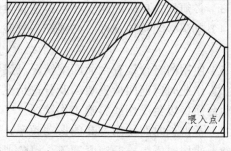

（b）晃动：皮带松、基础不稳、电压不稳、喂入量波动

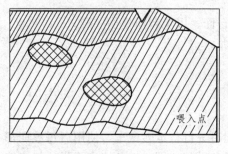

（c）台面堵塞：拆下台面彻底清理

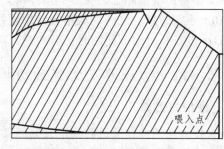

（d）超负荷：减小喂入量、增加横向倾角、增加风量

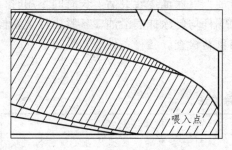

（e）负荷不足：减小纵向倾角、增加喂入量

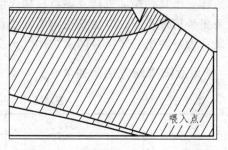

（f）向高边偏移：减小振动频率、增加纵向倾角、增加风量

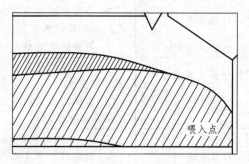

（g）向低边偏移：减小纵向倾角、增加振动频率、减小风量

图 4-27 比重清选机常见的非正常工况图

（六）操作注意事项

（1）操作人员应熟悉使用说明书，并经上岗培训。

（2）设备的安放必须远离水源和火源，以免锈蚀或烤伤设备。

（3）必须配备良好的除尘和物料定量供给装置，以改善工作环境，稳定工作状态。

（4）电源必须接地良好，必须配备过载、短路及缺相等电路保护装置，不得过载和缺相使用。

（5）使用前必须检查台面匹配情况、设备润滑情况、紧固件的锁紧情况和风机的转向。

（6）作业时应巡回检查喂料及分选情况，同时注意流道排料的通畅。不得随意触摸或遮盖振动台面，以免受伤或影响工作状况。

（7）不得长时间使用过高的振动频率，以免影响设备的使用寿命。

（8）使用时不得松开锁紧装置，以免泄漏或损伤设备。

（9）设备的检修和维护保养必须停机。

（10）不得蹬踏、烧烤、填堵和使用硬物击戳工作台面，以免台面损伤变形。

（11）设备长时间不使用时，必须进行定期维护保养。

（七）维护、保养及常见故障排除方法

1. 维护与保养

新机投入使用前，应进行润滑及紧固件的检查，同时进行空运转试车。使用后每星期都要进行润滑及紧固件的检查，并定期清理台面、匀风板和风门滤网，以免堵塞而影响气流特性。每工作一个月，振动机构及调节机构应加注润滑油，以保证运转灵活。长时间不用时，应把设备里外清理干净，以免残留物质霉变；各转动螺杆均匀涂抹润滑油，各紧固件重新检查并拧紧；做好防尘、防锈及防火工作。再次使用前重新检查。各种备件放置妥当。

2. 常见故障排除方法（表 4-5）

表 4-5　常见故障排除方法

序号	常见故障	产生的原因	排除方法
1	台面种子不能产生流化状态	1. 风量不足 2. 料层太厚 3. 台面不匹配	1. 检查风机是否反转，转速是否足够，匀风板或台面是否堵死，风门是否打开，是否有严重泄漏 2. 检查生产率是否过大，台面挡板开度是否不足，振动频率是否过低，横向倾角是否过小 3. 更换开孔眼较大的台面
2	台面种子有吹穿或湍流现象	1. 台面未铺满种子 2. 风量分布不均	1. 检查生产率是否过低；倾角是否过小；振动频率是否过大 2. 各风门或风机转速是否调节不当；匀风板或台面局部是否堵死
3	台面振动不平稳	1. 振动机构松动 2. 锁紧装置松动 3. 振动台支撑件疲劳或损坏 4. 轴承损坏 5. 地脚松动	1，2. 锁紧松动部位 3. 调整或更换支撑件 4. 更换轴承 5. 固定地脚
4	噪声过大	1. 同序号 3 2. 振动频率过大 3. 有碰撞部位	1. 同序号 3 2. 降低振动频率 3. 检查并排除故障

第四节 圆筒分级机

一、基本结构及工作原理

圆筒筛分级机大多采用多台组合结构，圆筒组合有串联和并联之分，一般由均配喂料机构、清筛装置、筛筒组合、筛下物输送系统、机架、传动系统等部分组成，图 4-28 为 5XY-5 型种子圆筒分级机的结构图。

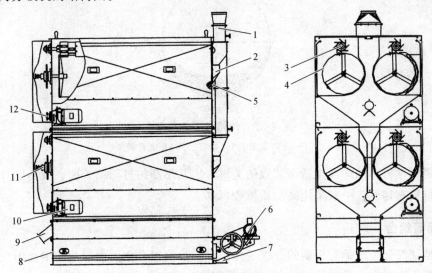

图 4-28　5XY-5 型种子圆筒分级机结构简图

1—均配喂料机构；2—进料口；3—清筛装置；4—筛筒组合；5—支撑摩擦轮；
6—筛下物输送系统；7—筛下物出口；8—机架；9—筛上物出口；
10—减速电机；11—半轴牙嵌离合器；12—传动系统

5XY-5 型种子圆筒筛分级机采用 4 个筛筒并联，一次作业可将种子分为两级。在工作时，物料由"之"形均配喂料装置均分后进入 4 个并联的筛筒内，沿着旋转筛筒的内壁上升，当上升到一定高度后又落下，如此往复，连续进入筛筒内的物料受推压和自流作用，逐步向筛筒另一端的出口移动。而堵在筛孔中的物料则由清筛辊从筛筒外壁向内击打清除，有效保障了筛分面积。

在行进过程中小于筛孔的物料通过筛孔漏出，落入配置在筛筒下部的振动输送装置，并被运至筛下物出料口排出；而大于筛孔的物料随着筛筒旋转被带到筛筒的另一端经筛上物出料口流出，从而完成分级作业。

1．均配喂料机构

通过旋转调节螺杆来调节调节板的倾角，从而与上、下分料板配合，实现喂料口喂料均匀地进入圆筒筛，避免进料过急造成进料口堵塞，均配喂料机构结构见图 4-29。

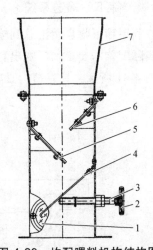

图 4-29　均配喂料机构结构图

1—观察窗；2—手轮；3—调节螺杆；
4—调节板；5—下分料板；
6—上分料板；7—接口

2. 清筛装置

圆筒筛的筛孔在作业时经常会被种子或杂物堵死，使筛分面积减少，严重影响分级质量，降低作业效率。因此，在圆筒筛外缘紧贴筛面装配有清筛装置，利用清筛辊与筛筒逆向差速旋转原理，不断拍打筛筒表面，清除夹在筛孔中的种子或杂物，其工作原理见图 4-30。

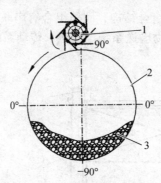

图 4-30　清筛装置工作简图

1—清筛装置；2—筛筒；3—分选物料

清筛辊刷片材料的选择是清筛装置的关键，因其不断拍打筛筒表面，故而刷片材质既要耐磨，又得具有韧性，一般采用高品质橡胶材料。

3. 筛筒组合

筛筒是圆筒分级机最为重要的分级工作部件，筛筒组合主要由筛片和辐盘组成。圆筒筛主要有整筒焊合式和分片连接式两种，后者采用整片或两个半片以螺栓连接并固定在辐盘上。

合理的筛孔形状，不仅有利于提高筛面负荷能力，而且能有效提高生产率，根据不同物料加工需要，筛孔一般采用凹窝形圆孔或波纹形长孔。

4. 筛下物输送系统

利用筛下物自重汇总到输料槽，采用振动输送槽将筛下物送到机外一端；另外根据加工线实际配置需要，筛下物出料槽可实现左右互换，从而改变筛下物的输送方向。其主要结构如图 4-31 所示，具有结构紧凑、无破损等特点。

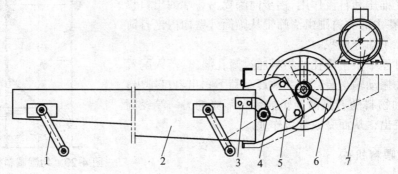

图 4-31　筛下物输料系统结构图

1—支振杆；2—输料槽；3—支耳；4—连接轴；
5—偏心组件；6—带轮；7—驱动电机

5. 半轴牙嵌离合器

半轴牙嵌离合器的结构如图 4-32 所示，通过离合器齿爪的啮合，既传递动力，又可有效防松。松开离合器就可方便地更换筛筒，易于维护并满足不同种子分级加工的需要。

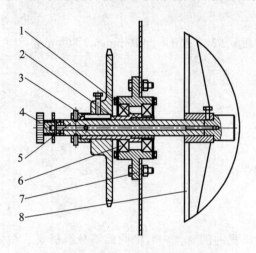

图 4-32　半轴牙嵌离合器结构图

1—铜轴套；2—离合器轴套；3，4—防松螺杆组合；5—卡爪轴；
6—轴承；7—轴承座；8—筛筒组合爪轴

6. 传动系统

圆筒分级机的传动主要有中心轴传动和摩擦轮传动两种。中心轴传动由圆筒筛的辐盘固定在中心轴上，由中心轴带动它旋转；摩擦轮传动则无中心轴，圆筒筛由筒圈支承在几对摩擦轮上，由摩擦主动轮带动它旋转。采用摩擦轮传动方式，其传动系统主要有链轮、链条、张紧轮、支承摩擦轮等组成，传动轴套与同层两筛筒、清筛辊共用，由同一链条驱动。

二、主要性能与技术参数

1. 转　速

筛筒转速是影响圆筒分级设备作业性能的一个主要参数。若转速过高，种子在离心力的作用下，将紧贴在圆筒筛内壁随圆筒一起做回转运动而堵塞筛孔（尤其是带波纹形长孔或凹窝形圆孔的筛筒），同时籽粒间相互碰撞、弹跳加剧，从而使分级质量下降并影响筛筒的正常运转。因此，在最高转速时，种子随圆筒旋转到达最高点时的离心力必须小于种子的重力。

由于分级物料的表面特性各异，圆筒筛的转速最好能在一定范围内可调，因此，可通过更换不同齿数的链轮来调节其转速，以达不同加工需要的目的。一般转速取 40 r/min 左右。

2. 倾　角

通常圆筒分级机中圆筒筛的倾角按与水平方向成 0°~5° 配置，随着倾角增大，物料流速加快，虽可提高生产率但分选质量受影响。本机圆筒筛按水平方向（即 0°）配置，具有结构简单、分选效果好等优点。

3．其他参数

5XY-5 型圆筒分级设备
外形尺寸：长 × 宽 × 高 = 2 382 mm × 1 140 mm × 2 804 mm
生产能力：5 t/h
配套动力：1.87 kW
筛筒直径：450 mm
筛筒长度：1 580 mm

三、安装与调试

1．机器的安装

根据种子加工厂工艺流程的需要，一般把圆筒筛分级机安装在分级暂储仓上。为了更换筛筒方便，机器的两侧须留有 1 000 mm 以上空间。用水平仪检查其水平度，不得倾斜。

2．转速的调整

加工过程中种子在筛筒内的状况和转速有关，每一转内的种子状态分为随筛面上升时的相对静止、在筛面上的相对滑动、离开筛面的自由下落三个阶段。种子接触筛孔机会越多，分级效果就越好。因此筛筒的转速应根据加工对象不同而进行调整。可根据需要配备不同直径的链轮，更换链轮可达到变速的目的。

3．喂料斗的调整

喂料斗装有均衡进分料机构，通过调整"之"形调节板间隙，可调整料流的大小使其等宽、匀厚、等量的进入四个筛筒，达到筛筒喂入量的均匀分配。

4．试运行

机器运转前，必须对机器的技术状态进行仔细的检查，如减速电机是否加足油，安全防护罩是否装好，各连接件有无松动，运输过程中有无零件损坏。确认技术状态完好时，接通电源并检查筛筒运转方向，确认正确后空机运转 30 min，在运转过程中机器要平稳，无噪声，无擦碰现象，电机和轴承温升要正常。

5．筛筒的更换

根据加工需要更换筛筒时，首先松开紧定螺钉 2，旋开离合器防松螺杆手柄 1，离合器卡爪轴 3 分开之后，和防松螺杆一起向外拔出，此时筛筒可以整体拆卸或更换筛筒。更换筛筒后，须将离合器卡爪轴 3 装入筛筒的中心孔并与筛筒传动轴结合上，然后拧紧防松螺杆和紧定螺钉，如图 4-33 所示。

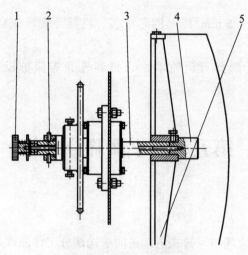

图 4-33　更换筛筒结构图

1—离合器防松螺杆；2—紧定螺钉；3—离合器卡爪轴；
4—筛筒传动轴；5—筛筒

四、维护与保养

每班工作之前必须检查机器的技术状态，检查链条的松紧度和螺栓有无松动现象。经常检查机器各润滑部位并定期加润滑油。备用筛筒要妥善保管，长期存放时，应对筛筒进行彻底清理，并对表面进行涂油处理，避免损坏。

该机如季节加工结束或更换品种后，必须全面清理机器。此时机器继续运转，直至机器中的残留种子全部清除干净，必要时停机清出筛筒内的残留物。

加工车间应经常保持良好的通风、干燥和防尘，以防机器锈蚀。

五、常见故障与排除方法（表 4-6）

表 4-6　常见故障及排除方法

序号	故障现象	发生原因	排除方法
1	清筛效果不好	清筛辊橡胶板磨损	更换橡胶板
2	振动输送装置噪音大	支点销轴磨损	更换销轴
3	筛下物中含有大粒种子	防漏装置橡胶板磨损	更换橡胶板

六、安全技术要求

（1）更换筛筒之后，必须将门盖板安装好，防止意外，更换下来的筛筒一定要轻拿轻放，以免损坏变形。

（2）动力电缆必须为 1.5 mm² 以上四芯电缆，机器外壳确保良好接地，防止触电事故发生。

（3）机器工作时，严禁打开链轮罩壳、机器外壳等保护设施。排除故障时一定要停机。

第五节　平面筛分级机

一、工作原理

平面筛分级机的工作原理与风筛式清选机的筛选部分工作原理是相同的，利用种子的宽度和厚度的尺寸不同来进行分级，但平面筛分级机工作流程调节更加灵活，从而适应不同的种子分级要求，以下以 5XDS-10 分级机来说明。

二、主要结构（图 4-34）

本机可分为四大部分：进料部分、筛选部分、传动部分、机架和支架部分。

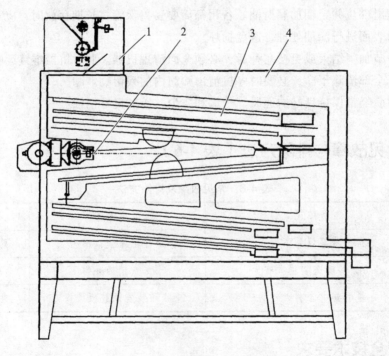

图 4-34　平面分级机的结构简图

1—进料部分；2—传动部分；3—筛选部分；4—机架和支架

1．进料部分（图 4-35）

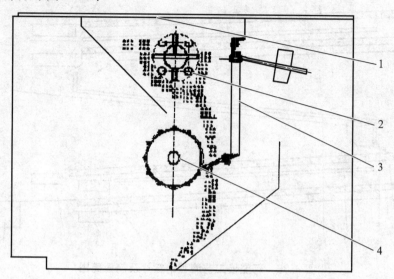

图 4-35　平面分级机进料部分结构简图

1—进料口；2—拨料轮；3—进料间隙调节机构；4—喂料轮

进料部分由入料口、拨料辊、喂料轮、进料间隙调节装置等组成。入料口与机器的整个宽度等宽，保证物料能布满喂料辊的整个宽度。喂料辊能确保给料均匀，同时可降低谷物的下料速度，通过调整配重块的前后距离来调整喂料活门与喂料辊的间隙，以改变喂入量。

2．筛选部分

筛选部分由上、下两个筛箱组成。上下筛箱分别由筛箱侧板、筛片、清洁球架、出料口、出杂口等组成。筛箱侧板由胶合板制成，由与机架相连的 4 组吊板悬挂，靠偏心机构传递使其往复运动，筛片钉在木质筛框上，与清洁球架一起塞进筛箱侧板中的滑道中，由堵板和压筛器固定。筛孔形状有圆孔和长孔两种，筛孔尺寸有很多种，可根据分级的具体要求进行选择。

为使筛子正常工作不产生堵塞，本机选用橡胶球清筛，在筛箱摆动时，清洁球在筛片与清洁球架之间进行无规则的碰撞，使堵塞在筛孔中的物料脱离筛孔，达到清筛的目的。该结构不需外加传动，传动结构简单，减少了易损件。

3．传动部分

本机传动选用三角带传动，由电机通过三角带传递给偏心轴带动筛箱做往复运动。

4．机架和支架

该机机架和支架主要是用来组装各部分。

三、可变换工艺流程的筛片及底板

可变换工艺流程的筛片及底板如图 4-36 所示。

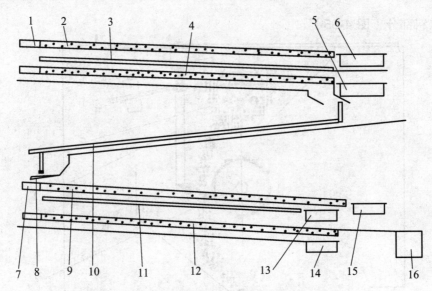

图 4-36　可变换工艺流程的筛片及底板简图

1—分料器；2—第一层筛；3—第一层可拆卸底板；4—第二层筛；5—第二层筛上物排料；
6—第一层筛上物排料口；7—分料器；8—导料板；9—第四层筛；
10—第三层可拆卸底板；11—第四层可拆卸底板；12—第五层筛；
13—第四层筛下排料口；14—第五层筛下排料口；
15—第四层筛上排料口；16—主排口

1. 分三级时筛片、底板配置

如图 4-37 所示，当物料需要分三级时，第四层筛不装上排料口，第三层不装可拆卸底板，一、四层前端装分料器，导向板与底板平行安装。

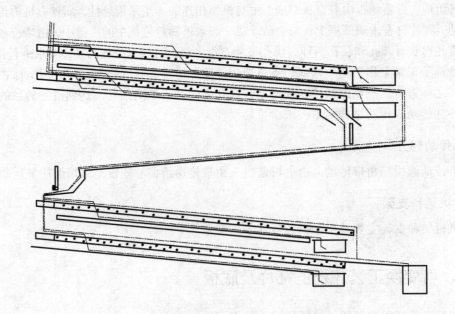

图 4-37　分三级时的筛片和底板配置图

工作过程：落入上筛箱的物料经分料器一半进入一层筛，另一半进入二层筛，一层和二层筛的筛上物进入一、二层筛上排料口后汇集一起排出，一、二层筛下物经底板直接落入第三层底板，汇集后导入第四层前端的分料器，物料经分料器进入第四层筛和第五层筛，筛下物经底板进入第四、第五层筛下排料后汇集在一起排出，筛上物汇集后由主排口排出。

2. 分四级时筛片、底板配置

如图 4-38 所示，当物料需要分四级时，第一层和第二层筛不装上排料口，第一层不装可拆卸底板，装第三层可拆卸底板，一、四层前端不装分料器，第一层筛前端装底板，第四层筛前端装隔板，导向板垂直安装，使第三层可拆卸底板和不可拆底板的物料分别进入第五层筛和第四层筛。

工作过程：落入上筛箱的物料经过第一层筛和第二层筛后，种子按大小分级，筛上物为大粒种子，汇集后进入第三层不可拆卸底板，经导料板进入第四层筛，第四层筛按种子宽度分级，将种子分为大圆粒和大扁粒两级，经过第四层筛选后，筛上物大圆粒由第四层筛上排料口排出，筛下物为大扁粒经第四层可拆卸底板由第四层筛下排料口排出；第一层和第二层筛的筛下物（小粒）经第二层底板进入第三层可拆卸底板，经底板直接进入第五层筛，经第五层筛将种子分为小圆粒和小扁粒，筛选后筛上物小圆粒由主排口排出，筛下物小扁粒经底板由第五层筛下排料口排出。

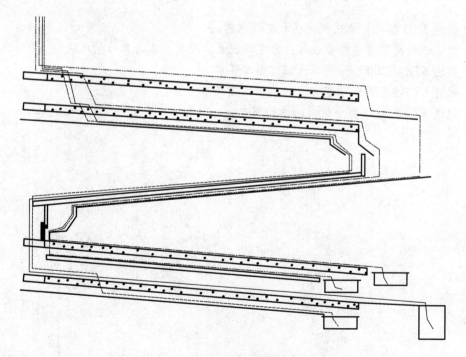

图 4-38　分四级时的筛片和底板配置图

四、清洁球架、筛片的安装

该机共用筛片 15 张，筛片规格可根据种子几何形状及尺寸由用户选定，与之配套使用的清洁球架也是 15 件，装入筛片时，可将筛片与清洁球架摞起一并送入筛箱轨道内，装入筛片时请注意：上筛箱二层，下筛箱四、五层筛筛体前长 10 mm 的舌唇应朝主排料口方向，并与筛箱内前横梁或后一筛片搭接紧密。

五、主要技术参数

电机型号及功率、转速：
A. 偏心驱动电机：型号 Y132M2-6，功率 5.5 kW，转速 960 r/min；
B. 喂料辊电机：型号 MB07Y-0.75Ra63-10-B31，功率 0.75 kW，转速 200～1 000 r/min；
生产率：（10 000±5%）kg/h（按小麦计）；
筛箱振幅：30 mm；
筛箱倾角：上筛 4°；下筛 5°；
外形尺寸：长×宽×高 = 3 840 mm×1 950 mm×4 280 mm

1. 简述 5XD 型风筛清选机结构与工作原理。
2. 试述选配窝眼清选机应该考虑的主要因素以及各因素与工作效率的关系。
3. 描述 5TZ-2200 型比重清选机的调节要点。
4. 试述 5XY-5 型种子圆筒筛分级机的主要调节方法。
5. 简述 5XDS-10 平面分级机的结构要点。

第五章　种子干燥

第一节　种子干燥的目的和必要性

一、种子干燥的目的

一般新收获的种子水分高达 25%~45%。这么高水分的种子，呼吸强度大，放出的热量和水分多，种子易发热霉变，或者很快耗尽种子堆中的氧气，进而因厌氧呼吸产生的酒精致死，或者遇到零下低温受冻害而死亡。因此，必须及时将种子干燥，把其水分降低到安全包装和安全贮藏的范围内，以保持种子旺盛的发芽力和活力，提高种子质量，使种子能安全经过从收获到播种的贮藏期限。

二、种子干燥的必要性

1. 防蒸死、防霉变、防虫蛀和防冻害

据研究，种子水分高，容易引起种子的伤害。当种子水分在 40%~60% 时，种子将发芽；种子水分在 18%~20% 时，种子发热变质或受冻死亡；种子水分在 12%~14% 时，种子上（里）将会有真菌生长而霉变；种子水分在 8%~9% 时，种子仓虫开始活动、繁殖而蛀食种子。所以，对新收获，水分高达 25%~35% 的种子，必须及时采用干燥方法，将种子水分降低到安全水平，这是确保种子发芽力和活力的重要步骤。

2. 确保安全包装、安全贮藏和安全运输

种子是活的生物有机体，每时每刻都进行着呼吸作用，但其呼吸强度，随着水分和温度的增高而加强，就会放出大量的水分和热量，使种子发热霉变，并且在氧气耗尽时，转变为厌氧呼吸而产生酒精杀死种子。只有采用干燥方法，将种子水分降低到安全水平才能确保安全包装、安全贮藏和安全运输，并保持其生活力到销售和播种。

3. 保持包衣和处理种子的活力

种子在包衣和处理过程中，包衣剂和处理药液一般为水溶液，因而会使种子吸水回潮而水分增加，这不仅会使种子呼吸强度增加，易发生劣变，而且这种药液还会伤害种子胚根，影响种子正常发芽和成苗，因此，在种子包衣过程和处理后应该及时干燥才能保持其发芽力和活力。

第二节　种子干燥特性

一、种子的传湿力

1. 种子的传湿力

种子是一种吸湿的生物胶体。

种子在低温潮湿的环境中能吸收水汽，在高温干燥的环境中能散出水汽，种子这种吸收或散出水汽的能力称为种子传湿力。

2. 影响传湿力的因素

种子传湿力的强弱主要取决于种子本身的化学组成和细胞结构及外界温度。如果种子内部结构疏松，毛细管较粗，细胞间隙较大，种子含淀粉多和外界温度高时，传湿力就强，反之则弱。根据这个道理，一般说禾谷类种子的传湿力比含蛋白质多的豆类种子相对要强，软粒小麦种子传湿力比硬粒小麦种子强。

3. 传湿力与种子干燥关系

传湿力强的种子，干燥起来就比较容易；相反，传湿力弱的种子，干燥起来就比较慢。在干燥过程中，一定要根据种子的传湿力强弱来选择干燥条件。传湿力强的种子可选择较高的温度干燥，干燥介质的相对湿度要低些，并可进行较大风量鼓风。传湿力弱的种子则与此相反。

二、种子干燥的介质

1. 种子干燥介质

要使种子干燥，必须使种子受热，将种子中的水汽化后排走，从而达到干燥的目的。单靠种子本身是不能完成这一过程的，需要一种物质与种子接触，把热量带给种子，使种子受热，并带走种子中汽化出来的水分，这种物质称为干燥介质。介质在这里既是载热体，又是载湿体，起到双重作用。需用的干燥介质有空气、加热空气、煤气（烟道气和空气的混合体）。

2. 干燥介质对水分的影响

防止种子发热变质、防冻、防止自热、防止种子发芽等，其首要问题是降低种子的水分。影响种子干燥的条件是介质温度、相对湿度和介质流动速度。

种粒中的水分又是以液态和气态存在，液态水分排走必须经过汽化，汽化所需的热量和排走汽化出的水分，需要介质与种子接触来完成。在干燥中，介质与种子接触的时候，将热量传给种子，使种子升温，促使其水分汽化，然后将部分水分带走。干燥介质在这里起着载热体和载湿体的双重作用。

种粒水分在汽化过程中，其表面形成蒸汽层。若围绕种粒表面的气体介质是静止不动的，则该蒸汽层逐渐达到该温度下的饱和状态，汽化作用停止。所以，我们使围绕谷粒表面的气体介质流动，新鲜的气体可将已被饱和的原气体介质逐渐驱走，而取代其位置，继续承受由种子中水分所形成的蒸汽，则汽化作用继续进行。因此，要想使种粒干燥，降低水分，与其接触的气体介质该是流动的，并需设法提高该气体介质的载湿体能力，即提高它达到饱和状态时的水汽含量。

如何提高空气在饱和状态下的水汽量呢？在一定的气压下，1 m³ 空气内，水蒸气最高含量与温度有关，温度愈高则饱和湿度愈大。因为温度提高，气体体积增大，所以它继续承受水蒸气量也加大，达到饱和时的绝对温度也要加大，相对湿度就要降低（相对湿度=绝对湿度/饱和湿度×100%）。温度升高以后，由于绝对湿度不变，饱和湿度加大后，则空气相对湿度减少。一般情况下，空气温度每增高 1 ℃，相对湿度可下降 4%~5%，同时种子中空气的平衡湿度也要降低，这是因为：

（1）相对湿度小，为种子水分汽化，放出水分创造了条件；

（2）饱和湿度增大，增加了空气接受水分的能力；

（3）湿度提高更能促使种子中水分迅速汽化。

因此，提高介质的温度，是降低种子水分的重要手段。可以说用任何方法加热空气，空气原有的含水量虽然没变，但持水能力却逐渐增加，热风干燥就是利用空气的这一特性，从而加速干燥进程，提高干燥效果。

三、空气在种子干燥过程中的作用

种子干燥过程中，一方面对种子进行加热，促进其自由水汽化；另一方面要将汽化的水蒸气排走，这一过程需要用空气作介质进行传热和带走水蒸气。利用对流原理对种子进行干燥时，空气介质起着载热体和载湿体的作用；利用传导和辐射原理进行干燥时，空气介质起载湿体作用。掌握空气与种子干燥有关的性能，对保证种子干燥质量、提高生产率有重要意义。

（一）空气的重度与比容

单位体积空气的重量称为重度，用符号 γ 表示

$$\gamma \ (\text{kg/m}^3) = \frac{G}{V}$$

式中　G——空气的重量；

　　　V——空气的体积。

单位重量空气所占有的体积称为比容，用符号 U 表示

$$U \ (\text{m}^3/\text{kg}) = \frac{V}{G}$$

空气的重度与比容互为倒数

即　　　$$\gamma = \frac{1}{U}$$

（二）空气的压力

空气作用于单位面积上的垂直力称为压强。在工程上，习惯将压强简称为压力。在干燥

风机和气力输送中，一般所说的压力均指在单位面积上承受的力。

空气的总压力等于干空气和水蒸气分压力之和

即 $$p = p_g + p_s$$

式中 p_g——干空气的分压力；

p_s——水蒸气的分压力。

空气中的水蒸气占有与空气相同的体积，水蒸气的温度等于空气的温度。空气中水蒸气含量越多，其分压力也越大；反过来，水蒸气分压力的大小也直接反映了水蒸气数量的多少，它是衡量空气湿度的一个指标。种子干燥中，要经常用到这个参数。

种子干燥是在大气压下工作的。由于大气压力不同，空气的一些性质也不同，所以，在种子干燥时应注意大气压变化的影响。

（三）空气湿度

自然界中的空气总是含有水蒸气的，从烘干技术角度来看，空气是气体和水蒸气的机械混合物，称为湿气体。当我们看到空气时总是把它当作湿气体对待。空气加热后仍然是一种湿气体，湿气体是干气体和水蒸气两部分组成的。空气既然是一种湿气体，那么它含水蒸气多少呢？湿度是表明空气中含有水蒸气多少的一个状态参数，空气湿度用绝对湿度和相对湿度来表示。

1. 绝对湿度

每立方米的空气中所含水蒸气的重量即空气的绝对湿度，单位是千克/米³（kg/m³），这个数值愈大，说明单位体积内水蒸气愈多，湿度也愈大。

空气中能够容纳水汽量的能力随着温度的增高而加大，但在一定温度下，每立方米空气所能容纳的水汽量是有限的。当其达到饱和状态时，水汽含量的最大值就叫饱和水汽量，又称饱和湿度。表5-1为不同温度下空气的饱和湿度。

表 5-1　空气的饱和湿度

温度 /°C	饱和水汽量 /g·m⁻³	温度 /°C	饱和水汽量 /g·m⁻³	温度 /°C	饱和水汽量 /g·m⁻³	温度 /°C	饱和水汽量 /g·m⁻³
− 20	1.078	− 3	3.926	14	11.961	31	31.702
− 19	1.170	− 2	4.211	15	12.712	32	33.446
− 18	1.269	− 1	4.513	16	13.504	33	35.272
− 17	1.375	0	4.835	17	14.338	34	37.183
− 16	1.489	1	5.176	18	15.217	35	39.183
− 15	1.611	2	5.538	19	16.143	36	41.274
− 14	1.882	3	5.922	20	17.117	37	43.461
− 13	1.942	4	6.330	21	18.142	38	45.746
− 12	2.032	5	6.768	22	19.220	39	48.133
− 11	2.192	6	7.217	23	20.353	40	50.625
− 10	2.363	7	7.703	24	21.544	41	53.8
− 9	2.548	8	8.215	25	22.795	42	56.7
− 8	2.741	9	8.858	26	24.108	43	59.3
− 7	2.949	10	9.329	27	25.486	44	62.3
− 6	3.171	11	9.934	28	26.931	45	65.4
− 5	3.407	12	10.574	29	28.447	50	83.2
− 4	3.658	13	11.249	30	30.036	100	597.4

注：选自中国财政经济出版社的《粮食储藏》。

2. 相对湿度

绝对湿度是指单位体积内蒸气多少的一个标志，不能更明确更直接的表示空气的潮湿程度。比如单位体积内蒸气的含量是一样的，即绝对湿度相同，可是在夏天就感觉到干燥，在秋季就感到潮湿，这说明空气中的水蒸气距其饱和状态的远近有关。温度高时，该空气距饱和状态远，我们感到干燥；温度低时，该空气距饱和状态近，我们感到潮湿。所以，我们在研究空气湿度时，只有绝对湿度还不能满足我们的要求。从空气和物质接触的关系上看，我们还要了解这种空气在接近饱和状态的程度，亦即空气的潮湿程度如何，需要引入相对湿度的概念。

空气的相对湿度，就是在同温同压下，空气的绝对湿度和该空气达到饱和状态时的绝对湿度之比的百分率，它表示空气中水汽含量接近饱和状态的程度。

$$\varphi = \frac{\lambda_s}{\gamma_{sb}} \times 100\%$$

式中　　φ——相对湿度；

　　　　λ_s——绝对湿度；

　　　　γ_{sb}——饱和湿度。

相对湿度可以直接表示空气的干湿程度。相对湿度越低，表示空气越干燥；相对湿度越高，表示空气越潮湿。一般习惯用湿度这个名词表示相对湿度。

相对湿度越低越有利于种子干燥。从上式中可以看出相对湿度小时，必须是绝对湿度小，或者饱和湿度大。这两种情况都表明达到饱和程度还差很远，还有很大的潜力承受从外界来的水蒸气，这对我们研究干燥种子的空气介质来说，是个很重要的参数。

相对湿度低时则干燥种子愈迅速，所以它是决定干燥种子是否可以采用自然通风或辅助加热干燥的重要参数。干燥种子时干燥介质的相对湿度不能超过60%。

影响相对湿度变化的因素是：

（1）空气中实际含水汽量（绝对湿度）；

（2）温度的高低：温度越高，相对湿度越低（温度高、饱和湿度大）。

3. 相对湿度检查

当前用普通毛发湿度计和静止式干湿计进行测定。

静止式干湿计是用两根水银温度计组成。一支温度计下端的水银球用纱布包上，纱布的下端浸在水盆里，使球面保持湿润状态，称为湿球温度计；另一支称为干球温度计。湿球上的热由于水的蒸发而被夺去，因此水银冷却而下降。故湿球的表示度常较干球低，当空气内水汽达到饱和状态时，湿球纱布上的水不再蒸发，湿球的表示度也就不起变化，故与干球的湿度没有差别或相差很小。如果空气干燥，湿球上蒸发很快，湿球的表示度很快降低，因此干湿球的表示度相差也大。

第三节　种子干燥原理和干燥过程

一、种子干燥原理

种子干燥是通过干燥介质给种子加热，利用种子内部水分不断向表面扩散和表面水分不断蒸发来实现的。

种子表面水分的蒸发，取决于空气中水蒸气分压力的大小。空气中水蒸气的分压力表示空气中水蒸气含量的多少，空气中水蒸气含量随水蒸气分压力的增加而增加。水蒸气分压力与含湿量在本质上是同一参数。空气中水蒸气分压力与种子表面间水蒸气分压力之差，是种子干燥的推动力，它的大小决定种子表面水分蒸发速度。压力差大，种子表面水分蒸发速度快。

种子内部水分的移动现象，称为内扩散。内扩散又分为湿扩散和热扩散。

1. 湿扩散

种子干燥过程中，表面水分蒸发，破坏了种子水分平衡，使其表面含水率小于内部含水率，形成了湿度梯度，从而引起水分向含水率低的方向移动，这种现象称为湿扩散。

2. 热扩散

种子受热后，表面温度高于内部温度，形成温度梯度。由于存在温度梯度，水分随热源方向由高温处移向低温处，这种现象称为热扩散。

温度梯度与湿度梯度方向一致时，种子中水分热扩散与湿扩散方向一致，加速种子干燥而不会影响干燥效果和质量。如温度梯度和湿度梯度方向相反，使种子中水分热扩散和湿扩散也以相反方向移动时，影响干燥速度。由于加热温度较低，种子体积较小，对水分向外移动影响不大；如果温度较高，热扩散比湿扩散进行得强烈时，往往种子内部水分向外移动的速度低于种子表面水分蒸发的速度，从而影响干燥质量。严重的情况下，种子内部的水分不但不能扩散到种子表面，反而把水分往内迁移，形成种子表面裂纹等现象。

二、影响种子干燥的因素

影响种子干燥的因素有：相对湿度、温度、气流速度和种子本身生理状态和化学成分。

（一）相对湿度

在温度不变条件下，干燥环境中的相对湿度决定了种子的干燥速度和降水量，如空气的相对湿度小，对含水率一定的种子，其干燥的推动力大，干燥速度和降水量大；反之则小。同时空气的相对湿度也决定了干燥后种子的最终含水量。

（二）温　度

温度是影响种子干燥的主要因素之一。干燥环境的温度高，一方面具有降低空气相对湿度、增加持水能力的作用；另一方面能使种子水分迅速蒸发。在相同的相对湿度情况下，温度高时干燥的潜在能力大。在一个气温较高、相对湿度较大的天气，对种子进行干燥，要比同样湿度但气温较低的天气进行干燥，有较高的干燥潜在能力。所以应尽量避免在气温较低的情况下对种子进行干燥。

（三）气流速度

种子干燥过程中，存在吸附种子表面的浮游状气膜层，阻止种子表面水分的蒸发。所以必须用流动的空气将其逐走，使种子表面水分继续蒸发。空气的流速高，则种子的干燥速度快，缩短了干燥时间。但空气流速过高，会加大风机功率和热能的损耗。所以，在提高气流速度的同时，要考虑热能的充分利用和风机功率保持在合理的范围，减少种子干燥成本。

（四）种子本身生理状态和化学成分

1. 种子生理状态对干燥的影响

刚收获的种子含水率较高，新陈代谢旺盛，进行干燥时宜缓慢，或先低温后高温，进行两次干燥。如直接用高温进行干燥，种子容易丧失发芽能力。

2. 种子化学成分对干燥的影响

（1）水稻、小麦、玉米等属于淀粉类种子，这类种子的组织结构疏松、毛细管粗大、传湿力强。所以干燥起来较容易，可采用较高温度进行干燥。

（2）大豆、蚕豆等属于蛋白类种子。这类种子组织结构紧密、毛细管较细、传湿力弱，但种皮却很疏松，易失去水分。干燥时，如采用较高的温度和气流速度，种子内的水分蒸发得较慢，而种皮的水分蒸发得较快，使其水分脱节易造成种皮破裂，不易贮藏。而且影响种子的生命力，所以对这类种子干燥时，尽量采用低温进行慢速干燥。

（3）油菜籽等属于油质类种子，含有大量的脂肪，是不亲水性物质。这类种子的水分比上述两类种子容易散发，可用高温快速干燥。但油菜籽种皮疏松易破、热容量低，在高温的条件下易失去油分，这是干燥过程中必须考虑的。

除生理状态和化学成分外，种子籽粒大小不同，吸热量也不一致，大粒种子需热量多，小粒则少。

种子的干燥条件中，温度、相对湿度和气流速度之间存在着一定关系。温度越高，相对湿度越低，气流速度越高，则干燥效果越好；在相反的情况下，干燥效果就差。应当指出，种子干燥时，必须确保种子的生命力，否则即使种子能达到干燥，也失去了种子干燥的意义。

三、种子干燥的特性曲线

种子的干燥曲线是在不变的条件下（介质温度、相对湿度、种层厚度、介质穿过种层速度等），把种子的水分变化随着时间变化的关系用图线表示所得的曲线。

在干燥过程中，由于种子的水分不断变化并被干燥介质带走，因而种子在干燥过程中是有变化的。就其外部特征来看，种子的重量在改变。如果知道种子最初的温度和重量，并在各个不同时间测定其重量的变化，就可以依此求出任何一个干燥时间种子的湿度，把不同时间内的湿度用图线表示出来就得到了干燥曲线（图5-1）。

在干燥过程中，种子中的水分不断汽化，种子的重量相应减轻。研究干燥过程，就是研究不同条件下，种子重量随干燥时间而变化的过程。将一定干燥条件下，种子水分变化与时间的关系用图线表示出来，所得到曲线就称为该条件下的干燥特性曲线。

一般来说，种子水分在薄层干燥过程中的变化情况基本按图5-1所示的曲线进行。

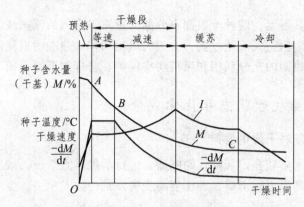

图 5-1　种子干燥特性曲线

注：图中 $\dfrac{-\mathrm{d}M}{\mathrm{d}t}$ 的负号表示种子含水量随时间的增加而减小

（一）干燥过程中的水分变化

由图 5-1 可以看出，干燥过程开始的最初阶段，种子水分降低是按直线（或近似直线）进行的，种子处于等速干燥阶段（$A \sim B$）。经过一段较短时间后，从 B 点开始，种子水分按曲线降低。种子水分降低的速度，随着干燥时间的延长而不断减慢，种子处于降速干燥阶段。到 C 点后，种子水分不再下降。

应该指出，种子一开始受热，温度呈线性上升，而种子的水分还没有下降或降低很少，这段短时间称为种子的预热阶段。

等速干燥阶段，种子表面水蒸气分压处于和种子温度相适应的饱和状态，所有传给种子的热量都用于水分的汽化，种子温度保持不变，甚至略有下降。

随着干燥过程的进行，种子水分不断下降。当种子水分下降到吸湿水分时，种子内外层水分出现差异，即种子表面水分低于其内部水分。若要继续干燥，则种子表面汽化的水分须依靠其内部水分向外部转移。这时种子表面温度高于内部温度，热量从种子籽粒的外部向其内部传导（消耗一定热量），从而阻碍内部水分向外部转移。这两种作用的总合，使种子的干燥速度降低，开始了种子干燥的降速阶段。随着干燥过程的继续，种子干燥的速度愈来愈慢。当干燥速度降到零时，达到在该干燥条件下种子的平衡水分，种子的温度可升至与热空气相近的温度。

所谓吸湿水分，就是指当种子周围空气的相对湿度达到 100% 时，种子从空气中吸附水蒸气所能达到的含湿量。通常把种子内部的水分如吸附水、微毛细管水等称为结合水分（这部分水分较难干燥），而把高于吸湿水分的那一部分水分称为自由水分。所以，吸湿水分是种子中结合水分与自由水分的分界点。

缓苏阶段，为停止供热使种子保湿（数小时）的过程，其主要作用是消除种子内、外部之间的热应力，减少"爆腰"损失。该阶段的干燥速度稍有降低。

冷却阶段，是对干燥后的种子进行通风冷却，使种子温度下降到常温或较低温度。该阶段的种子含水量基本上不再变化，干燥速度降到基本为零。

（二）干燥过程中的温度变化

就温度而言，由曲线分析可知，在预热阶段中，种子温度由于干燥介质的作用急剧上升，达到种子表面水分大量汽化的程度，随后进入等速干燥阶段，种子表面水分由于大量汽化，则有所下降。在降速干燥阶段，由于汽化逐渐减少，使消耗在水分汽化的热量减少，剩余的热量促进种子本身的温度升高，种子和介质的温差逐渐变小，直到干燥速度等于零。汽化停止时，种子的温度就接近干燥介质的温度。当种子温度与介质温度相等或接近时，种子干燥完毕。因此，温度控制器也是一种很好的含水量控制器。

假如用高温或者比较高的温度长时间干燥种子，种子内部水分向外移动的速度大大低于表面水分汽化的速度时，易引起表皮干裂，即一般所说的"爆腰"现象，所以必须掌握干燥的温度和时间，干燥温度一般在 38～43 ℃。

目前，避免产生表皮干裂的方法是：① 采用低温干燥；② 缓慢冷却加热后的种子；③ 每次降水幅度要有一定限度，并有缓苏期；④ 对热风干燥应设有恒温控制装置。

（三）干燥时间

干燥所用时间的长短，影响着干燥质量，与生产率也有关。但它的因素极为复杂，最好在实际工作中，在相近的条件下进行试验查定，一般来说水分在 25% 时，每小时降水不宜过快，实践经验证明，籽粒干燥降水以每小时 1%左右为宜，玉米、高粱果穗干燥降水以每小时 0.5% 左右为宜。

第四节　种子干燥方法

种子干燥方法可分为自然干燥、机械通风干燥、热空气干燥和干燥剂干燥等方法。

一、种子自然干燥

（一）种子自然干燥的概述

自然干燥就是利用日光、风等自然条件，或稍加一点人工条件，使种子的含水量降低，达到或接近种子安全贮藏的水分标准。

一般情况下，水稻、小麦、高粱、大豆等作物种子采取自然干燥可以达到安全水分。玉米种子完全依靠自然干燥往往达不到安全水分，可以用机械烘干作为补充措施。自然干燥可以降低能源消耗，防止种子未烘干前受冻而降低发芽率；可以加快种子降水速度，促进种子早日收贮入库；同时也会降低种子的加工成本。

（二）日光干燥的原理

这是目前我国普遍采用的节约能源、廉价安全的种子自然干燥的主要方法。其干燥原理是种子在日光下晾晒，种子内的水分向两个方向转移：一方面水分受热蒸发向上，散发于空气中；另一方面由于表层种子受热较多，温度较高，而底层则受热较少，温度较低，因而在种子层中产生了温度陡差。根据湿热扩散定律，水分在干燥物体中沿着热流的方向移动，因此在日晒干燥时，种子中的水分也由表层向底层移动，因而造成表层与底层种子含水量在同一时间内可差 3%~5%。为了防止上层干、底层湿的现象，在晾晒时种子摊的厚度不可过厚，一般可摊成 5~20 cm 厚。大粒种子可摊铺 15~20 cm；中粒种子可摊铺 10~15 cm 厚；小粒种子可摊铺 5~10 cm 厚。种子干燥降水速度与空气温度、空气相对湿度、种子形态结构和铺垫物有关。如果阳光充足，风力较大时还可以厚些。另外晒种子最好摊成波浪形，形成种子垄，这样晒种比平摊降水快，此外在晒种时应经常翻动，使上下层干燥均匀。

但应注意，在南方炎夏高温天气，中午或下午水泥晒场或柏油场地晒种时，因表面温度太高，易伤害种子。

（三）自然干燥的作用

在我国北方秋冬干燥季节，大气相对湿度很低，一般在 5% 以下。由于刚收获的种子水分在 25%~35% 以上，其平衡水分大大高于野外空气的相对湿度，种子水分就会不断向外扩散失水而达到干燥的目的。但这种干燥方法的干燥时间较长，受外界大气湿度、温度和风速等因素的影响，还应防止秋冬寒潮的冻害，因而这种自然干燥方法在南方潮湿地带就不能应用。

（四）自然干燥方法

自然干燥分脱粒前和脱粒后自然干燥，干燥方法也不相同。

1. 种子脱粒前的自然干燥

脱粒前的种子干燥可以在田间进行，也可在场院、晾晒棚、晒架、挂藏室等处进行，利用日光暴晒或自然风干等办法降低种子的含水量。田间晾晒的优点是场地宽广，处理得当会使穗或谷穗植株等充分受到日光和流动空气（风）的作用而降低水分。如玉米种子的果穗在收割前可采用"站秆扒皮"方法晾晒；高粱收割后可用刀削下穗头晒在高秆垛码上面；小麦、水稻可捆紧竖起，穗向上堆放晒干；大豆可在收割时放成小铺子晾晒。这些方法主要是利用成熟到收获这段较短的时间，使种子水分降低到一定程度。对一些暂时不能脱粒或数量较少又无人工干燥条件的种子，可采用搭晾晒棚、挂藏室、搭晾晒架等方法，将植株捆成捆挂起来，如玉米穗制成吊子挂起来。实践中总结出来的最好的自然降水法是高茬晾晒。

高茬晾晒即在收割玉米秸时留茬高 50 cm 左右，将需晾晒玉米果穗扒皮拴成挂，挂在玉米秸茬子上，每株玉米秸茬挂 6~10 个玉米果穗。

2. 种子脱粒后的自然干燥

即籽粒的自然晾晒。这种方法古老简单，日光中紫外线有杀菌作用，此外晾种还可以促进种子的成熟、提高发芽率。晾晒种子是在晴天有太阳光时将种子堆放在晒场（场院）上，晒场的条件包括四周通风情况，对晾晒种子降低水分的效果有很大影响。晒场常见的有土晒场和水泥晒场两种，水泥晒场由于场面较干燥和场面温度易于升高，晒种的速度快、容易清理，晾晒效果优于土晒场。但水泥晒场修建成本高，一般生产单位不宜修建，而在种子公司、科研单位或良种场，均应设立水泥晒场。水泥晒场面积可大可小，一般根据本单位晾晒种子数量大小而定，晒种子经验数值是 1 t/15 m²。水泥晒场一般可按一定距离（面积），中间修成鱼脊形，中间高两边低，晒场四周应设排水沟，以免积存雨水影响晒种。

二、种子机械通风干燥

1. 种子通风干燥的目的

对新收获的较高水分的种子，因遇到天气阴雨或没有热空气干燥机械时，可利用送风机将外界凉冷干燥空气吹入种子堆中，把种子堆间隙的水汽和呼吸热量带走，以达到不断吹走水汽和热量，避免热量积聚导致种子发热变质，而使种子变干和降温的目的。这是一种暂时防止潮湿种子发热变质，抑制微生物生长的干燥方法。

2. 种子通风干燥条件和限制

通风干燥是利用外界的空气作为干燥介质，因此，种子降水程度受外界空气相对湿度所影响。一般只要当外界相对湿度低于 70% 时，采用通风干燥是最为经济和有效的方法。但在南方潮湿地区或北方雨天，因为外界大气湿度不可能很低，因而不可能将种子水分降低到当时大气相对湿度的平衡水分。当种子的持水力与空气的吸水力达到平衡时，种子既不向空气中散发水分，也不从空气中吸收水分。假设种子水分是 17%，这时种子水分与相对湿度为 78%，温度为 4.5 ℃ 的空气相平衡。如果这时空气的相对湿度超过 78%，就不能进行干燥（表 5-2）。此外，达到平衡的相对湿度是随种子水分的减少而降低。因此，当种子水分是 15% 时，空气的相对湿度必须低于 68%，否则无法进行干燥。

表 5-2　不同水分的种子在不同温度下的平衡相对湿度（%）

种子水分/%		17	16	15	14	13	12
温度/℃	4.5	78	73	68	61	54	47
	15.5	83	79	74	68	61	53
	25	85	81	77	71	65	58

一般来说，平衡相对湿度是随着温度的上升而增高。因此，水分为 16% 的种子，不可能在相对湿度为 73%，温度为 4.5 ℃ 的空气中得到干燥。

从种子水分与空气相对湿度的平衡关系可以表明，自然风干燥必须辅之以人工加热的原因。所以，当采用自然风干燥，使种子水分下降到 15% 左右时，可以暂停鼓风，等空气相对湿度低于 70% 时再鼓风，使种子得到进一步干燥。70% 相对湿度是在自然风干燥的常用温度下，与水分为 15% 的种子达到平衡水分时的相对湿度。如果相对湿度超过 70% 时，开动鼓风不仅起不到干燥作用反而会使种子从空气中吸收水。所以，这种通风干燥方法只能用于刚采收的潮湿种子的暂时安全保存。

3. 种子通风干燥方法

这种干燥方法较为简便，只要有一个鼓风机就能进行通风干燥工作（图 5-2）。

据研究实际经验推荐，通风干燥时，可按种子水分的不同，分别采用表 5-3 的最低空气流速。

一般认为，空气流量大于 9 m³/min 时，只会增加电力消耗而不能增加种子干燥速度，因此是不经济的，因为种子层厚度对空气流量会有阻力。因此，通风干燥效果还与种子堆高的厚度和进入种子堆的风量有关。堆高厚度低，进风量大，干燥效果明显，种子干燥速度也快；反之则慢。在实践时可参考表 5-3。

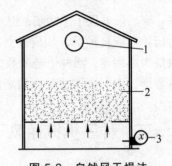

图 5-2　自然风干燥法
1—排风口；2—种子；3—鼓风机

表 5-3　各类种子常温通风干燥作业的推荐工作参数

推荐通风干燥工作参数		种子堆最大厚度/m	在上述厚度时所需的最低风量/m³·m⁻³·min⁻¹	机械常温通风将种子干燥至安全水分时空气的最大允许相对湿度/%	推荐通风干燥工作参数		种子堆最大厚度/m	在上述厚度时所需的最低风量/m³·m⁻³·min⁻¹	机械常温通风将种子干燥至安全水分时空气的最大允许相对湿度/%
稻谷干燥前水分	25%	1.2	3.24	60	高粱干燥前水分	25%	1.2	—	60
	20%	1.8	2.40			20%	1.2	3.24	
	18%	2.4	1.62			18%	1.8	2.40	
	16%	3.0	0.78			16%	2.4	1.62	
小麦干燥前水分	20%	1.2	2.40	60	大麦干燥前水分	20%	1.2	2.40	60
	18%	1.8	1.62			18%	1.8	1.62	
	16%	2.4	0.78			16%	2.4	0.78	

三、加热干燥法

这是一种利用加热空气作为干燥介质（干燥空气）直接通过种子层，使种子水分汽化，从而干燥种子的方法。在温暖潮湿的热带、亚热带地区，特别是大规模种子生产单位或长期贮藏的蔬菜种子，需利用加热干燥方法。

在加热干燥时对介质进行加温，以降低介质的相对湿度，提高介质的持水能力，并使介质作为载热体向种粒提供蒸发水分所需的热量。根据加温程度和作业快慢可分为：

1. 低温慢速干燥法

所用的气流温度一般仅高于大气温度 8 ℃ 以下，采用较低的气流流量，一般 1 m³ 种子可采用 6 m³/min 以下的气流量。这种方法干燥时间较长，多用于仓内干燥。

2. 高温快速干燥法

用较高的温度和较大的气流量对种子进行干燥。可分为加热气体对静止种子层干燥和对移动种子层干燥两种。

气流对静止种子层干燥，种子静止不动，加热气体通过静止的种子层以对流方式进行干燥，用这种方法加热气体温度不宜太高。根据干燥机类型、种子原始水分和不同干燥季节，温度一般可高于大气温度 11～25 ℃，但加热的气流最高温度不宜超过 43 ℃。属于这种型式的干燥设备有袋式干燥机、箱式干燥机及我们现在常用的热气流烘干室等。

气流对移动种子层干燥，在干燥过程中为了使种子能均匀受热，提高生产率和节约燃料，种子需要在干燥机中移动连续作业。潮湿种子不断加入干燥机，经干燥后又连续排出，所以这种方法又称为连续干燥。根据加热气流流动方向与种子移动方向配合，分顺流式干燥、对流式干燥和错流式干燥三种型式，属于这种型式的烘干设备有滚筒式干燥机、百叶窗式干燥机、风槽式干燥机、输送带式干燥机，这些干燥机气体温度较高。各种干燥设备结构不同，对温度要求也不一致，如风槽式干燥机在干燥含水量低于 20% 的种子时，一般加热气体的温度以 43～60 ℃ 为宜，这时种子出机温度在 38～40 ℃，如果种子含水量高，应采用多次干燥。

除此以外还有远红外、太阳能做热源的干燥方法。

四、干燥剂干燥法

（一）干燥剂干燥法的特点

这是一种将种子与干燥剂按一定比例封入密闭容器内，利用干燥剂的吸湿能力，不断吸收种子扩散出来的水分，使种子变干，直到达到平衡水分为止的干燥方法。其主要特点是：

1. 干燥安全

利用干燥剂干燥，只要干燥剂用量比例合理，完全可以人为控制种子干燥的水分程度，确保种子活力的安全。

2. 人为控制干燥水平

现已完全明白干燥剂的吸水量，可人为预定干燥后水分水平，然后按不同干燥剂的吸水能力，正确计算种子与干燥剂的比例，以便达到种子干燥水平。

3. 适用少量种子干燥

这种干燥法主要适用于少量种质资源和科学研究种子的保存。

（二）干燥剂的种类和性能

当前使用的干燥剂有氯化锂、变色硅胶、氯化钙、活性氧化铝、生石灰和五氧化二磷等。现就常用的几种干燥剂分述如下：

1. 氯化锂（LiCl）

中性盐类，固体。在冷水中溶解度大，可达 45% 的重量浓度。吸湿能力很强。化学性质稳定性好，一般不分解、不蒸发，可回收再生重复使用，对人体无毒害。

氯化锂一般用于大规模除湿机装置，将其微粒保持与气流充分接触来干燥空气，每小时可输送 17 000 m³ 以上的干燥空气。可使干燥室内相对湿度最低降到 30% 以下的平衡水分，能达到低温低湿干燥的要求。

2. 变色硅胶（$SiO_2 \cdot nH_2O$）

玻璃状半透明颗粒，无味、无臭、无害、无腐蚀性和不会燃烧。化学性质稳定，不溶解于水，直接接触水便成碎粒，不再吸湿。硅胶的吸湿能力随空气相对湿度而不同，最大吸湿量可达自身重量的 40%（表 5-4）。

表 5-4　不同相对湿度条件下硅胶的平衡水分

R·H/%	含水量/%	R·H/%	含水量/%
0	0.0	55	31.5
5	2.5	60	33.0
10	5.0	65	34.0
15	7.5	70	35.0
20	10.0	75	36.0
25	12.5	80	37.0
30	15.0	85	38.0
35	18.0	90	39.0
40	22.0	95	39.5
45	26.0	100	40.0
50	28.0		

硅胶吸湿后在 150～200 ℃ 条件下加热干燥，性能不变，仍可重复使用。但烘干温度超过 250 ℃ 时，硅胶破裂并粉碎，丧失吸湿能力。

一般的硅胶不能辨别其是否还有吸湿能力，使用不便。在普通硅胶内掺入氯化锂或氯化钴成为变色硅胶。干燥的变色硅胶呈深蓝色，逐渐吸湿而呈粉红色。当相对湿度达到 40%～50% 时就会变色。

3. 生石灰（CaO）

通常是固体，吸湿后分解成粉末状的氢氧化钙：$CaO + H_2O \Longrightarrow Ca(OH)_2$，失去吸湿作用。生石灰价廉，容易取材，吸湿能力较硅胶强。但是生石灰的吸湿能力因品质而不同，使用时需要注意。

4. 氯化钙（$CaCl_2$）

通常是白色片剂或粉末，吸湿后呈疏松多孔的块状或粉末。吸湿性能基本上与氧化钙相同或稍稍超过。

5. 五氧化二磷（P_2O_5）

是一种白色粉末，吸湿性能极强，很快潮解。有腐蚀作用。潮解的五氧化二磷通过干燥，蒸发其中的水分，仍可重复使用。

（三）干燥剂的用量和比例

干燥剂的用量因干燥剂种类、保存时间、密封时种子的水分而不同。

硅胶的使用量取决于种子的原始水分、数量和需干燥到某相对湿度时的种子平衡水分。例如，把水分为 13.5%，重量为 500 g 的小麦，干燥到 30% 相对湿度的平衡水分（8.5%），需放多少硅胶，可按下列方法计算。

小麦种子需要除去的水分

=（种子原始水分 − 30% 相对湿度的种子平衡水分）× 种子重量

=（13.5% − 8.5%）× 500

= 25（g）

需要硅胶量 = 需除去水分 ÷ 30% 相对湿度硅胶吸水量

= 25 ÷ 0.15

= 166.7（g）

所以 500 g 小麦种子内需放 170 g 硅胶。

小麦试验结果表明，生石灰、硅胶和氯化钙三种干燥剂的用量和吸湿能力到达一定程度时，即使加大用量和延长吸湿时间至 20 d，种子水分也几乎不再下降（表 5-5）。由此可见，如果按比例投放干燥剂时，种子数量一定，不必放入过多干燥剂，一般以种子与干燥剂 1∶2 为宜，以免造成浪费。在长期采用干燥剂贮藏过程中，种子水分随干燥贮藏时间延长而逐渐降低，但愈来愈缓慢。支巨振采用三种作物（水稻、大豆、大白菜）种子、四种干燥剂（五氧化二磷、氯化钙、氧化钙和硅胶）、四种比例（种子、干燥剂之比为 1∶5、1∶3、1∶1、1∶0.5）进行长期的吸湿贮藏试验，表明不同作物在不同情况下失水速率存在明显差异。其中小粒的大白菜种子失水最为快速（表 5-6）。

表 5-5 不同比例的干燥剂对小麦种子水分的影响

作物名称	干燥剂种类	干燥剂与种子之比	种子水分/%	干燥天数及种子水分				备注
				7 天	12 天	16 天	20 天	
小麦	生石灰	1∶0.5 1∶1 1∶2 1∶4	12.8	12.1 11.6 10.7 9.9	8.3 8.4 7.6 7.8	12.1 11.3 10.2 9.1	11.4 10.9 9.5 8.6	生石灰处理的种子干燥到第 16 天含水量回升
小麦	变色硅胶	1∶0.5 1∶1 1∶2 1∶4	12.8	9.1 − − 8.4	11.5 10.5 10.2 8.5	8.6 7.6 7.3 7.2	8.3 7.2 6.8 6.7	变色硅胶处理时，1∶0.5、1∶4 两个处理的种子干燥到第 12 天含水量回升
小麦	无水氯化钙	1∶0.5 1∶1 1∶2 1∶4	12.8	8.7 8.0 7.6 7.5	7.2 7.2 7.1 7.1	6.7 6.5 6.4 6.2	6.4 6.4 6.2 6.2	

引自：中国农科院作物品资所，1985，《作物品种资源研究方法》第 107 页。

表 5-6　水稻、大豆、大白菜种子在不同干燥剂干燥过程中水分的变化

（支巨振，1987）

干燥剂种类	种子、干燥剂之比	水稻（籼）干燥时间					大豆干燥时间					大白菜干燥时间					
		5天	20天	2个月	5个月	12个月	2天	4天	7天	2个月	12个月	3 h	14 h	2天	5天	15天	12个月
五氧化二磷	1：5	5.3	3.3	2.2	1.5	0.3	6.0	4.6	3.6	1.6	0.6	5.3	3.2	2.1	0.8	0.5	0
	1：3	6.0	3.5	2.3	1.6	0.3	6.1	4.7	3.6	1.6	0.5	5.4	3.3	2.2	0.9	0.5	0
	1：1	6.2	3.6	2.5	1.8	0.3	6.4	4.9	4.2	1.8	0.4	5.5	3.4	2.3	1.0	0.7	0
	1：0.5	6.7	3.7	2.6	1.8	0.4	6.6	5.9	4.3	1.8	0.4	5.8	3.6	2.5	1.3	0.8	0
氯化钙	1：5	5.6	3.4	2.4	1.8	0.6	6.3	4.7	3.7	1.9	0.6	5.6	3.7	2.5	2.0	1.0	0.4
	1：3	5.9	3.5	2.6	1.9	0.6	6.4	4.8	4.0	1.9	0.6	5.6	3.8	2.5	2.1	0.9	0.4
	1：1	6.8	4.1	3.2	2.8	1.3	6.7	5.2	4.4	2.4	1.1	5.7	3.9	2.7	2.2	1.3	0.5
	1：0.5	7.0	4.5	4.0	3.6	2.5	6.9	5.6	4.5	2.8	2.3	5.9	4.0	2.8	2.4	2.0	1.7
氧化钙	1：5	5.9	3.4	2.3	1.8	0.3	6.4	4.8	3.7	1.7	0.3	5.6	3.7	2.4	1.6	0	0
	1：3	5.9	3.5	2.3	1.7	0.5	6.4	4.8	3.7	1.8	0.4	5.7	3.7	2.5	1.7	0.9	0
	1：1	7.1	3.9	2.7	2.0	1.4	6.8	5.0	4.4	2.0	0.7	5.8	4.0	2.7	1.8	0.8	0
	1：0.5	7.6	4.7	5.0	4.6	2.8	7.0	6.2	5.6	4.2	4.1	6.0	4.1	3.0	2.4	2.1	0.4
变色硅胶	1：5	7.1	7.1	4.5	4.0	3.4	6.6	5.5	4.5	3.1	2.3	5.7	4.5	3.2	2.9	1.9	1.6
	1：3	7.0	7.0	4.8	5.0	4.2	6.7	5.6	4.6	3.6	3.5	5.8	4.6	3.3	3.0	2.0	2.7
	1：1	7.6	7.6	7.1	5.9	6.2	7.1	6.1	5.3	4.8	4.7	5.9	4.8	3.8	3.4	3.3	3.3
	1：0.5	8.5	8.5	8.2	8.1	8.0	7.4	7.2	6.9	6.5	6.5	6.2	5.0	4.2	4.1	3.9	4.3

五、冷冻干燥

冷冻干燥也称冰冻干燥（freeze-drying），这一方法是使种子在冰点以下的温度产生冻结的方法，也就是在这种状况下进行升华作用，以除去水分达到干燥的目的。

（一）冷冻干燥原理

水分的状态分固态、液态和气态三相，当在水的三相点以下的温度、压力范围内，冰与水汽能够保持平衡，而在这种条件下，对冰加热即可以直接升华为水蒸气；由于冰的温度能够保持在对应于外界压力下的一定温度，因而能顺次升华为水蒸气。通常在常温以下的温度状况内，均是对应于液态平衡的沸腾现象，则升华热可由水的本质内蒸发热、凝固热及温度变化时的对应热含量之和加以求出。在低温状况下除去种子水分时，种子的物理变化与化学变化是很小的，如再加水给种子冷冻，就可以立即复原。因此，利用冷冻干燥法可使种子保持良好的品质。

（二）冷冻干燥设备

冷冻干燥装置因干燥的规模和要求，有大型和小型之分，小型冷冻干燥装置由以下几部分构成。

1. 干燥室

为放置种子进行干燥的部分。其下部为加热器，基部有管道通向真空系统。

干燥室通常保持温度为 – 10 ～ – 30 ℃，压力为 133.3 Pa 左右。也可在加热器及干燥处之间设置冷冻装置。

2. 真空排气系统

由于冷冻干燥过程中，需保持系统中残留空气压在 133.3×10^{-2} Pa 左右，故必须有真空泵及排气管路设备。真空泵一般采用油封回转泵。

3. 低温集水密封装置

为了捕集冷冻干燥过程所发生的蒸气，需要设置密封的集水装置，一般情况下采用低温的集水密封装置，并需要有 – 40 ℃ 以下冷却能力的冷冻机。

4. 附属机器

在冷冻干燥装置的系统中还必须要有真空计、温度计、流量计等有关仪器。

Woodstock 在进行蔬菜种子洋葱、辣椒和欧芹等冷冻干燥时，采用了一种更为小型的冷冻干燥机，该机体积为 0.17 m^3，内有两个冷冻架，架上可放置数个盘子。冷冻架的温度可控制在 – 40 ～ 50 ℃，箱内压力可降至 133.3×10^{-6} Pa，温度可由安装在适当位置或伸入盘中种子堆的一系列热电偶来控制。

（三）冷冻干燥的方法

通常有两种方法，一种是常规冷冻干燥法，将种子放在涂有聚四氟乙烯的铝盒内，铝盒体积为 254 mm × 38 mm × 25 mm。然后将置有种子的铝盒放在预冷到 – 10 ～ – 20 ℃ 的冷冻架上。另一种是快速冷冻干燥法，首先要将种子放在液氮中冷冻，再放在盘中，置于 – 10 ～ – 20 ℃ 的架上，再将箱内压力降至 40 Pa 左右，然后将架子温度升高到 25 ～ 30 ℃，给种子微微加热，由于压力减小，种子内部的冰通过升华作用慢慢变少。升华作用是一个吸热过程，需要供给少许热量。如果箱内压力维持在冰的水蒸气压以下，则升华的水汽会结冰，并阻碍种子中冰的融解。随着种子中冰量减少，升华作用也减弱，种子堆的温度逐渐升高到和架子的温度相同。

（四）冷冻干燥的应用

冷冻干燥原理早在 19 世纪初期已经提出，但直到 20 世纪初才得以应用。在种子方面研究冷冻干燥保存较早的是 Woodstock。他在 1976 年报道了采用冷冻干燥改进种子耐藏性的研究，确定了洋葱、辣椒和欧芹种子冷冻干燥的适宜时间，洋葱和欧芹以 1 天为宜，辣椒则以 2 天为宜。试验表现出干燥损伤的水分因作物而不同，欧芹种子水分为 2.4% 时就表现出干燥损伤；而洋葱水分为 2.1%、辣椒水分为 1.3% 时，均未表现出干燥损伤。试验表明，冷冻干燥对种子贮藏在高温条件下有良好效果，并亦可在中温或低温条件下延长贮藏时间。

1983 年 Woodstock 等又报道应用冷冻干燥进行长期贮藏，表明冷冻干燥后其长期贮藏性明显增加，尤其对洋葱的干燥效果更好。经冷冻干燥的种子贮藏后，发芽率的下降并不太明显（表 5-7）。

表 5-7　冷冻干燥对洋葱、辣椒和欧芹种子长期贮藏性的作用

（种子在氟石干燥剂上于 40 ℃ 经 2 年，然后于环境温度下保存的时间）

（Woodstock，1983）

种子处理		种子水分/%			发芽率/%（±SD）				
		0 年	1 年	8 年	0 年	1 年	2 年	8 年	
								正常幼苗	不正常幼苗
洋葱	−	9.0	5.7	1.1	90±4	34±4	4±2[*]	0±0	9±6
	+	4.1	2.1	0.6	85±5	85±2	79±3	79±3	8±1
辣椒	−	7.4	−	−	88±1	0±0	0±0	0±0	0±0
	+	3.2	1.5	1.0	90±5	78±5	79±4	15±1	4±5
欧芹	−	9.9	5.1	1.9	76±8	64±8	53±1	0±0	0±0
	+	5.1	2.9	1.6	81±4	74±5	46±6	0±0	0±0

　　冷冻干燥这一方法，可以使种子不通过加热将自由水和多层束缚水选择性地除去，而留下单层束缚水；将种子水分降低到通常空气干燥方法不可能获得的水平以下，而使种子干燥损伤明显降低，增加了种子的耐藏性。因此，这种方法不仅适用于种质资源的保存，而且在当前已有大规模的冷冻设备用于食品冷冻干燥的情况下，也可应用这些设备进行大规模的种子干燥，这对蔬菜种子特别具有应用前景。

　　此外还有热能照射干燥法，这种干燥方法利用热能照射仪器将可见或不可见的辐射热能传送到潮湿种子上，种子吸收了辐射热能后，使种子水分汽化蒸发而变干燥，红外线和远红外线干燥均属此类。

第五节　种子加热干燥机械

　　常用农业种子加热干燥机械主要分为堆放式分批干燥设备和连续流动式干燥设备两大类型。

一、堆放分批式干燥设备

　　堆放分批式干燥的方法是使种子在静止状态下进行干燥，其设备结构比较简单，可采用砖木结构，因而具有建造容易、热效率高、干燥成本低、操作简单等优点。堆放分批式干燥设备的另一个特点是，玉米穗和粒状种子（如小麦、水稻和其他作物种子等）都能用同一设备进行干燥，所以比连续流动式干燥设备利用率高。常用的堆放式分批干燥设备有简易堆放式干燥设备、斜床堆放式干燥设备、多用途堆放式干燥设备等种类。这里选斜床堆放式干燥设备简介如下。

　　斜床堆放式干燥设备是目前国内普遍采用的一种，包括斜床堆放式干燥床、单侧斜床堆放式干燥室、双排列斜床堆放式干燥室等类型。

　　虽然各种类型斜床堆放式干燥设备的结构各有不同，但其干燥工艺大同小异，所以这里选斜床堆放式干燥床简介如下。

　　斜床堆放式干燥床具有设备投资少、结构简单、建造容易、安全可靠、操作方便、干燥成本低以及易于推广等特点。

（一）结 构

这种干燥床的结构主要由间接加热煤炉、连接风道、通风机、排潮风道、种床等组成，其结构如图 5-3 所示。

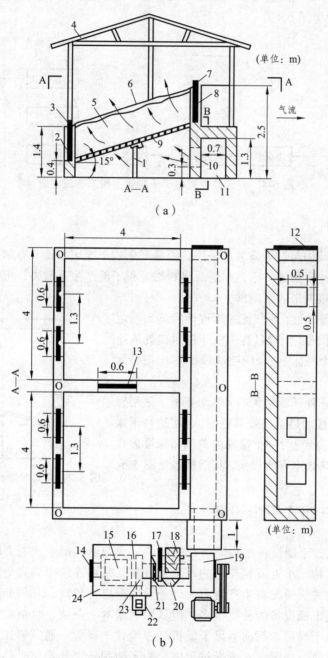

图 5-3 斜床堆放式种子干燥床结构示意图

1—支架；2—出料口；3—出料口挡板；4—棚盖；5—种层；6—床壁；7—进料口挡板；
8—进料口；9—种床；10—进风口；11—扩散风道；12—扩散风道进门；13—风门；
14—炉门；15—炉排；16—挡墙；17—热风门；18—冷风门；19—离心式通风机；
20—连接风道；21—滤尘网；22—烟囱；23—沉降室；24—炉体

（二）干燥工艺流程

斜床堆放式种子干燥床的干燥工艺流程比较简单，即由离心式通风机 19 将由燃煤炉加热的热空气和大量冷空气抽进连接风道 20，混合后吹入扩散风道 11，并均匀地通过整个种层 5，对种子进行干燥（图 5-4）。

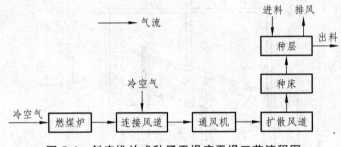

图 5-4 斜床堆放式种子干燥床干燥工艺流程图

（三）结构特点

这种干燥床的结构与近年来大量采用的简易平床式干燥床相比，有如下特点：

（1）种床为 21° 倾角的斜床，在进、出料时，种子能产生下滑力，可以自动出料，降低了进出料的劳动强度并节省了时间。

（2）增设了扩散风道，使气流速度逐渐降低到一定程度，从而避免了平床式干燥过程中由于进风口处风速过高，使气流在整个种床上分布不够均匀，易出现死角等现象。

（3）斜床堆放式种子干燥床的另一种形式，采用燃油加热器或燃煤间接加热空气效果更好，若将这种干燥床的床棚改成室体，就成为一个简易的单侧斜床堆放式种子干燥室，可使热效率有所提高，其结构参见图 5-5。

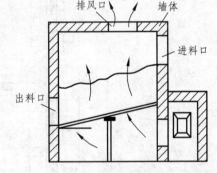

图 5-5 简易单侧斜床堆放式种子干燥室结构示意图

二、连续流动式干燥设备

虽然堆放分批式干燥设备结构简单、用途广、费用低，但生产能力较小，劳动强度比较大，因此对于水稻、小麦或脱粒后的高水分籽粒，采用连续流动式干燥设备进行干燥更为合适。连续流动式干燥设备生产能力大，干燥质量也比较高，并易与其他加工机械配套成线。连续流动式干燥设备的种类很多，但其原理基本上一致，目前常用的连续流动式干燥机有圆仓式循环干燥机、循向通风干燥机、连续式干燥机、通风带式干燥机等种类。这里选连续式干燥机简介如下。在干燥过程中，为了使种子能够均匀受热，提高生产率，种子在干燥机中必须流动，进行连续干燥。高水分的种子不断加入干燥机，经干燥后又连续排出。所以这种干燥方法又称为连续干燥。在连续干燥机中，加热气体的流动方向与种子移动方向的配合有多种形式，彼此以同方向运动的称之为顺流式，彼此以相反方向运动的称之为对流式，二者以互相垂直方向运动的称之为错流式。

（一）顺流式

种子进入干燥机后，就与加热气体接触，随着向出口移动过程中而被加热，含水量降低，而加热气体的温度下降，相对湿度增加。这种干燥方法的缺点是，潮湿的种子一开始就遇到温度较高的加热气体，由于温差大，种子表面的水分很快散发出去，使种子表层与内部水分脱节，会造成由于表层过分失水而干缩化，阻止加热气体对种子的加热作用，甚至使种皮爆裂，但这种方法热能损失小。

（二）对流式

种子进入干燥机后，温度逐渐升高，其温度达到最高时离开干燥机，这种方法从种子受热的角度看较为合理，但热能损失大。

（三）错流式

便于应用不同温度的气体，种子需要在干燥机中反复几次，方可均匀受热。目前所用的连续式干燥机中，多采用错流式。

连续式干燥机按其结构不同又可分为滚动式干燥机、百叶窗式干燥机、风槽式干燥机、塔式干燥机等种类。

塔式干燥机是连续流动式种子干燥机中最常见的一种，也是比较理想的一种，现以美国贝力科（BERICO）930型塔式干燥机为例作简单介绍。

1. 结构原理

贝力科型塔式干燥机（图5-6）主要由两个矩形断面的竖筒形干燥室、风机室以及提升机等组成。风机室内有冷、热两个通风机和一个燃油炉（也可采用燃煤热风炉），因此干燥室分为两段，上段为干燥段，下段为冷却段。在干燥时，种子由提升机不断地输送到干燥机的顶部，然后均分到两个竖筒形干燥室内，缓慢地通过干燥段和冷却段后由排料器排出。通风方式基本上和径向通风干燥仓类似，但冷风室和热风室之间是由可动隔板隔开的。

2. 结构特点

（1）外壳用镀锌板制成，以保持竖筒内的种子不受风雨侵蚀和减少热损失。在外壳的上部，三面都装有排气百叶窗，所以不管风雨从什么方向来，都不会影响正常干燥与废气的排出，因此这种干燥机不必装在室内。

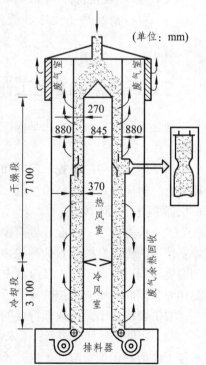

图5-6　贝力科930型塔式
干燥机断面示意图

（2）在干燥段的中部，有一个能使种子内部、外层互换的分流装置，从而使种子干燥后的水分比较均匀一致。

（3）由于连续流动式干燥设备大都采用高温快速的干燥工艺，因此干燥的种子温度也比较高，故在冷却时可将冷空气加热到一定程度。贝力科型塔式干燥机配有这种余热回收装置，因而热效率较高。

第六节　种子加热干燥操作技术

正确掌握种子加热干燥操作技术，是保证种子干燥质量、降低成本、提高生产率的关键，主要应掌握以下几点：

一、种子干燥时间

种子的干燥与外界气温、相对湿度有密切关系，气温高、相对湿度低，有利于种子干燥。根据实践证明，种子迅速干燥有以下几点好处：

（1）能充分发挥干燥设备效能。因为机械干燥开始得早、有效期长、干燥的数量多、降水速度快，增加了干燥量。

（2）可以节约燃料，降低成本，降低热耗。

（3）可以防止种子受冻、遭雨雪浸湿等危害，能提早入库，减少种子损失，保证发芽率。

二、干燥前的准备工作

做好干燥前的准备工作是保证完成干燥任务的重要环节，根据经验教训，干燥前要做好以下工作：

（1）做好设备的检查、保养和维修工作，对电机、风机轴承要注油，对床面等损坏部位要维修，封闭式烘干床要检查进、排气口封闭时是否封闭严密，损坏部位要及时修复，干燥前机器要进行试运转。

（2）检查测温、控温装置是否可靠、准确，尤其要经常检查测温触点的准确性，防止干燥室使用的测温自控装置的测温棒由于使用不当和质量不佳造成失灵。测定方法是把测温棒和温度计同时放入 50 ℃ 以内水中核查，如检查测温棒显示损坏，需送厂方修理。在检查测温棒时，同时要检查自控装置是否失灵。

（3）要清除干燥机地面等处的残存种子（指更换品种时），防止混杂。

（4）如果室外气温较低，玉米穗在干燥前最好先放到室内进行 2～3h 缓温，再加热烘干。未经干燥的种子堆放时间不准过长，防止发热变质。

（5）为使干燥床透气性能好、干燥均匀，装机前对种穗要注意挑选，严禁把包叶、花丝、散粒和其他杂质装入机内。

（6）如果烘粒，种子在干燥前最好要先进行清选去杂，然后装入干燥机中。因为小粒种子较大粒种子受热快，易造成小粒种子受热过度。

三、种子干燥的温度

热气流温度高低是直接影响种子干燥速度和质量的重要因素。干燥种子一定要严格控制好温度，在操作过程中要注意以下几点：

（1）根据干燥的作物不同确定热气流的温度。干燥玉米果穗 40～43 ℃，干燥玉米籽粒 38～43 ℃，干燥水稻 35～40 ℃，干燥大豆 20～25 ℃，干燥高粱 35～40 ℃。这是根据种子生理和化学特性确定的。

（2）热气流温度高低要根据被干燥作物的含水量来确定。含水量高则干燥的温度要低些，含水量低则干燥温度高些。尤其刚装入干燥机中的玉米穗含水量高，必须先用低温进行干燥，然后逐渐提高气流温度。首先以高于常温 5～10 ℃的气流干燥 2～3 h，然后再逐渐达到适宜温度进行干燥，特别是刚收获的种子含水量高，新陈代谢旺盛，应先较长时间低温进行干燥后，再高温进行干燥。如果直接高温干燥，种子容易丧失生命力。

（3）在整个干燥过程中要随时测定和掌握温度变化，不超过规定温度标准，特别是不能长时间超过规定温度，防止温度突然升高。

调节温度高低用开大或缩小冷、热风口的办法。温度低时要开大热风口，缩小冷风口；温度高时要开大冷风口，必要时再缩小热风口，直到适合为止。调整时要注意保证风机有足够的风量可吸。

（4）注意用测定气流通过种层前后的温度来确定种子的干燥程度。气流通过种层使种子受热，水分蒸发，热量消耗，气流温度降低，水分蒸发越多，气流温度下降越大，通过种层前、后气流温度也大。当种子接近安全水分时，温差缩小，一般当通过种层前、后气流温差在 5～7 ℃时，种子接近安全水分。

四、种子干燥需要的气流量

气流量是种子干燥的重要因素，种子干燥过程中，必须有足够数量的流动气流（介质）通过种层，把热量传给种子，带走种子蒸发出来的水分。如果通过种层气流量不足，不但影响种子的干燥速度，也影响种子的干燥质量。在选择风机和确定每床干燥批量时，都要考虑这个因素。

根据种子采取的干燥方式不同，需要的气流量也不一致。一般是低温需气流量小，温度越高，要求气流量越大。不加温干燥，每立方米种子需气流量为 0.4～2 m³/min（种子含水量越高，需要气流量越大）；采用辅助加温干燥种子时，每立方米种子需气流量一般为 1～6 m³/min。采用加温干燥种子时，气流量随着机型不同也有区别，一般干燥每立方米玉米果穗要求气流量为 8～15 m³/min，而袋式干燥机每立方米种子需气流量为 25～40 m³/min。

为了保证种子干燥有足够的气流量，操作上，在保证温度的同时，要尽量打开冷风口，不准长时间用关闭冷风口的办法提高气流速度，这样会造成种子干燥中气流量不足，降低种子发芽率。如果床内温度低，应该增加燃烧炉供应热量。

五、气流的相对湿度

气流的相对湿度是影响干燥质量和速度的又一个重要因素，相对湿度决定了种子干燥速度和降水量。我们要求相对湿度越低越好。相对湿度越低，气流的持水能力越强，种子的干燥速度越快。一般要求相对湿度不超过 60%，这是根据种子平衡水分确定的。

六、气流的变换方式

小型干燥床由于气流方向不能改变，出现底层和顶层、背风面和迎风面果穗降水速度不一致（据典型调查，底层和顶层种穗水分相差在 2%~3%），出现降水不均。为解决这个问题采取以下方法：

（1）干燥中途进行 1 次人工翻动。

（2）干燥进行中，每隔 1 h 左右人工搅拌 1 次，使果穗间空隙有所改变，气流通过方向有所变动，使降水均匀一致。

为解决降水不均匀的问题，采用封闭式双向烘干室。在干燥过程中，气流应先从种层下面向上吹，当下层种子将达到安全水时，再改变 1 次气流方向（即气流由种层上面向下循环），当上、中层种子也达到安全水分时干燥即可结束。整个干燥过程中只改变 1 次气流方向较为适合，多次改变气流方向，易造成种子中水分相互转移，干燥效果不好。

（3）采用连续多室的大、中型干燥室，如果几个室的种子含水量不同，由风机送来的热气流首先通过含水量低的种室，再通过含水量高的种室。这样既保证了干燥的速度，又做到热气流的两次利用或多次利用。如果热气流先通过含水量高的种室，再通过含水量低的种室，热气流通过含水量高的种室时相对湿度增加，会把水分传给含水量低的种子，有时水分反而会增加。

七、种子干燥层的厚度

种子干燥层的厚度应根据风机的风量和穿透能力来确定。干燥层过厚或过薄都会影响生产效率和干燥质量，一般干燥玉米穗高度不超过 3 m，玉米粒不超过 1.5 m，其他谷物种粒不超过 1 m。

如果使用小型干燥室干燥，玉米穗厚度一般为 70~110 cm，干燥籽粒（玉米、水稻）25~40 cm。中型干燥室和封闭式双向干燥室种子层厚度一般为：干燥玉米穗 170~200 cm；干燥玉米、水稻种粒 40~60 cm 为宜。同时干燥层厚薄要均匀、平整，中型干燥室干燥层厚度可超过 2 m。

八、水分和温度变化

干燥过程中，要准确而及时地掌握干燥全过程中任何阶段（即预热、等速、降速干燥阶段）水分、温度变化，准确控制温度，严格掌握水分变化。特别是进入降速干燥阶段，更要注意防止由于温度过高或干燥持续时间过长而引起表皮干裂现象，即"爆腰"，降低种子发芽率。

要求做到每隔 1 h 测 1 次热气流的温度，以利于调节。每隔 2 h 用水分速测仪测 1 次种子水分变化情况，并做好记录。

九、降水速率

根据各地典型调查资料显示，干燥玉米穗降水速率为每小时 0.3% ~ 0.45%，干燥水稻降水速率为每小时 0.5% ~ 0.8%。一般降水速率不宜过快，干燥玉米穗降水速率应在每小时 0.5% 左右，干燥籽粒降水每小时在 1% 左右。

对含水量超过 25% 的种子最好采取二级干燥，即先干燥到含水量 18% ~ 20%，脱粒后再进行籽粒干燥，直至达到安全水分为止。吉林省种子总站主持研究并已通过国际联机检查 DALOG 的"玉米穗粒两级干燥成套设备研究"项目确定，玉米脱粒时的含水量在 18.0% 时，种子的损伤减少到最低限度。

玉米穗与籽粒不宜混合干燥，这可防止玉米粒堵塞种穗空隙，阻碍热气流上升现象的发生。

当干燥的种子含水量达到 15% 时（指上层水分），应立即停止干燥进行脱粒。要做到随时干燥、随时脱粒，以免出现"回潮"现象。如果暂时不能出床脱粒，应缓慢冷却加热的种子，否则易出现：① 干燥时由于温度高的影响和空气中氧气的大量吸入，种子内部新陈代谢旺盛起来，堆积后引起呼吸作用，容易发生霉变、降低种子发芽率；② 能使病虫活动起来，所以要冷却。

种子干燥中发芽率降低应查找以下原因：

（1）干燥前存放的时间过长，发生捂堆、发热变质、受冻等造成发芽率降低；

（2）气流量不足，每立方米种子气流量小于 5 m³/min；

（3）空气的相对湿度高，超过 60%；

（4）气流的温度超过 43 ℃；

（5）种层铺得过厚；

（6）通过种子的气流量不均匀。

1. 种子干燥有何重要意义？

2. 种子干燥分为几个阶段？各阶段有哪些特点？

3. 种子干燥方法主要有哪几类？各有哪些特点？

4. 如何计算干燥剂使用量？

5. 简述贝力科（BERICO）930 型塔式干燥机干燥原理。

第六章 种子处理和包衣

第一节 种子处理和包衣的目的、意义

一、目的、意义

种子处理和包衣是指在种子收获后到播种前，采用各种方法进行的处理，包括杀菌消毒、温汤浸种、肥料浸、拌种、微量元素、低温层积、生长调节剂处理和包衣等强化方法。其主要目的有：

（1）防止种子携带和土壤中的病虫害，保护种子正常发芽和出苗生长。

（2）提高种子对不利土壤和气候条件的抗逆能力。如提高种子的抗旱、抗寒、抗潮湿等特性，增加成苗率。

（3）提高种子的耐藏性，防止种子劣变。

（4）改变种子大小和形状，便于机械播种。

（5）增强种子活力，促进全苗、壮苗，提高作物产量和改善产品质量。

由此可见，种子处理和包衣是种子加工工作的重要环节；也是提高种子质量和商品性，增加种子经济效益，防止种子劣变的重要措施。

二、种子处理方法分类

一般种子处理方法是以单一目的而进行种子处理的方法。虽然种子包衣也类似种子处理，但它以单一目的或多种目的设计种衣剂配方，并且其技术也较为复杂。为了便于介绍，这里将种子处理方法分为两类：普通种子处理和种子包衣处理。

第二节 普通种子处理

种子处理的方法很多，包括化学物质、生物因素及物理方法处理等。处理方法不同，其作用和效果也不相同。主要方法有以下几种：

一、晒　种

播前晒种，能促进种子的后熟，增加种子酶的活性，同时能降低水分、提高种子发芽势

和发芽率，还可以杀虫灭菌，减轻病虫害的发生。其方法是选择晴天晒种 2 ~ 3 天即可。晒种时注意不要在柏油路上翻晒，以免温度过高烫伤种子，降低发芽率。在水泥场上晒种时，为防止烫伤种子，注意种子不要摊得过薄，一般 5 ~ 10 cm 为宜，并要每隔 2 ~ 3 h 翻动 1 次。

二、温汤浸种

温汤浸种是根据种子的耐热能力常比病菌的耐热能力强的特点，用较高温度杀死种子表面和潜伏在种子内部的病菌，并兼有促进种子萌发的作用。进行温汤浸种，应根据各种作物种子的生理特点，严格掌握浸种温度和时间。具体方法如下：

1. 水　稻

先在冷水中浸种 24 h，然后在 40 ~ 45 ℃ 的温水中浸 5 min，再放入 54 ℃ 的温水中，保持水温 52 ℃ 左右，浸 10 min，捞出晾干播种，可有效地杀死稻瘟病、恶苗病、干尖线虫病等病菌。

2. 小麦、大麦

先用冷水浸种 5 ~ 6 h，然后放到 54 ~ 55 ℃ 的温水中不断搅动，经 10 min 后取出，用冷水淋洗晾干后即可播种，此法可杀死潜伏在种子内的散黑穗病菌。

另外，麦种也可用冷浸日晒的方法进行处理。方法是先将麦种在冷水中浸 5 h 左右，可在上午 6 时浸种到上午 11 时取出，将种子薄薄地摊在晒场上暴晒，每隔 30 min 翻动 1 次，下午 5 时收起来，若麦粒不充分干燥，可在第二天继续暴晒到充分干燥为止。这种方法能杀死种子内外的病菌，对防治散黑穗病等效果很好。

3. 棉　花

用 3 份开水，兑 1 份冷水混合，水温在 70 ℃ 左右，然后倒入棉花种子，边浸边搅，保持 55 ~ 60 ℃，浸 30 min 后，在 40 ℃ 以下继续浸 2 ~ 3 h，然后取出晾干播种。一般每 50 kg 水浸棉籽 17.5 kg 左右。该法具有杀菌催芽的作用，对防治棉花炭疽病等效果较好。

4. 玉　米

用 2 份开水兑 1 份冷水的温水（相当于 55 ℃ 左右）浸种 5 ~ 6 h，可杀死种子表面的病菌。

5. 甘　薯

在水缸内用 2 份开水，1 份冷水配成 55 ~ 60 ℃ 的温水，先把洗净的薯块装入筐里，再放缸内上下提动，使水温均匀，保持水温 51 ~ 54 ℃，浸 10 min 后取出即可播种。此方法可有效地减轻黑斑病和茎线虫病的危害。

6. 油　菜

用 50 ~ 54 ℃ 温水浸种 20 min，这对油菜霜霉病、白锈病等有一定的防治效果。但要严格掌握水温，低于 46 ℃ 就会失去杀菌作用，高于 60 ℃ 又会降低种子发芽率。

7. 蚕豆、豌豆

先将锅里的水烧开，将充分干燥的蚕豆、豌豆种子倒入竹筐内，再浸到开水里，用木棒不断搅拌，蚕豆浸种 30 s，豌豆浸种 25 s，时间一到立即提出，放在冷水中凉一下，再摊开晒干备用。该方法可杀死蚕豆象和豌豆象。

三、药剂处理

1. 药剂浸（拌）种

药剂浸（拌）种是指用药剂浸种或拌种来防治病虫。不同作物的种子上所带病菌不同，因此处理时应合理选用药物，并严格掌握药剂浓度和处理时间。其处理技术见表 6-1。

2. 棉籽的硫酸脱绒

棉籽硫酸脱绒有防治棉花苗期病害和黄萎、枯萎病的作用，又便于播种，这是目前防止棉花种子带菌的有效方法。同时，处理时由于用清水冲洗，还可将漂浮在水面的小籽、秕籽、破籽、嫩籽及其他杂质清除，达到选种的目的。方法是：

将已初步清选的种子放在缸或盆里，硫酸（要用密度在 1.8 左右的粗浓硫酸，密度在 1.6以下的稀硫酸不能用）盛入大砂锅加热至 110 ~ 120 ℃。每次每 10 kg 的棉籽，加硫酸 1 000 mL（折合成重量约为 1.75 kg）。脱绒时，把热硫酸缓慢倒在棉籽上，边倒边搅，使硫酸均匀地沾在棉籽表面。待棉籽变黑发亮时，取出少量棉籽样品，用清水冲洗，检查脱绒是否达到要求。如棉籽黑亮无毛，应立即把种子移至缸或盆中，用水冲洗两次，再移至铁筛中反复搓洗，直到清水不显黄色，然后捞出摊在晒场晾干备播。

因硫酸是一种强酸，具有强烈的腐蚀性，在操作时应特别注意不要溅到衣服和皮肤上，以防烧坏或烧伤。装盛硫酸的容器及搅拌工具，不能用铁或其他金属制品。

目前硫酸脱绒已机械化，主要是控制脱绒条件和烘干温度，以防伤害种子活力。

四、生长调节剂处理种子

一般通过休眠期的作物种子，在一定的水分、温度和空气条件下，就可以萌发。但由于种种因素的干扰，往往影响种子的发芽，而植物生长调节剂正是通过激发种子内部的酶活性和某些内源激素来抵御这种干扰，促进种子发芽、生根，达到苗齐、苗壮的目的。

1. 赤霉素处理

许多种子经处理后可提早萌发出苗，并有不同程度的增产效果。赤霉素处理种子的浓度一般为 10 ~ 250 mg/kg，时间以 12 ~ 24 h 为宜。如用 20 mg/kg 浓度的赤霉素溶液处理高粱、大豆、棉花、水稻种子能加速发芽，提高出苗率。不同药剂处理技术及注意事项如表6-1 所示。

表 6-1　药剂浸（拌）种的处理技术

药剂种类	处理种子	操作技术			防治对象	注意事项
		药液浓度	浸种时间	闷种时间		
石灰	水稻 大麦 小麦	1%	35 ℃浸1天 30 ℃浸1.5天 25 ℃浸2天 20 ℃浸3天 15 ℃浸4天	—	稻瘟病、稻胡麻斑病、稻恶苗病、大麦和小麦赤霉病、大麦条纹病、小麦散黑穗病	① 浸种时避免直接接触阳光；② 种子厚度不宜超过 66 cm；③ 水层要高出种 16～18 cm；浸种期间不换水，不能搅动，让水面上形成薄膜，使种子的病菌与氧气隔绝，进行无氧灭菌；④ 预先用硫酸铵浸选过的种子，不能再用石灰水浸种，以免降低发芽率
福尔马林	水稻	1:50 1:50	3 h —	— 3 h	稻瘟病、恶苗病	① 种子处理前用清水浸种 5～6 h，浸种处理后用清水冲洗；② 处理过的种子不可放在太阳光下暴晒；③ 处理后最好当天播种，最多不超过5天；④ 福尔马林有毒，工作时应注意安全，操作时要戴口罩和手套；⑤ 配置的福尔马林溶液应放于密闭的有色玻璃瓶内，不能放于金属容器内
	小麦	1:320 1:300	10 min —	— 2 h	腥黑穗病、秆黑粉病	
	玉米	1:350	15 min	—	黑穗病	
	谷子	1:300	2～3 h	—	谷类黑穗病	
	豆类	1:50	5～10 min	—	豆类真菌与细菌病害	
	马铃薯	1:240 1:120	48～50 ℃时 5 min	24 h —	疮痂病	
	棉籽	1:200	— 3 h	10 h —	角斑病	
	萝卜	1:50	5～10 min	—	蔬菜种子的真菌与细菌病害	
	芹菜	1:210	15 min	—		
	甜菜	1:100	5 min	—	褐斑病、蛇眼病	
	瓜类	1:100	5 min	—	瓜类炭疽病	

2. 生长素处理

常用的生长素有吲哚乙酸（IAA）、萘乙酸（NAA）、2，4-D，用 5～10 mg/kg 浓度浸种效果最好。如用生长促进剂"爱农"，在小麦、棉花等播前用 2 000 倍液浸种 12 h，晾干播种，可促进全苗。生长素"802"（肥料精），以 2 000～4 000 倍液浸小麦、棉花、玉米及瓜菜种子，均能促进种子萌发，增加发芽势。对蔬菜移栽定植、棉花补栽等秧苗根际处理，能有效提高成活率。

3. 矮壮素和胡敏酸钠处理

播前将浸泡过的小麦、大麦种子喷洒矮壮素后闷种 12 h 可提高产量。用胡敏酸钠溶液（1～10 mg/kg）浸种 13～14 h，能够加快萌发出苗，并提早成熟。

4. 三十烷醇处理

三十烷醇是一种新型的植物生长调节剂，用 0.01 ~ 0.1 mg/kg 的溶液浸种 12 ~ 24 h，能促使种子萌发，提高发芽势和发芽率。

五、肥料浸拌种

1. 菌肥处理

常用的有根瘤菌、固氮菌处理。利用人工对根瘤菌、固氮菌进行培养，制成粉剂拌种。如大豆，用根瘤菌粉剂拌种，能促进根瘤菌较快形成。其方法是：播前选用优良菌种，制成粉剂，倒在清洁的容器中，稀释成泥浆状，然后与种子均匀拌和，摊开晾干立即播种，避免阳光直射把根瘤菌杀死。同时也不要晾得太干燥，以免影响根瘤菌的生长繁殖。使用根瘤菌拌种的种子不能再用其他菌剂拌种。菌种用量一般为每 667 m² 用 30 ~ 40 亿单位。

2. 陈尿浸种

陈尿（经充分发酵后的人尿）浸种，在我国应用的历史悠久，增产效果显著。因人尿中含有较多的氮素和少量的磷、钾肥，以及微量元素、生长激素等。处理时应严格控制浸种时间，一般 2 ~ 4 h 为宜。

3. 肥料拌种

常用的肥料主要有硫酸铵、过磷酸钙、骨粉等。硫酸铵拌种可促进幼苗生长，增强抗寒能力。小麦在迟播、地瘦情况下，效果尤为显著。

六、微量元素处理

农作物正常生长发育需要多种微量元素。而在不同地区的不同土壤中，又常常是缺少这种或那种微量元素，利用微量元素浸种或拌种，不仅能补偿土壤养分的不平衡，而且使用方法简便、经济有效，因而日益受到人们的重视。目前世界农业中广泛施用的微肥是硼、铜、锌、锰、钼。

据研究，玉米种用 0.01% ~ 0.1% 的硫酸铜、硫酸锌、硫酸锰或硼酸溶液浸种 24 h 与蒸馏水浸种对照相比，发芽率明显提高。特别是在微量元素缺乏的土壤里，采用微肥处理种子，增产效果非常显著。如在缺锌土壤上每千克棉种拌硫酸锌 4 g，可使 667 m² 增产皮棉 8.75 kg；小麦用锌肥拌种，667 m² 增产小麦达 26.6 kg。豫北各县种子公司在玉米制种时用锌肥拌种，制种产量提高 8% 以上。在土壤普查的基础上，对缺微量元素土壤采用种子播前微肥处理，必将获得显著的增产效益。但微肥元素浓度的高低直接影响处理效果。不同种子对浸种时间长短要求不一。因而微肥处理时应事先做好预备试验，确定好最佳浓度和时间，否则起不到应有的效果。

七、物理因素处理

物理因素处理，简单易行。包括温度处理、电场处理、磁场处理、射线处理等。

1. 射线处理

主要指用 γ、β、α、X 射线等低剂量（100～1 000R）照射种子，有促进种子萌芽、生长旺盛、增加产量等作用；用 500～1 000R 的剂量照射种子，可使种子提早发芽和提早成熟。低功率激光照射种子，也有提高发芽率、促进幼苗生长、早熟、增产的作用。

2. 低频电流处理

这是将浸种水作为通电介质，处理后种被透水性和酶活性均增强，发芽出苗迅速，根系发达。高频电场处理可达到杀虫灭菌、促进发芽的目的，在许多作物上有明显的增产效果。高频电场处理需用 16～20 μHz 来处理种子几十秒。场强的大小和处理的时间长短因作物而有所差别。

3. 红外线处理

利用光波中波长 $7 700 \times 10^{-10}$ m 以上、肉眼不能见的光波，照射已萌动的种子 10～20 h，红外线能使种皮、果皮的通透性改善，因而能促使提早出苗，苗期生长健壮。

4. 紫外线

光波长 $4 000 \times 10^{-10}$ m 以下，肉眼不能见的光波，穿透力强，照射种子 2～10 min，能使酶活化，提高种子发芽率。

5. 磁场和磁化水处理

随着科学技术的发展，磁场与生物之间的关系越来越明显。用磁场来处理种子，已成为一项新的技术。在水稻、小麦、番茄、菜豆等种子上试验，处理后可大大提高发芽势和发芽率，并有刺激生根和提高根系活力的作用。分析表明，这与种子呼吸强度的提高有关。用磁化水浸种比清水浸种表现出明显的优势。

6. 低温层积

低温层积的做法是将种子放在湿润而通气良好的基质（通常用沙）里，保持低温（通常 3～50 ℃）一段时间。不同植物种子层积时间差异很大。如杏种子需 150 天，而苹果种子只需 60 天。低温处理可有效地打破植物种子的胚休眠。研究表明：种子在低温层积期间，胚轴的细胞数、胚轴干重及总长度等均有增加，同时胚的吸氧量也有增加。此外，脂肪酶、蛋白酶等的活性提高，种子中可溶性物质增多，这些都为种子萌发做好了物质及能量上的准备。

第三节　种子包衣处理

一、种子包衣技术的发展

1926 年，美国的 Thornton 和 Ganulee 首先提出种子包衣问题。20 世纪 30 年代，英国的 Germains 种子公司在禾谷类作物上首次成功地研制出种衣剂。1941 年，美国缅因州种子科技人员为了便于小粒蔬菜和花卉种子的机械播种，就利用包衣种子进行机械播种。20 世纪 60 年代，随着欧洲育苗业的兴起，种植者要求种子单粒化、高质量，这样便于控制株行距、播深，从而促进种衣剂的迅速商业化。1976 年，美国的 R. C. McGinnis 进行了小麦包衣种子田间试验，获得了抗潮、抗冷、抗病、出苗快、长势好的效果。到 20 世纪 80 年代，世界上发达国家种子包衣技术已基本成熟。种衣剂也发展为农药型、药肥型以及目前的生物型和特异型种衣剂，许多种子公司拥有保密的独特配方，包衣的种子有小麦、玉米、棉花等农作物种子和蔬菜、花卉等作物种子。

我国种子包衣技术研究起步较晚，1976 年，轻工业部甜菜糖业研究所对甜菜种子包衣进行了研究；1980 年，毛达如等人进行了夏玉米包裹肥衣试验，取得显著增产效果。1981 年，中国农科院土肥所研制成功适用于我国牧草种子飞播的种子包衣技术。中国农业大学 1980 年开始研制种衣剂，并已成功研制出应用于多种作物和不同地区的不同型号的种衣剂，1991 年获发明专利，开发了"北农"牌种衣剂。其后，全国许多省、市相继开发了种子包衣剂，如天津"芽"牌种衣剂、江苏"华衣"牌种衣剂和浙江省种子公司的"ZSB"生物型种衣剂等。近年来，我国种子包衣率明显提高。

但是由于农药型种衣剂会污染土壤和造成人畜中毒，德国已禁止使用克菌丹农药型包衣剂。美国在研究高效低毒型包衣剂、生物型包衣剂和多聚糖类种子包衣剂。波兰已研究成功植物型杀菌成分的天然无毒包衣剂。因此，开发天然无毒种子包衣剂是种子包衣技术的发展趋向。

二、种子包衣方法的分类

（一）种子包衣（Seed coating）

这是指利用黏着剂或成膜剂，将杀菌剂、杀虫剂、微肥、植物生长调节剂、着色剂或填充剂等非种子材料包裹在种子外面，以达到使种子成球形或基本保持原有形状，提高抗逆性、抗病性，加快发芽，促进成苗，增加产量，提高质量的一项种子新技术。

（二）种子包衣方法分类

目前种子包衣方法主要分为两类：

1. 种子丸化（Seed pelleting）

这是指利用黏着剂，将杀菌剂、杀虫剂、染料、填充剂等非种子物质黏着在种子外面。通常做成在大小和形状上没有明显差异的球形单粒种子单位。这种包衣方法主要适用小粒农作物、蔬菜等种子。如油菜、烟草、胡萝卜、葱类、白菜、甘蓝和甜菜等种子，以利于精量播种。因为这种包衣方法在包衣时，加入了填充剂（如滑石粉）等惰性材料，所以种子的体积和重量都有增加，千粒重也随着增加。种子丸化可以分为重型丸化、结壳包衣、速生丸化和扁平丸化四种类型。

2. 种子包膜（Seed encrusting）

这是指利用成膜剂，将杀菌剂、杀虫剂、微肥、染料等非种子物质包裹在种子外面，形成一层薄膜。经包膜后，基本上像原来种子形状的种子单位。但其大小和重量的变化范围，因种衣剂类型而有所变化。一般这种包衣方法适用大粒和中粒种子。如玉米、棉花、大豆、小麦等作物种子。

三、种衣剂的类型及其性能

种衣剂是一种用于种子包衣的新制剂。

主要由杀虫剂、杀菌剂、复合肥料、微量元素、植物生长调节剂、缓释剂和成膜剂或黏着剂等加工制成的药肥复合型的种子包衣新产品。种衣剂以种子为载体，借助于成膜剂或黏着剂黏附在种子上，很快固化为均匀的一层药膜，不易脱落。播种后种衣剂对种子形成一个保护屏障，吸水后膨胀，不会马上被溶解，随种子发芽、出苗成长，有效成分逐渐被植株根系吸收，传导到幼苗植株各部位，使幼苗植株对种子带菌、土壤带菌及地上、地下害虫起到防病治虫的作用，促进幼苗生长，增加作物产量。尤其在寒冷条件下播种，包衣能起到防止种子吸胀损伤的作用。

目前种衣剂按其组成成分和性能的不同，可分为农药型、复合型、生物型和特异型等类型。

1. 农药型

这种类型种衣剂应用的主要目的是防治种子和土壤病害。种衣剂中主要成分是农药。美国玉米种衣剂和我国"北农"牌等多种种衣剂均属于这种类型。大量应用这种种衣剂会污染土壤和造成人畜中毒，因此应尽可能选用高效低毒的农药加入种衣剂中。

2. 复合型

这种种衣剂是为防病、提高抗性和促进生长等多种目的而设计的复合配方类型。因此种衣剂中的化学成分由农药、微肥、植物生长调节剂或抗性物质等组成。目前许多种衣剂都属于这种类型。

3. 生物型

这是世界上新开发的种衣剂。根据生物菌类之间的拮抗原理，筛选有益的拮抗根菌，以抵抗有害病菌的繁殖、侵害而达到防病的目的。美国为防止农药污染土壤，开发了根菌类生物型包衣剂。如防治十字花科种子黑腐病、芹菜种传病害（Septoria apicola）、番茄及辣椒病害（Xanthomonas vesicatoria）等生物型包衣剂。如浙江省种子公司也开发了根菌类生物型包衣剂。从环保角度看，开发天然、无毒、不污染土壤的生物型包衣剂也是一个发展趋向。

4. 特异型

特异型种衣剂是根据不同作物和目的而专门设计的种衣剂类型。如 Sladdin 等人用过氧化钙包衣小麦种子，使播种在冷湿土壤中的小麦出苗率从 30%提高到 90%；江苏为水稻旱育秧而设计的高吸水种衣剂；中国科学院气象研究所研制的高吸水树脂抗旱种衣剂。此外，还有沈阳产的直播稻专用的种衣剂"稻农乐"；安徽开发的水稻浸种催芽型种衣剂等。

四、种衣剂配合成分和理化特性

（一）种衣剂配合成分

目前使用的种衣剂成分主要有以下两类：

1. 有效活性成分

该成分是对种子和作物生长发育起作用的主要成分。如杀菌剂主要用于杀死种子上的病菌和土壤病菌，保护幼苗健康生长。目前我国应用于种衣剂的农药有呋喃丹、甲胺磷、辛硫磷、多菌灵、五氯硝基苯、粉锈宁等。如微肥主要用于促进种子发芽和幼苗植株发育。像油菜缺硼容易造成花而不实，则油菜种子包衣可加硼。其他作物种子可针对性地加入锌、镁等微肥。如植物生长调节剂主要用于促进幼苗发根和生长。像加赤霉酸促进生长，加萘乙酸促进发根等。如用于潮湿寒冷土地播种时，种衣剂中加入萘乙烯（Styrene）可防止冰冻伤害。如种衣剂中加入半透性纤维素类可防止种子过快吸胀损伤。如靠近种子的内层加入活性炭、滑石粉和肥土粉，可防止农药和除草剂的伤害。如种衣剂中加入过氧化钙，种子吸水后放出氧气，促进幼苗发根和生长等。

2. 非活性成分

种衣剂除有效活性成分外，还需要有其他配用助剂，以保持种衣剂的理化特性。这些助剂包括包膜种子用的成膜剂、悬浮剂、抗冻剂、防腐剂、酸度调节剂、胶体保护剂、渗透剂、黏度稳定剂、扩散剂和警戒色染料等。丸化种子用黏着剂、填充剂和染料等化学药品。

种子丸化的黏着剂主要为高分子聚合物。如阿拉伯胶、淀粉、羧甲基纤维素、甲基纤维素、乙基纤维素、聚乙烯醋酸纤维（盐）、藻朊酸钠、聚偏二氯乙烯（PVDC）、聚乙烯氧化物（PEO）、聚乙烯醇（PVOH）等。填充剂的材料较多，有黏土、硅藻土、泥炭、云母、蛭石、珍珠岩、活性炭、磷矿粉等。在选用填充剂时应考虑取之方便，价格便宜，对种子无害。着色剂主要有胭脂红、柠檬黄、靛蓝，按不同比例配比，可得到多种颜色。一方面可作识别种子的标志；另一方面也可作为警戒色，防止鸟雀取食。

种子包膜用的成膜剂种类也较多。如用于大豆种子的成膜剂为己基纤维素（EC）、用于甜菜种子的成膜剂为聚吡咯烷酮等。种子包膜是将农药、微肥、激素等材料溶解和混入成膜剂而制成种衣剂，为乳糊状的剂型。

（二）种衣剂理化特性

优良包膜型种衣剂的理化特性应达到如下要求：

1. 合理的细度

细度是成膜性好坏的基础。种衣剂细度标准为 $2 \sim 4\ \mu m$。要求 $\leqslant 2\ \mu m$ 的粒子在 92% 以上，$\leqslant 4\ \mu m$ 的粒子在 95% 以上。

2. 适当的黏度

黏度是种衣剂黏着在种子上牢度的关键。不同种子的黏度不同，一般在 150 ~ 400 mPa.s（黏度单位）。小麦、大豆要求在 180 ~ 270 mPa.s，玉米要求在 50 ~ 250 mPa.s，棉花种子要求在 250 ~ 400 mPa.S。

3. 适宜的酸度

酸度决定了种子发芽和贮藏期的稳定性，要求种衣剂为微酸性至中性，一般 pH6.8 ~ 7.2 为宜。

4. 高纯度

纯度是指所用原料的纯度，要求有效成分含量要高。

5. 良好的成膜性

成膜性是种衣剂的又一关键物性，要求能迅速固化成膜，种子不粘连、不结块。

6. 种衣牢固度

种子包衣后，膜光滑，不易脱落。种衣剂中农药有效成分含量和包衣种子的药种比应符合产品标准规定。小麦≥99.81%，玉米（杂交种）≥99.65%，高粱（杂交种）≥99.80%，谷子≥99.81%，棉花≥99.65%。

7. 良好的缓解性

种衣剂能透气、透水，有再湿性，播种后吸水很快膨胀，但不立即溶于水，缓慢释放药效，药效一般维持 45 ~ 60 天。

8. 良好的贮藏稳定性

冬季不结冰，夏季有效成分不分解，一般可贮藏 2 年。

9. 对种子的高度安全性和对防治对象较高的生物活性

种子经包衣后的发芽率和出苗率应与未包衣的种子相同，对病虫害的防治效果应较高。

五、种子包衣技术对包衣机械的要求

种子包衣是以种子为载体，种衣剂为原料，包衣机为手段，集生物、化工、机械等技术于一体的综合技术。经过包衣的种子，能有效地防治农作物苗期的病虫害，促进幼苗生长、苗齐、苗壮，达到增产、增收的效果。

种子包衣作业是把种子放入包衣机内，通过机械的作用把种衣剂均匀地包裹在种子表面的过程。

种子包衣属于批量连续式生产，种子被一斗一斗定量地计量，同时药液也被一勺一勺定时地计量。计量后的种子和药液同时下落，下落的药液在雾化装置中被雾化后，喷洒在下落的种子上，使种子丸化或包膜，最后搅拌排出。

种子包衣时，对机具的要求有以下几点：

1. 保证密闭性

为了保证操作人员不受药害，包衣机械在作业时必须保证完全密闭，即拌粉剂药物时，药粉不能散扬到空气中，或抛洒在地面上；拌液剂药物时，药液不可随意滴落到容器外，以免污染作业环境。

2. 保证混拌包衣均匀

在机具性能上应能适用粉剂、液剂或粉剂、液剂同时使用，要保证种子和药剂能按比例进行混拌包衣，比例能根据需要调整，调整方法要简单易行。包衣时，要保证药液能均匀地吸附在种子表面或丸化。

3. 有较高的经济性

机具生产要效率高、造价低，构造要简单，与药物接触的零部件要采用防腐材料或采取防腐措施，以提高机具的使用寿命。

六、使用种衣剂包种子注意事项

1. 安全贮存种衣剂

种衣剂应装在容器内，贴上标签，存放在单一的库内或凉爽阴凉处。严禁和粮食、食品等存在一个地方；搬动时，严禁吸烟、吃东西、喝水；存放种衣剂的地方，必须加锁，有专人严加保管；存放种衣剂的地方严禁儿童或闲人进入玩耍、触摸；存放种衣剂的地方，要备有肥皂、碱性液体物质，以备发生意外时使用。

2. 安全处理种子

在使用种衣剂包衣处理种子时必须注意以下几点：

（1）种子部门严禁在无技术人员指导下，将种衣剂零售给农民自己使用。

（2）种子部门必须出售采用包衣机具包衣的种子。

（3）进行种子包衣的人员，严禁徒手接触种衣剂，或用手直接包衣，必须采用包衣机或其他器皿进行种子包衣。

（4）负责包衣处理种子的人员在包衣种子时必须使用防护措施，如穿工作服、戴口罩及乳胶手套，严防种衣剂接触皮肤，操作结束时立即脱去防护用具。

（5）工作中不准吸烟、喝水、吃东西，工作结束时用肥皂彻底清洗裸露的脸、手后再进食、喝水。

（6）包衣处理种子的地方严禁闲人、儿童进入玩耍。

（7）包衣后的种子要保管好，严防畜禽进入场地吃食包衣的种子。

（8）包衣后必须晾干，成膜后再播种，不能在地头边包衣边播种，以防药未固化成膜而脱落。

（9）使用种衣剂时，不能另外加水使用。

（10）播种时不需浸种。

3. 安全使用种衣剂

（1）种衣剂不能同敌稗等除草剂同时使用，如先使用种衣剂，需 30 天后才能再使用敌稗；如若先使用敌稗，需 3 天后才能播种包衣种子，否则容易发生药害或降低种衣剂的效果。

（2）种衣剂在水中会逐渐水解，水解速度随 pH 及温度升高而加快，所以不要和碱性农药、肥料同时使用，也不能在盐碱地较重的地方使用，否则容易分解失效。

（3）在搬运种子时，检查包装有无破损、漏洞，严防种衣剂处理的种子被儿童或禽畜误吃后中毒。

（4）使用包衣后的种子，播种人员要穿防护服、戴手套。

（5）播种时不能吃东西、喝水，徒手擦脸、眼，以防中毒，工作结束后用肥皂洗净手脸后再用食。

（6）装过包衣种子的口袋，严防误装粮食及其他食物、饲料。将袋深埋或烧掉以防中毒。

（7）盛过包衣种子的盆、篮子等，必须用清水洗净后，再做他用，严禁再盛食物。洗盆和篮子的水严禁倒在河流、水塘、井池边，可以将水倒在树根、田间，以防人或畜、禽、鱼中毒。

（8）出苗后，严禁用间下来的苗喂牲畜。

（9）凡含有呋喃丹成分的各型号种衣剂，严禁在瓜、果、蔬菜上使用，尤其叶菜类绝对禁用，因呋喃丹为内吸性毒药，残效期长，菜类生育期短，用后对人有害。

（10）用含有呋喃丹的种衣剂包衣水稻种子时，注意防止污染水系。

（11）严禁用喷雾器将含有呋喃丹的种衣剂用水稀释后向作物喷施，因呋喃丹的分子较轻，喷施污染空气，对人类造成危害。

（12）严防家禽家畜吃下误食种衣剂后的死虫、死鸟，发生二次中毒。

4. 中毒后的急救

（1）呋喃丹中毒症状。

出现头痛、精神衰弱、呕吐、瞳孔收缩、视觉模糊、肌肉震颤或发抖、四肢痉挛、流涎、出汗、拉肚等现象。

（2）急救。

误吃后不能催吐，应立即就医；触及眼睛时，须用清水冲洗 15 min 或滴入一滴阿托品；呋喃丹含胆碱酯酶的可逆抑制剂，不能用磷中毒一类的解毒药进行急救，先在皮下注射 2 mg 阿托品，直至出现阿托品反应症状（口干、瞳孔扩张）为止；弄到皮肤上，要立即用碱水冲洗。

第四节　种子包衣设备

一、种子包衣机械的性能和分类

1. 我国种子包衣机的发展

我国南京畜牧机械厂和农业部南京农业机械化研究所早在 1987 年就开始研制和仿制种

子包衣机。先后研制成功 5WH-450 型种子丸化机、5BY-500 型种子包衣机和 5ZY-1200B 型种子包衣机。至今我国还有石家庄市种子机械厂生产的"绿炬"牌种子包衣机和北京市丰田种子机械厂生产的种子包衣机等，已为我国种子包衣的应用提供了有关设备。

2. 美国种子包衣机性能

种子加工技术先进的国家，为了有效地进行种子包衣，设计有各种型号的种子包衣机。其包衣机的主要性能是能将经精选的种子进行均匀有效的包衣，并进行烘干和降温，使种子水分降低到安全水平，以使包衣过程不影响种子活力。

3. 种子包衣设备分类

根据种子包衣方法的不同，可将种子包衣设备分为种子丸化包衣机、种子包膜包衣机和多用途包衣机等。

二、包衣机的结构和工作原理

包衣机由药桶和供药系统、喂料斗和计量药箱、雾化装置、搅拌和传动部分、机架等组成。

（一）药桶和供药系统

（1）药桶是用来储存供作业时需要的药液，药桶上开有出药口、溢流口、排药口。出药口与药泵相连接；回流口把药泵输出的多余药液返回药桶；排药口在工作结束后，排出桶内剩余的药液；溢流口把从计量药箱返回的药液输入药桶。有的药桶还有搅拌装置，用来搅拌桶内的药液使其不产生沉淀。

（2）供药系统由药泵、输药管、给药阀门、回流阀门等部分组成。药液经药泵打出，给药阀门控制进入计量药箱的药量，多余的药液经回流阀门返回药桶。

因为种衣剂具有一定的腐蚀性，所以药桶、阀门、管道等凡与药液直接接触的部位均需采用耐腐蚀材料制造。

（二）喂料斗和计量药箱

（1）喂料斗由喂入手柄、喂料门、计量料斗、配重杆和可调节配重锤组成。

用喂入手柄可以调节喂料门的开度大小。计量料斗由两个完全一样的料斗组成，当种子流入一侧料斗时，另一侧的料斗是翻转的。在种子重量大于配重锤的重量时，料斗自动翻转倒出种子，另一侧料斗翻上来开始接料，每斗种子的重量是靠改变配重锤在配重杆上的高度来调节。

（2）计量药箱由箱体、接药盒、药勺支架、药勺等部分组成。

箱体上开有进药口、排药口各 1 个，溢流口 2 个。进药口与药泵相连接，排药口位于接药盒下端与雾化装置相连接，两个溢流口与药箱的溢流口相连接。

（3）药勺安装在支架上，靠支架的摆动完成药勺的加药动作。支架的摆动与计量料斗的翻转同步进行，这样可以保证稳定的药种比。

（4）作业时要求计量药箱内的药液量维持动态平衡，液面高度始终保持稳定不变。在药勺加药后，箱内减少的药液量要在一次加药开始以前得到迅速的补充，这就要求从药泵来的药液量足够大。要实现药量的动态平衡，溢流量要大，所以溢流口的截面积不能太小，这样才能保证包衣机的正常作业。如果溢流口截面积很小或都只有一个溢流口，溢流量不可能太大，因此药泵的给药量也不能太大。加药后药箱内减少的药量还没有得到补充，下一次加药就又开始了，其结果是药箱内药液量的动态平衡被打破，药液面越来越低，最终使药勺无药可加，以至包衣机无法正常工作。

（5）药勺的制造质量要求很高，每1副药勺中的2个药勺要求容积、形状、重量完全一致，两侧摆动的幅度也要一致，按照我国包衣机的行业标准的规定，药种比的调节范围是1：25～1：120，大致需要配3副药勺就可以满足要求。不允许少配药勺而靠调节两个药勺之间的距离，或任意旋转药勺角度的办法来改变加药量。

（三）雾化装置

（1）气体雾化式包衣机由空气压缩机、调压阀、压力表、喷嘴等部分组成。

空气压缩机、调压阀、压力表都是为了保证工作时有正常的空气流量和稳定的压力。喷嘴的中心是进药管，压缩空气在进药管四周，并在进药管端部的排药处排出。气体是通过几个有一定角度的排气道排出，排出来的空气形成旋转的高压气流，来冲击排出的药液使其雾化。

（2）甩盘雾化式包衣机结构简单，在雾化室内有一个高速旋转的甩盘，药液在甩盘上被撞击雾化。

（四）搅拌和传动装置

（1）螺旋搅拌式包衣机的搅拌杆安装在搅拌壳体内，种子从带有螺旋的一端上部喂入，进行搅拌包衣；另一端传动装置，将包好的种子从下部排料口排出。搅拌杆的转动速度是可调的，调节范围是 140～200 r/min。

（2）螺旋搅拌式包衣机的搅拌杆的传动装置，由电机和安装在电机轴上的无级变速器及安装在搅拌杆上的传动轮组成。调节电动机和传动轮之间的距离可以改变搅拌杆的转速。

（3）滚筒式包衣机的工作部件是一个圆筒，内部装有促进种子翻动的导板。导板的作用是把筒内的种子提升到一定高度，然后种子靠重力的作用翻落下来，完成搅拌作用。

（4）国外生产的滚筒式包衣机滚筒长度长，比同类的机型几乎要长1倍，内部的结构也不同。据了解主要有两种形式：一种筒体是波纹状；另一种在筒内沿长度方向，安有3条互成120°的挡条，挡条的截面积形状与机翼的截面积形状类似。这种结构的运动过程中，种子始终紧密地靠在一起不分离。

（5）国产滚筒式包衣机的滚筒转速是不可调的，而国外产品则可以调节。

三、包衣前准备

包衣作业开始前应做好机具的准备、药剂的准备和种子的准备。

1. 选择包衣机

根据种子种类和包衣方式，选择合适的包衣机。

2. 机具的准备

首先要检查包衣机的技术状态是否良好，如安装的是否稳固、水平，各紧固螺栓是否有松动，转动部分是否有卡阻，以及机具中是否有遗留工具或异物；然后应进行试运转，检查电机旋转方向是否正确，各转动部分旋转是否平稳；搬动配料斗轴使其摆动，观察供粉装置和供液装置能否正常工作。试运转时还应注意听，是否有异常声音。当发现各种问题时，应逐一认真解决，妥善处理，确认机具技术状态良好后即可投入作业。

3. 药剂的准备

首先应根据不同种子对种衣剂的不同要求，选择不同类型的种衣剂，还应根据加工种子的数量、配比，准备足够量的药物。

对于液剂药物的准备，主要是根据不同药物的不同要求配制好混合液。一般液剂药物的使用说明中都会详细指出药物和水的混合比例，应按说明书中的比例进行配制。混合时一定要搅动，使药液混合均匀。

对于药物的准备，如果只使用 1 种液剂药物，就只准备 1 种。如果同时需要 2 种就准备 2 种，但必须注意药剂的配比，不可用药过量。对于初次进行包衣的操作者来讲，最好能在有经验的农艺师、工程师指导下做好药物的准备工作。

4. 种子的准备

凡进行包衣的种子必须是经过精选加工后的种子，种子水分也在安全贮藏水分之内。对于种子加工线来讲，包衣作业是最后一项工序，包衣机械都置于加工线的最末端。

根据我国当前的生产习惯，包衣作业是在播种前进行，即加工后的种子先贮藏过冬，到来年春天播种时再包衣。在包衣前对种子进行一次检查，确认种子的净度、发芽率、含水率都合乎要求时，方可进行包衣作业。但包衣棉花种子必须用先经脱绒和粗选的光籽，其残绒量不得大于 0.2%，表面残酸量不得大于 0.15%。

5. 发芽试验

任何作物种子在采用种衣剂机械包衣处理前，都必须做发芽试验，只有发芽率较高的种子才能进行种衣剂包衣处理。经过种衣剂包衣处理的每批种子，也都要做发芽试验，以检验包衣处理后种子的发芽率。按 GB4404 至 GB4409 规定，小麦发芽率 ≥83%，玉米（杂交种）≥85%，高粱 ≥79%，谷子 ≥79%，棉花 ≥72%。对包衣后的种子可以采取以下方法做发芽试验：

（1）湿沙平皿法。

用筛过的细面沙，加入沙子重量 17% 的水，拌匀装入直径 15 cm 的大培养皿中，厚度为培养皿深的一半，压平，留发芽用。插入一定数量种子后，放到规定温度培养箱内，测其发芽势和发芽率。

（2）大沙盘法。

所用沙与湿砂平皿法相同，加水抚平播种后，加盖放入规定温室内，测其发芽势和发芽率。

四、种子包衣设备

目前种子包衣机主要分为种子丸化包衣机、种子包膜包衣机和多用途种子包衣机等。现将代表类型的包衣机简介如下。

（一）5ZY-1200B 型种子（丸化）包衣机（图 6-1）

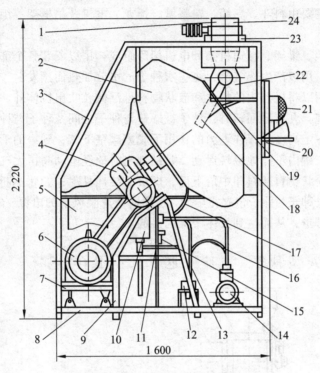

图 6-1　5ZY-1200B 种子包衣机结构

1—料斗；2—丸衣罐；3—梁架；4—圆弧齿圆柱蜗杆减速机；5—搅拌桶；6—电磁调速电动机；
7—电机架；8—底架；9—减速机架；10—贮液桶；11—电磁换向阀；12—贮液池；
13—回流管；14—电动高压无气喷液泵；15—电磁放水阀；16—输液管；
17—进、出液高压管；18—输料管；19—喷头；20—观察罩；
21—陶瓷凉暖风扇；22—粉料输送装置；
23—极顶通风器；24—排尘管

1. 适用范围

这种型号种子包衣机主要适用于蔬菜、油菜、甜菜和牧草等种子的丸化包衣。

2. 机械结构

其主要机械结构由料斗、丸化罐、拌搅桶、贮液桶、贮液池、回流管、输液管、输料管、喷头、陶瓷凉暖风扇、粉料输送装置、吸顶通风器等部分构成（图 6-1）。

3. 主要结构及工作原理

本机主要由包衣机、液状物料输送系统、粉料输送装置、机架、陶瓷凉暖风扇、吸顶通风器和电器设备组成。

包衣机由三角胶带传动装置、丸衣罐、圆弧圆齿蜗杆减速机和电磁调速电动机等组成，用以制作丸粒化种子。

液状物料输送系统主要由隔膜式电动高压无气喷枪、电磁换向阀、电磁放水阀、搅拌桶、贮液桶、高压管、贮液池及球阀等组成。用以将黏结剂等 3 种液状物料剂在喷射过程中剧烈膨胀形成雾状。

粉料输送装置主要由料斗、料箱、输料管、搅龙、电机及吊框架等组成。用以输送粉状物料。

机架主要由底架、梁架、减速机架和电机架等组成，用以安装各个部件和零件。

陶瓷凉暖风扇，用以产生热气流，将包衣种子的水分加热而蒸发。

吸顶通风器，用以将机器内的粉尘和液状物料悬浮微粒吹出机体外。

本机的工作原理：丸衣罐回转时，种子被罐壁与种子之间及种子与种子之间的摩擦力带动，随罐回转，到一定高度后，在重力的作用下脱离罐壁下落，到罐的下部时又被带动，这样周而复始地在丸衣罐内不停地翻转运动。黏结剂定时地经电动高压无气喷枪呈雾状均匀喷射到种子表面，当粉状物料从料斗中落下后，即被黏结剂黏附，如此不断反复，使种子逐渐被物料所包裹成包衣种子。种子包衣完毕后，接通陶瓷凉暖风扇的电源，向包衣种子吹热风，将包衣种子的水分带走，从而达到大体干燥的目的。

（二）5BY-5A 型种子（包膜）包衣机（图 6-2）

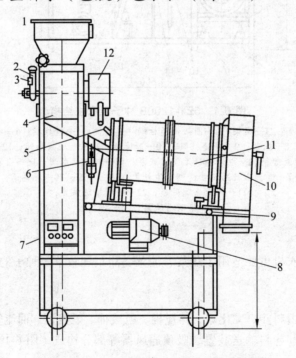

图 6-2　5BY-5A 型种子包衣机结构示意图

1—喂料斗；2—计量摆杆；3—配重块；4—配料箱；5—喷头；6—调压阀组合；
7—配电箱；8—减速机；9—倾角调节手轮；10—排料箱；
11—滚筒；12—药液箱

1. 用　途

该种子包衣机适用各类种子包衣工作。

2. 机械结构

该机由机架、喂入配料装置、喷涂滚筒机构、排料装袋机构、供气系统、电气系统、供液系统等部分构成（如图 6-2）。

3. 工作原理和工艺流程

种子在翻滚搅拌过程中，一方面由入口端向较低的出口端运动；另一方面在抄板和导向板的作用下，随滚筒上下运动，形成了"种子雨"。与此同时种衣剂也经计量后流入喷头，随气流雾化，和"种子雨"形成一定夹角，反复喷涂各粒种子表面，形成薄膜，实现包衣，也可实现种子染色、包肥等多种功能。

5BY-5A 型种子包衣机工艺流程如图 6-3。

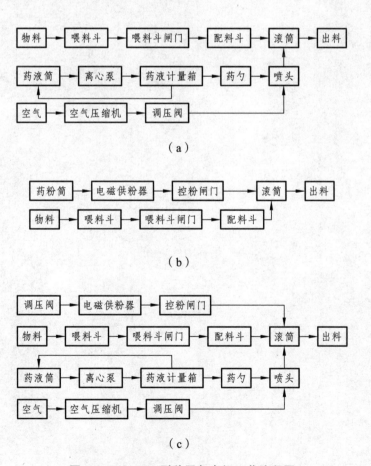

图 6-3　5BY-5A 型种子包衣机工艺流程图

思考题

1. 种子处理的方法有哪些？各有什么作用？
2. 种子包衣与丸化有什么作用？
3. 种衣剂有哪些类型？
4. 简述 5ZY-1200B 种子包衣机工作原理。

第七章　种子包装

第一节　种子包装的作用和要求

一、种子包装的作用

经清选、干燥和精选等加工的种子，加以合理包装，可防止种子混杂、病虫害感染、吸湿回潮、种子劣变，以提高种子商品特性，保持种子旺盛活力，保证安全贮藏运输以及便于销售等。

二、做好种子包装工作的要求

（1）防湿包装的种子必须达到包装所要求的种子含水量和净度等标准，确保种子在包装容器内，在贮藏和运输过程中不变质，保持原有质量和活力。

（2）包装容器必须防湿、清洁、无毒、不易破裂、重量轻等。种子是一个活的生物有机体，如不防湿包装，在高温条件下种子会吸湿回潮；有毒气体会伤害种子，而导致种子丧失生活力。

（3）按不同要求确定包装数量。应按不同种类、苗床或大田播种量、不同生产面积等因素，确定适合包装数量，以利于使用或销售方便。

（4）保存期限。保存时间长，则要求包装种子水分更低，包装材料好。

（5）包装种子贮藏条件。在低湿干燥气候地区，则要求包装条件较低；而在潮湿温暖地区，则要求包装严格。

（6）包装容器外面应加印或粘贴标签纸。写明作物和品种名称、采种年月、种子质量指标资料和高产栽培技术要点等，最好再绘上醒目的作物或种子图案，引起农民的兴趣，以利于良种能得到充分利用和销售。

第二节　包装材料的种类、特性及选择

一、包装材料的种类和性质

目前应用比较普遍的包装材料主要有麻袋、多层纸袋、铁皮罐、聚乙烯铝箔复合袋及聚乙烯袋等。

麻袋强度好，透湿容易，防湿、防虫和防鼠性能差。

金属罐强度高，透湿率为零，防湿、防光、防水、防有害烟气、防虫、防鼠性能好，并适于高速自动包装和封口，是最适合的种子包装容器。

聚乙烯铝箔复合袋强度适当，透湿率极低，也是最适的防湿袋材料（表7-1）。该复合袋由数层组成。因为铝箔有微小孔隙，最内及最外层为聚乙烯薄膜则有充分的防湿效果。一般认为，用这种袋装种子，1年内种子含水量不会发生变化。

表7-1　铝箔厚度和透湿率
（引自日本工业规格 21500—1960）

种　类	铝箔厚度/mm	透湿率 /$g \cdot m^{-2} \cdot 24 h^{-1}$
1	0.007 ~ 0.008	< 7
2	0.008 ~ 0.010	< 5
3	0.010 ~ 0.015	< 2.5
4	0.015 ~ 0.020	< 1.5
5	0.020 ~ 0.025 及以上	0

聚乙烯和聚氯乙烯等为多孔型塑料，不能完全防湿。用这种材料所制成的袋和容器，密封在里面的干燥种子会慢慢地吸湿，因此其厚度在 0.1 mm 以上是必要的。但这种防湿包装只有 1 年左右的有效期。

聚乙烯薄膜是用途最广的热塑性薄膜。通常可分为低密度型（ 0.914 ~ 0.925 g/cm^3 ）、中密度型（ 0.93 ~ 0.94 g/cm^3 ）、高密度型（ 0.95 ~ 0.96 g/cm^3 ）。这三种聚乙烯薄膜均为微孔材料，对水汽和其他气体的通透性因密度不同而差异。经试验，在 37.8 ℃ 和 100% 相对湿度下，6.45 $\times 10^{-2}$ m^2 的薄膜，在 24 h 内可透过水汽：低密度薄膜为 1.4 g，中密度薄膜为 0.7 g，高密度薄膜为 0.3 g。

铝箔（其厚度小于 3.81×10^{-5} m ）虽有许多微孔，但水汽透过率仍很低，仅为 0.19 g，0.89×10^{-5} m 铝箔透水汽率为 0.29 g，1.27×10^{-5} m 铝箔透水汽率为 0.12 g；更厚的铝箔几乎不能透过水汽。

如果铝箔同聚乙烯薄膜复合制品，则其防湿和防破强度更好，可满意地适用于种子包装。常见的如 ① 铝箔、玻璃纸、铝箔、热封漆；② 铝箔、纱纸、聚乙烯薄膜；③ 牛皮纸、聚乙烯薄膜、铝箔、聚乙烯薄膜。

纸袋多用漂白亚硫酸盐纸或牛皮纸制作，其表面覆上一层洁白陶土以便印刷。许多纸质种子袋系多层结构，由几层光滑纸或皱纹纸制成。多层纸袋因用途不同而有不同结构。普通多层纸袋的抗破力差，防湿、防虫、防鼠性能差，在非常干燥时会干化，易破损，不能保护种子生活力。

纸板盒和纸板罐（筒）也广泛用于种子包装。多层牛皮纸能保护种子的大多数物理品质，并对自动包装和封口设备很适合。

不同包装材料对种子的影响不同。现将有关资料摘引于表7-2。

表 7-2　各种包装袋所保存种子的含水量和发芽率

（宫城，1963）

袋的种类	调查年月	洋葱		胡萝卜		莴苣		甘蓝		黄瓜		番茄	
		含水量/%	发芽率/%	含水量/%	发芽率/%	含水量/%	发芽率/%	含水量/%	发芽率/%	含水量/%	发芽率/%	含水量/%	发芽率/%
实验开始	1960.12	5.9	97	5.4	78	4.4	96	4.3	92	4.4	86	5.3	97
纸袋	1961.9 1962.10	11.3 —	83 0	10.4 —	45 0	9.7 —	58 1	9.8 —	76 2	9.4 	84 58	12 —	91 71
聚乙烯袋（低密度，0.1 mm）	1961.9 1962.10	10.1 11.8	93 51	9.5 10.4	74 24	7.8 8.4	85 52	8.4 10.1	89 77	7.5 8.3	89 75	9.7 9.7	93 83
聚乙烯袋（高密度，0.09 mm）	1961.9 1962.10	8.9 10.4	94 93	8.7 10.0	78 50	7.1 8.0	90 72	7.6 9.8	89 80	6.8 7.7	93 88	9.0 9.6	96 84
优质纸+铝箔（7×10^{-6} m）+聚乙烯（20×10^{-6} m）复合袋	1961.9 1962.10	5.7 5.7	96 98	3 5.5	78 76	4.2 4.3	94 90	4.3 4.3	92 91	— —		5.5 —	95 —
玻璃纸*300+聚乙烯（13×10^{-6} m）+铝箔（15×10^{-6} m）+聚乙烯（30×10^{-6} m）复合袋	1961.9 1962.10	5.7 5.7	96 96	5.4 5.4	80 78	4.3 4.3	92 92	4.3 4.3	91 93	4.4 4.3	90 93	5.5 5.2	97 98

注：1960 年 12 月试验开始封入，1961 年 9 月和 1962 年 10 月开封测定，室温保存，袋的表面积为 120 cm² 的 1 袋种子。

二、包装材料和容器的选择

包装容器要按种子种类、种子特性、种子水分、保存期限、贮藏条件、种子用途和运输距离及地区等因素来选择。

多孔纸袋或针织袋一般用于通气性好的种子种类（如豆类），或数量大，贮存在干燥、低温场所，保存期限短的批发种子的包装。

小纸袋、聚乙烯袋、铝箔复合袋、铁皮罐等通常用于零售种子的包装。

钢皮罐、铝盒、塑料瓶、玻璃瓶和聚乙烯铝箔复合袋等容器可用于价高或少量种子长期保存或品种资源保存的包装。

在高温高湿的热带和亚热带地区的种子包装应尽量选择严密防湿的包装容器，并且将种子干燥到安全包装保存的水分，封入防湿容器以防种子生活力的丧失。

第三节　防湿容器包装的种子安全含水量

根据安全包装和贮藏原理，当种子含水量降到与 25% 相对湿度平衡的含水量时，种子寿命可延长，有利于保持种子旺盛的活力。但这种含水量因种子种类不同而有差异（表 7-3，

7-4)。如果不能达到干燥程度，则会加速种子的劣变、死亡。高水分种子在这种密闭容器里，由于呼吸作用很快耗尽氧气而累积二氧化碳气体，最终导致无氧呼吸而中毒死亡。所以防湿密封包装的种子必须干燥到安全包装的含水量，才能达到保持种子原有活力的效果。

表 7-3　在不同温度下饱和水蒸气密度

（引自岩波理化辞典）

温度/℃	密度/$g \cdot L^{-1}$	温度/℃	密度/$g \cdot L^{-1}$
0	0.004 88	80	0.293 3
10	0.009 44	90	0.423 5
20	0.017 34	100	0.598
30	0.030 41	110	0.827
40	0.051 18	120	1.123
50	0.083 0	150	2.550
60	0.130 1	200	7.870
70	0.198 0		

表 7-4　封入密闭容器的种子上限含水量

种类	含水量/%	种类	含水量/%	种类	含水量/%	种类	含水量/%
农作物和牧草种子		蔬菜种子		球茎甘蓝	5.0	西瓜	6.5
大豆	8.0	四季豆	7.0	韭葱	6.5	其他全部	6.0
甜玉米	8.0	菜豆	7.0	莴苣	5.5	花卉种子	
大麦	10.0	甜菜	7.5	甜瓜	6.0	霍利蓟	6.7
玉米	10.0	硬叶甘蓝	5.0	芥菜	5.0	庭芥	6.3
燕麦	8.0	抱子甘蓝	5.0	洋葱	6.5	金鱼草	5.9
黑麦	8.0	胡萝卜	7.0	葱	6.5	紫苑	6.5
小麦	8.0	花椰菜	5.0	皱叶欧芹	6.5	雏菊	7.0
糖甜菜	7.5	块根芹	7.0	欧洲防风	6.5	风铃草	6.3
甘薯	6.0	甜芹	7.0	豌豆	7.0	羽扇豆	8.0
三叶草	8.0	莙荙菜	8.0	辣椒	4.5	勿忘草	7.1
剪股颖	9.0	甘蓝	5.0	西葫芦	6.0	龙面花	5.7
早熟禾	9.0	白菜	5.0	萝卜	5.0	钓钟柳	6.5
羊茅	9.0	细香葱	6.5	芜青甘蓝	5.0	矮牵牛	6.2
梯牧草	9.0	甜玉米	8.0	菠菜	8.0	福禄考	7.8
六月禾	6.0	黄瓜	6.0	南瓜	6.0		
紫羊茅	8.0	茄子	6.0	番茄	5.5		
黑麦草	8.0	羽衣甘蓝	5.0	芜青	5.0		

第四节　包装标签

种子法要求在种子包装容器上必须附有标签。标签上的内容主要包括种子公司名称、种子名称、种子净度、发芽率、异作物和杂草种子含量、种子处理方法和种子净重或粒数等项目。我国种子工程和种子产业化要求挂牌包装，以加强种子质量管理。

种子标签可挂在麻袋上，或贴在金属容器、纸板箱的外面，也可直接印制在塑料袋、铝箔复合袋及金属容器上，图文醒目，以吸引顾客选购。

一、标注内容

1. 标注的基本内容

作物种子标签应当标注作物种类、种子类别、品种名称、产地、种子经营许可证编号、质量指标、检疫证明编号、净含量、生产年月、生产商名称、生产商地址以及联系方式等。

作物种类应该明确至植物分类学的种；种子类别按常规种和杂交种标注，类别为常规种的，可以不具体标注；同时标注种子世代类别，按育种家种子、原种、杂交亲本种子、大田用种标注，类别为大田用种的，可以不具体标注。品种名称应当符合《中华人民共和国植物新品种保护条例》及其实施细则的有关规定，属于授权品种或审定通过的品种，应当使用批准的名称。

种子产地是指种子繁育所在地，按照行政区划最大标注至省级。进口种子的产地按《中华人民共和国海关关于进口货物原产地的暂行规定》标注。

质量指标是指生产商承诺的质量指标，按品种纯度、净度、发芽率、水分指标标注。国家标准或者行业标准对某些作物种子质量有其他指标要求的，应当加注。

检疫证明编号标注产地检疫合格证编号或者植物检疫证书编号。进口种子检疫证明编号标注引进种子、苗木检疫审批单的编号。

生产年月是指种子收获的时间。年、月的表示方法采用下列的示例：2003 年 7 月标注为 2003-07。

净含量是指种子的实际重量或数量，以千克（kg）、克（g）、粒或株表示。

生产商是指最初的商品种子供货商。进口商是指直接从境外购买种子的单位。

生产商地址按种子经营许可证注明的地址标注，联系方式为电话号码或传真号码。

2. 加注的内容

如出现下列情况之一，应当分别加注：

（1）主要农作物种子应当加注种子生产许可证编号和品种审定编号。

（2）两种以上的混合种子应当标注"混合种子"字样，标明各类种子的名称及比率；混合种子是指不同作物种类的种子混合物或者同一作物不同品种的种子混合物或者同一品种不同生产方式、不同加工处理方式的种子混合物。

（3）药剂处理的种子应当标明药剂名称、有效成分及含量、注意事项，并根据药剂毒性附骷髅或十字骨的警示标志，标注红色"有毒"字样。

（4）转基因种子应当标注"转基因"字样、农业转移基因生物安全证书编号和安全控制措施。

（5）进口种子的标签应当加注进口商名称、种子进口贸易许可证书编号和进口种子审批文号。

（6）分装种子应注明分装单位和分装日期。

（7）种子中含有杂草种子，应加注有害杂草的种类和比率。

二、标签的制作、使用和管理

标签标注内容应当使用规范的中文，印刷清晰，字体高度不得小于 1.8 mm，警示标志应当醒目。可以同时使用汉语拼音和其他文字，字体应小于相应的中文。

标签标注内容可直接印制在包装物表面，也可制成印刷品固定在包装物外或放在包装物内。作物种类、品种名称、生产商、质量指标、净含量、生产年月、警示标志和"转基因"标注内容必须直接印制在包装物表面或者制成印刷品固定在包装物外。

可以不经加工包装进行销售的种子，标签应当制成印刷品，在销售种子时提供给种子使用者。

印刷品的制作材料应当有足够的强度，长和宽不应小于 12 cm×8 cm。可根据种子类别使用不同的颜色，育种家种子使用白色并有紫色单对角条纹，原种使用蓝色，亲本种子使用红色，大田用种使用白色或蓝色、红色以外的单一颜色。

种子标签由种子经营者根据《农作物种子标签管理办法》印制。认证种子的标签由种子认证机构印制，认证标签没有标注的内容，由种子经营者另行印制标签标注。

包装种子使用种子标签的包装物的规格，为不再分割的最小包装物。

另外，《中华人民共和国种子法》第三十二条要求种子经营者向种子使用者提供种子的简要性状、主要栽培措施、使用条件的说明，可以印制在标签上，也可以另行印制材料。

第五节　包装机械和包装方法

一、种子包装数量

目前种子包装主要有按种子重量包装和种子粒数包装两种。一般农作物和牧草种子采用重量包装。其每个包装重量，按农业生产规模、播种面积和用种量进行包装。我国根据农户生产规模较小，全国地区差异大，作物种类的差异大，杂交水稻有每袋 3～5 kg，玉米有每袋 5～10 kg，蔬菜有每袋 4 g、8 g、20 g、100 g、200 g 等不同的包装。目前随着种子质量的提高和精量播种的需要，对比较昂贵的蔬菜和花卉种子有采用粒数包装，每袋 100 粒、200 粒等包装。因此为适应种子定量和定数包装，种子包装机械也有相应的两种类型。

二、种子包装工艺流程和机械

（一）种子包装工艺流程

种子包装主要包括以下程序：

种子从散装仓库输送到加料箱→称量或计数→装袋（或容器）→封口（或缝口）→贴（或

挂）标签。

　　先进国家和我国的一些地区，种子包装已基本上实现自动化或半自动化操作。种子从散装仓库，通过重力或空气提升器、皮带输送机、升降机等机械运动被送到加料箱中，然后进入称量设备。当达到预定的重量或体积时，即自动切断种子流，接着种子进入包装机，打开包装容器口，种子流入包装容器，最后种子袋（或容器）经缝口机缝口（或封口），贴标签（或预先印上），即完成了种子包装操作。

（二）种子定量包装机

　　以 5ZJ-100 型电子自动计量缝包装置为例。

1. 用　途

　　5ZJ-100 型电子自动计量缝包装置是一套精度较高的计量缝包装置，主要用于玉米、小麦、水稻、大豆等种子的自动计量缝包。

2. 结构及原理

　　该装置由计量头、料料、台秤、支架、限位开关及控制盒等部分组成（图 7-1）。计量头可直接接在料仓上，计量头下面的支架上放有台秤及料斗，限制并关调试后装在秤的固定臂上，不应随意拆装。

　　计量头为控制种子称重时间及重量的执行部件，被称的种子通过计量头进入台秤料斗，当种子达到所需要的重量时，限制开关发出信号，这时计量间滑块做第一次动作。当大量种子进入时，仍有少量种子慢慢流入料斗，直到被称种子达到要求重量，限制开关再次发出信号，计量头滑块做第二次动作，种子下落全部停止，计量工作结束。

3. 工作原理和工艺流程

　　5ZJ-100 型电子自动计量缝包装置可准确地称量玉米、小麦、水稻、大豆等各类作物种子，其主要工艺流程如下（图 7-2）：

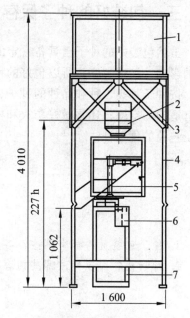

图 7-1　5ZJ-100 型电子自动
计量缝包装置示意图

1—料仓；2—计量头；3—料斗；4—控制盒；
5—台秤；6—控制箱；7—支架

图 7-2　5ZJ-100 型电子计量缝包装置工艺流程

　　（1）工艺流程的确定。工艺流程决定了种子计量的准确性及适用范围，该装置采用目前国内、外最先进的电子磁力控制装置及计量台秤、缝包机，适合目前种子加工生产的需要。

　　（2）机型的选配与设计具有独到之处，采用两级自然选落分段计量，并可自动控制大、小流量与计量台秤，缝包机匹配，工作可靠，性能稳定，操作方便。

（3）整个装置布局紧凑、合理，解决了种子在计量中易破碎的问题，保证了种子质量。

（4）设备的平面布置。5ZJ-100型电子自动计量缝包装置分为电子自动计量、装袋、缝袋及电器控制，最大高度为4.01 m，缝袋高度为1.45 m，总投影面积为3.55 m²。

瑞士还生产有先进的定量小包装机械。只要将种子放入漏斗，经定量秤称重，流入小包装袋，自动封口，自动移到收集道口，由工人装入定制的纸箱，效率很高。

（三）种子定数包装机

先进的种子定数包装机，只要将精选种子放入漏斗，经定数的光电计数器，流入包装袋，自动封口，自动移到出口道，由工人装入定制的纸箱，就已完成，效率很高。

三、包装好的种子保存

虽然包装好的种子已具备一定的防湿、防虫或防鼠等特性，但仍然会受到高温和潮湿环境的影响，加速劣变。所以包好的种子仍须存放在防湿、防虫、防鼠、干燥低温的仓库或场所，按种子种类、种和品种的种子袋分开堆垛。为了便于进行适当通风，种子袋堆垛之间应留有适当的空间；还须做好防火和检查等管理工作，确保已包装的种子安全保存，真正发挥种子包装的优越性。

思考题

1. 种子包装材料都有哪些？各有何特点？

2. 种子标签都应标注哪些内容？

第八章　种子加工工艺

第一节　种子加工工序

一、种子加工工序的分类

种子加工工序的选择取决于种子的种类、掺杂物的性质和类别，以及最终要求达到的种子质量指标。

不同种类种子的形态特征、化学性质、物理特性等各不相同，因此，对加工设备的性能与加工工艺的要求也不同。种子加工工序按选择要求可分为3类：基本工序、特殊工序和辅助工序。其中基本工序包括：预清选、干燥、清选、长度分选、比重分选、分级、种子包衣及称重包装；特殊工序包括：种子脱粒，大、小麦的除芒，棉花种子脱绒等；辅助工序包括：除尘、输送、贮存等。随着种子加工技术的不断发展，种子加工的每一个工序都对应着相应的加工设备，每一种设备都有自己的工作原理。

二、种子加工基本工序

（一）预清选

对于任何一种种子来说，预清选都是种子加工的第一道工序，主要用在种子干燥或清选前，目的是除去种子中含有的特大杂物（如秸秆、玉米芯、石块等），为进一步干燥或清选打下基础。预清选根据种子物理特性（悬浮特性与外形尺寸）的差异，在一台机器上完成种子的风选与筛选；其原理与风筛清选机相同，但筛面倾角较大，生产率较高，结构比较简单。预清选后种子质量得到一定程度的提高。鉴于目前对粮食作物种子预清选后的质量要求不高，国内的许多加工成套设备并没有配备相应的预清选设备。但是，从提高生产线的自动化程度、生产效率以及烘干种子时节约能耗的角度来看，配备预清选设备是必要的。

1. 工艺配置

要求预清选设备前、后应该配备容量较大的暂储仓，其作用主要是为了均衡生产和保证种子的连续均匀喂入与排放。以水稻种子加工为例，种子收获后直接进入进料暂储仓，经输送机、预清机、提升机的工序后进入暂储仓，供后续设备连续作业，这样的预清选工序使用的人力成本最少、效率最高。

2. 除尘要求

除尘是种子加工设备中非常重要的环节。除尘不仅可以完成种子风选作业，而且可以将种子中含有的灰尘、颖壳等杂质通过除尘器进行净化，将洁净的空气排入大气中。在种子加工成套设备中，不论采用中央除尘系统还是单独的除尘系统，都要求除尘系统具有足够的风量与风压，能够除去种子中大部分粉尘和颖壳等轻杂物，保障加工场所空气的清洁，保护操作人员的身体健康。同时，还应排除发生粉尘爆炸的隐患，这一点，在种子精选时也同样适用。

3. 筛片要求

在种子预清选过程中，要求最大规格的筛孔尺寸（直径或宽度）应比精选时选用的筛孔尺寸大 0.5 ~ 1.0 mm，而最小规格的筛孔尺寸应小于精选时选用的筛孔尺寸，这样才能最大限度地提高种子的获选率。

（二）干 燥

种子干燥的目的是为了减少种子内部水分，降低种子新陈代谢机能，提高种子储藏性能，保存种子生命活力。种子干燥有很多方法，采用人工自然晾晒是最简单的方法，也是效率最低的方法；采用机械式烘干机干燥不仅可以实现机械化、自动化作业，而且操作简单省力，生产效率高。由于种子是有生命的载体，对温度的变化特别敏感，要求在干燥过程中必须采用低温干燥，精确控温，使种子受热均匀、安全高效、节能和环保。在种子加工厂中主要采用自然风干燥或热空气强制干燥的方法。

1. 干燥方式选择

在种子加工厂中，主要采用批量式和连续式 2 种干燥方式。根据种子物料特性的不同进行选择，如高水分稻谷、蔬菜种子多采用批量式干燥，玉米、小麦种子多采用连续式干燥。

2. 烘干机干燥温度选择

干燥温度过高不仅会大大降低种子发芽率，还会使种子本身产生应力裂纹，增加种子的爆腰率和破碎率。研究表明，在种子干燥时，热风温度应选在 40 ~ 60 ℃，种子的初始水分越高，选择的热风温度应越低，如玉米种子含水量为 25% 时，在热风温度为 55 ℃ 时可以安全干燥。最大允许降水速率为 0.8% ~ 1.2%，禾谷类种子为 0.5% ~ 0.80%。

3. 种子品质要求

经干燥的种子，其发芽率和发芽势不得降低；破损率增值≤0.3%；干燥不均匀度≤1%（降水 5% 以内时）；种子外观色泽不变。

4. 安全与环保

直接加热时应确保火花不进入干燥机内；采用以燃油为燃料的热风干燥时，在控制系统中应安装熄火自动切断装置；操作人员环境噪声≤85 dB（声压级）。

（三）清 选

清选是所有种子加工的核心工序。利用种子在气流中临界速度的不同进行风选，并按种子宽度或厚度尺寸进行筛选，进一步淘汰种子中的轻杂质、大粒及瘦小粒种子，有效地提高种子净度和千粒重，从而提高种子的整体素质和发芽能力。种子风筛清选机是种子加工生产线中重要的设备之一，该机具有前、后吸风选系统，以提高机器风选质量；筛分部分分为单筛箱与自平衡结构的双筛箱，加工能力的高低主要体现在同一规格的筛片面积大小。为了控制机器结构尺寸，目前，加工能力较大的风筛清选机，主要采用多层相同规格筛片并联的方式。

（四）长度分选

种子经过筛选后，仅仅完成了种子按宽度或厚度的分选，却没有完成种子的长度分选，种子中含有的比种子籽粒长或短的杂质或断粒并没有清除掉，种子质量还存在一定的问题。例如春小麦中的燕麦，小麦中的破碎粒、草籽、土粒，水稻中的大米粒等。这时，需要采用窝眼筒对清选后的种子进行长度分选，弥补平面筛片清选过程中在长度尺寸上清选的缺陷，有效地提高种子质量。在种子加工设备中，利用窝眼本身直径的大小，可以去除长杂和短杂。因此，窝眼筒清选机是种子加工中重要的主机之一，同时长度分选也是最重要、应用最广泛的加工工序。

在种子加工过程中，用窝眼筒清选机除短杂与除长杂的工序分别称之为正分选和逆分选。

因此，在具体的加工过程中，应当根据种子本身的具体情况将正分选和逆分选进行结合，同时清除种子中的短杂和长杂，以便提高种子加工质量。

（五）重力（比重）分选

重力式清选机的工作原理是利用种子在振动与气流作用下产生偏析，物料颗粒形成有序的层化现象来进行清选与重力分级的，是按照种子比重进行分选的另一种重要的设备。重力式清选机工作过程中，台面振动频率及倾角可调，并带有频率显示器和角度指示器。当种子中含有轻杂质、霉烂变质种子、杂草种子和重杂时，通过重力分选能有效地将种子与杂质分离，迅速有效地清除杂质，改善种子品质。根据台面的形状不同可分为三角台面和矩形台面。一般来说，三角台面上分离重杂的效果较好，如淘汰蔬菜种子中的泥土或石子颗粒；矩形台面上分离轻杂的效果较好，如淘汰谷物种子中的虫蛀粒或发芽、霉变籽粒。

对于重力清选机来说，无论是三角形台面还是矩形台面，都要求振动平稳，穿过台面的风量从进料端至排料端按照一定的规律分布，这样物料才能有效地布满整个台面。

（六）种子分级

根据种子商品化及播种的要求，种子分级机主要用于对精选后的种子按照籽粒的大小（宽度或厚度）进行分级；种子分级机分为圆筒分级筛和平面分级筛 2 种。目前，常用的分级机一般是整筒式圆筒筛，筛孔为长孔筛或凹窝圆孔筛。种子按长度分级时，采用窝眼筒分级机。目前国内种子分级主要是玉米种子分级，一般说来，玉米种子分为三级或四级。

（七）种子包衣

种子包衣技术是近年在拌药技术基础上发展起来的一项新技术，该技术与种子拌药的最大区别是，种子包衣剂中不仅含有杀虫剂、杀菌剂及其他微量元素，而且还含有一定数量的成膜剂，使包敷在种子表面的药剂迅速固化；种子包衣能按作物品种和种衣剂类型规定的药剂与种子配比要求，实现药剂与种子的精确计量、均匀混合，使药剂均匀涂覆在种子表面，种子外观质量较好，从而达到增加种子商品性的目的。目前，国内包衣主要用在大田作物种子上。常用的包衣机施药雾化方式主要是通过高压气流雾化或高速转盘雾化，以便将药剂均匀喷洒在种子表面；搅拌方式有滚筒式、螺旋搅拌式和毛刷搅拌式，以便使药剂在种子表面快速固化。

种子包衣是实现种子质量标准化的重要措施。该工序要求不同作物和不同防治对象应选用不同剂型的种衣剂，并在包衣过程中使种衣剂在种子表面上分布均匀；根据种衣剂的配比要求，严格控制药种比例，这是提高种子包衣质量、降低生产成本中至关重要的环节。种衣剂在种子表面分布得是否均匀，由设备自身的性能（药剂雾化方式与搅拌方式）所决定。但值得注意的是，包衣后的种子经过提升机提升后，由于机械作用和种子间的相互摩擦，会造成种子表面部分种衣剂的脱落。

对于采用高压空气进行种衣剂雾化的种子包衣机，要求药种混合机构密闭且配备有独立的袋式除尘系统，以减小因雾化导致种衣剂颗粒对工作人员以及环境造成的危害。此外，操作人员应适时采取必要的防护措施，如佩戴橡胶手套、防毒口罩等。

（八）称重包装

根据种子商品化要求，需要对加工、包衣后的种子进行计量、装袋、包装。按照各类种子的商品化要求，目前，种子包装分为大包装，25~50 kg/袋，主要用于玉米、小麦、大豆、牧草等种子；中型包装，1~5 kg/袋，主要用于玉米、水稻、棉花等种子；小包装，10~100 g/袋，主要用于蔬菜、花卉种子。现在种子企业主要采用的是半自动化计量包装方式和全自动化计量包装方式。

近年来，随着种子企业的不断发展、壮大，种子已经从生产资料逐步发展成为商品，因此，种子的称重包装显得越来越重要。在种子包装材料、标签的使用以及包装秤计量精度等方面，国家有关部门制定了相关法律，并做出了明确的规定。因此，要求种子加工企业在实际生产中，应及时对包装好的成品进行抽检，严格把关；同时，对包装质量、计量精度应定时检测。全自动计量包装机组具有高效、简便、计量准确等特点，但对包装材料要求严格、投资大。目前，种子包装材料主要有塑料编织袋、塑料薄膜袋等。包装规格一般是，粮食作物种子每袋 1.5~25 kg，蔬菜种子每袋 20~200 g 等。鉴于我国南北方采用的种植方式不同，对种子加工后种子采用的包装规格还存在一定的差异，使用的包装材料也不统一，一些大型种子企业结合企业自身的发展，委托相关单位设计并制作了一次性防伪包装袋，一方而提高了企业的信誉，另一方面，为企业的发展打造了品牌。种子加工基本工序如图 8-1。

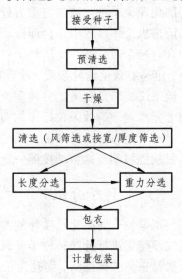

图 8-1　种子加工基本工序

三、种子加工特殊工序

任何种子在收获后到进行加工前，都要进行一系列的处理过程，以满足种子预清、烘干、清选等加工要求。根据种子特性的不同，种子处理过程也不同。主要包括以下几个方面：

1. 脱粒工序

将种子从果穗、荚果或其他果实上脱取下来，相应的脱粒设备有玉米脱粒机、稻麦脱粒机、牧草种子脱粒机以及茄果类取籽机等。对于玉米种子而言，主要是从产地收获玉米果穗，运到种子加工厂晾晒或烘干后统一进行脱粒。一般来说，水稻、小麦、油菜等种子在晒场上进行脱粒，然后运到种子加工厂进行加工。

2. 除芒工序

除芒工序是对水稻、大毛带芒牧草等种子进行除芒加工的技术，该工序由相应的除芒设备来完成。除芒机为全封闭金属结构，利用主轴高速转动时动拨棍与静拨棍的搓擦作用，搓断种子顶部的长芒，达到除芒作用。

3. 刷种工序

刷种工序是对甜菜、胡萝卜、带芒牧草等种子进行去壳、除芒加工的技术，该工序由相应的刷种机来完成。刷种机为全封闭金属结构，进料量能根据种子的刷种效果进行方便的调节；利用搓擦作用，抛光种子表面或打开种子结团。刷种机是加工茄果类种子时常用的设备，如处理掉胡萝卜种子外的种毛或打开其他茄果类种子结团。

4. 脱绒工序

棉花种子经过轧花后，棉籽表面含有 8% ~ 12% 的短绒。脱绒工序是指对棉籽表面进行处理，脱去表面短绒，使其成为"光"籽的过程。这样有利于对棉籽进行清选、分级和包衣处理，便于实现棉花种子商品化和实施棉籽机械化播种。棉种脱绒的主要方法是采用专业的机械脱绒设备进行脱绒处理或用稀释后的硫酸与短绒发生化学反应脱去短绒。

四、种子加工辅助工序与设备

（一）输送工序与设备

输送工序是将种子由一台主要设备排料口送入另一台主要设备进料口（或进料口上方缓冲仓），把种子加工厂中各道工序有机地连接起来，成为一个整体。在种子加工成套设备中，输送设备包括：斗式提升机、开式提升机、振动输送机和皮带输送机等。

1. 斗式提升机

斗式提升机是种子加工成套设备中必不可少的机器，它肩负着将种子由一台机器的排料口垂直提升送入下一台机器的进料口，完成全套设备各主机之间种子的垂直输送，使种子实现所必需的精选。斗式提升机为完全封闭状态，应根据成套设备的生产能力进行选择，从种子加工的基本要求来讲，必须满足两个条件：第一，单台机器对输送过程中造成的机械破损不超过 0.1%；第二，斗式提升机尾座应易于清理，避免种子混杂。种子加工行业采用的斗式提升机底座与其他行业的提升机不同，要求既不存在积料死角、易于清理，还要便于收集清理后的种子，不造成种子的损失。

2. 开式提升机

开式提升机的作用与斗式提升机完全相同,所不同的是开式提升机的畚斗处于开放状态,操作人员可随时查看畚斗中种子状况。优点是：第一，可以同时完成种子水平与垂直方向的输送；第二，不会造成种子破损。缺点是维护费用与设备价格较高。目前，在种子加工成套设备中应用较少。

3. 振动输送机

振动输送机通过偏心振动方式实现种子的水平输送，是种子加工成套设备中必不可少的机器，它肩负着各主机之间的种子水平输送。振动输送机为开放槽式，可以根据成套设备的生产能力进行选择。优点是：第一，可以根据成套设备的工艺要求，在槽中设置多个挡料板，完成多个位置的卸料工作；第二，输送过程中不会造成种子机械破损；第三，机器易于清理，避免种子混杂。

4. 皮带输送机

皮带输送机通过皮带运行方式实现种子的水平或倾斜输送，是种子加工成套设备中必不可少的机器。优点是：第一，输送过程中不会造成种子的机械破损；第二，机器易于清理，避免种子混杂；第三，可以根据工艺要求，在有效倾角范围内实现种子倾斜输送。

（二）除尘工序与设备

除尘工序是指对种子风选与输送过程中产生的粉尘，通过风管、离心风机与除尘器进行集中收集与处理的过程。种子加工中的除尘主要是风筛清选机除尘、重力式清选机除尘和喂料系统除尘。种子加工成套设备中常用的除尘器主要有两种形式：

1. 旋风除尘器

旋风除尘器为采用高速离心净化原理对含尘空气进行处理的设施。

2. 袋式除尘器

袋式除尘器为采用布袋对含尘空气进行过滤净化的设施。

（三）贮存工序与设备

贮存工序是指在种子加工过程中对某一加工阶段（或将要进行的下一步工序）的种子实施暂存的过程。贮存工序涉及烘干前后贮存，重力分选前、包衣前、称重包装前以及种子分级后贮存。贮存设备包括：各种大小金属储仓、缓冲仓等。根据工作要求，金属储仓与缓冲仓均设有上下料位器，便于监测仓中种子料位的高低。

（四）杂质收集工序与设备

杂质收集工序是指在种子加工过程中对各个加工阶段中分离出的杂质进行集中收集的过程。杂质收集系统通常有气吸式集杂、皮带输送集杂、螺旋输送集杂、振动输送集杂等自动集杂方式和人工袋接式集杂方式。国内应用较多的是气吸自动集杂装置和人工袋接式集杂方式。采用气吸自动集杂装置时，要充分考虑空气潮湿及稻壳中含有二氧化硅等易造成管道快速蚀损的问题，集杂管应采用防腐耐磨的加衬管件，风机应安装在旋风分离器的排风端。

（五）安装检修台

安装检修平台是种子加工成套设备的整体骨架，其主要作用是用来支撑和安装主机及辅助设备，并为检修、保养主机和辅助设备提供方便。

检修平台通常有钢架平台和水泥平台2种。在现有种子加工设备中，检修台多采用单层龙门架式钢结构平台，主要由立柱、上框梁、踩板、防护围栏及楼梯等组成。

在种子加工设备中，要求检修平台具有足够的强度和刚性，满足主机及辅助设备的安装、正常工作与检修工作的需要，并做到协调美观。

（六）电气控制系统

种子加工成套设备的自动化程度高低主要取决于电气控制系统。控制系统设计应以实用、可靠、经济、安全为原则。目前，常用的控制方式主要有常规电器控制和小型工艺计算机控制。

常规电器控制投资少，具有可以在整条生产线上控制主机及辅助设备的启闭、运行模式、开闭顺次、故障报警等功能，在我国应用较多。

小型工艺计算机控制投资费用相对较高，但具有基本逻辑指令，且通用性强、编程方便、灵活、功能齐全、体积小、适应性强、抗干扰性好、使用维护方便等特点，是今后种子加工成套设备实现自动控制的发展方向。

五、种子加工工艺选择的原则

对于任何种子来说，加工工序与加工工艺流程的选择与种子的类别、杂质的种类以及要求达到的种子质量标准等密切相关。种子加工过程中不仅要求保证加工后的种子质量，同时，还要保证种子本身具有较高的获选率。因此，选择工艺流程应该遵循以下原则：

（1）根据加工对象和使用对象制定必要的加工工序，选用最少量的机械设备和最简单的工艺流程达到最理想的加工效果。同时，还要有一定的应变能力来适应不同加工对象的状态（品种、组成、含水量）。

（2）整个工艺应保证加工质量的稳定性，使加工后的种子达到预定的质量指标。

（3）重视除尘系统排放气体的质量控制与成套设备工作过程中的噪声控制。

（4）种子加工厂的设备布置形式决定了种子加工过程中的流动路线，应从加工工艺流程、加工厂总体投资、设备监测、检查维护方便等方面综合考虑。

第二节　典型种子加工工艺流程

一、麦类、水稻种子加工工艺

麦类、水稻种子加工工艺流程见图 8-2。其要点：

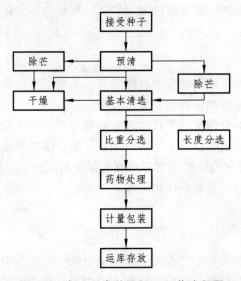

图 8-2　麦、稻类种子加工工艺流程图

（1）种子经喂料斗出口处的电磁振动给料机自动均匀给料，由斗式提升机提升进入种子预清机通过风选和筛选，清除灰尘、颖壳以及大杂和小杂。

（2）由斗式提升机将种子输送至种子烘干机中烘干，烘干后的种子经斗式提升机提升进入种子除芒机（如果水稻种子带芒）或进入风筛清选机，通过风选和筛选，清除瘪粒、瘦小粒以及部分虫蛀、霉变籽粒。

（3）由风筛清选机出来的种子经斗式提升机提升进入圆筒筛进一步清除种子中的瘦小粒，然后经斗式提升机提升进入窝眼滚筒分选机中进行长度分选，淘汰米粒和未脱去芒的种子（或小麦种子中的草籽、燕麦等），分选后的种子经斗式提升机提升进入中间贮料斗，通过电磁振动给料机均匀送到重力式分选机进料口，重力式分选机按照种子比重的区别，淘汰重杂、轻杂，得到尺寸均匀一致、饱满健壮的种子。

（4）好种子经斗式提升机提升进入种子包衣机，按预先设定的药种比，进行种子包衣；包衣后的种子经斗式提升机提升，进入计量称，进行自动称重、装袋、包装，完成整个加工过程。

注意：

（1）有芒的水稻、大麦需要除芒；

（2）燕麦及杂草种子多时，要用长度分选；

（3）来料质量高，杂质小，含水率低，可直接进入风筛。

二、玉米种子加工工艺

玉米种子加工工艺流程见图 8-3。其要点：

（1）针对水分较高的玉米果穗，在干燥工艺上要考虑采用一次干燥还是两次干燥？

（2）如果采用两次干燥，是采用果穗烘干室还是人工晾干方法将果穗水分降至最佳脱粒水分（18%）？

（3）不管用什么干燥方法，干燥设备的处理能力均应大于加工设备的处理能力。

（4）脱粒方式选择：传统脱粒还是挤搓式脱粒？

（5）精选后的玉米分级程度，要能满足玉米精量播种的要求。如果分级程度在六级以内，采用长孔筛分出圆、扁粒，然后再分别用圆孔筛分出大、中、小粒；如果分级程度超过六级，应该采用窝眼筒清选机进行长度筛选后，再采用长孔筛分出圆、扁粒，然后再分别用圆孔筛分出大、中、小粒。

（6）国产种衣剂含有成膜剂，且成膜时间较长，包衣后的种子直接装袋会导致籽粒的黏结，因此对于包衣后的种子必须采取相应的措施，提高种子流程性，避免种子籽粒的黏结。

（7）包衣后的种子和未包衣的种子不能共同使用一台计量秤，以防止种子转化为商品粮（饲）后造成人畜中毒。

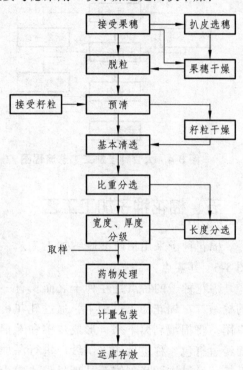

图 8-3　玉米种子加工工艺流程图

三、大豆种子加工工艺

大豆种子加工工艺流程见图 8-4。其要点：

（1）长孔筛对半粒种子筛选效果好；

（2）筛面倾角不宜过大；

（3）提升及流管部分要防破碎。

四、高粱种子加工工艺

高粱种子加工工艺流程见图 8-5。其要点：

（1）必须脱壳并去除干净；

（2）干燥时间有特殊要求，因品种等有所不同；

（3）其他技术与禾谷类种子近似。

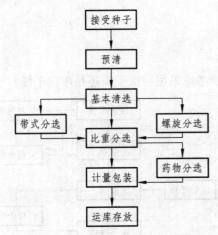

图 8-4　大豆种子加工工艺流程图

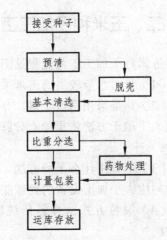

图 8-5　高粱种子加工工艺流程图

五、棉花种子加工工艺

棉花种子采用稀硫酸脱绒加工工艺，流程见图 8-6。其要点：

棉花种子的特点是在种子表面长有一定长度的棉绒，在棉花加工过程中，通过轧花机锯齿的作用，将棉绒剥离下来，形成皮棉和毛棉籽。皮棉经过打包、称重后送入纺纱厂进行深加工，而毛棉籽经过进一步剥绒等处理过程，成为光籽，通过进一步的清选、包衣、包装等过程，成为商品种子。

目前，在国内推广应用的棉花种子脱绒技术主要有 2 种：棉花种子机械脱绒和化学脱绒。化学脱绒常用的主要有稀硫酸脱绒（过量）和泡沫酸脱绒 2 种。

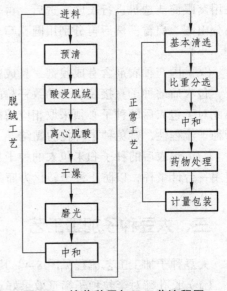

图 8-6　棉花种子加工工艺流程图

（一）棉花种子机械脱绒

棉种机械脱绒主要是采用刷轮式棉种脱绒机。毛棉籽通过计量后进行重力初选，进一步清除其中的杂质，然后送入刷轮式棉种脱绒机；刷轮式棉种脱绒机以高速旋转的柔性钢丝刷轮辊及与其配合的带有条形孔的筛状筒型腔壳对毛籽上的短绒施加撕刷、搓刷、摩擦作用和种子间的相互摩擦而剥脱棉籽表面短绒，加工出符合机械播种的光籽。

脱下的短绒经过筛网筒上的长孔由风机吹出，经过除尘设备收集起来，从而减少了短绒及灰尘对加工车间及外部环境的污染。脱掉短绒后的光籽由出料口排出，再经过风筛清选机、重力式清选机进行精选，淘汰种子中成熟度较差的种子，然后进行种子包衣、包装等处理过程，即可获得脱绒后的商品种子。

（二）稀硫酸脱绒（过量）工艺

（1）将浓硫酸稀释成浓度为 8%～10% 的稀硫酸液，在酸贮罐内加入一定量的活化剂进行混合，用液下泵和一组喷头将酸液喷洒到搅拌器内待脱绒的毛籽上，并进行充分搅拌，使棉种表面全部渗透酸混合液。

（2）通过螺旋输送机将酸液处理过的棉种喂入离心机中，通过离心机的高速旋转进行脱液，使多余的酸混合液甩出并返回到酸混合罐内循环使用。经过脱液后的棉种送入滚筒式烘干机中进行干燥，随着棉绒内水分的蒸发，硫酸浓度提高，使棉籽表面的短绒炭化，部分短绒被脱掉。

（3）烘干后的棉籽送入滚筒式摩擦机内，已炭化的棉种经过空心翻板的搅动，使棉籽在摩擦机内自动跌落碰撞与摩擦，达到脱绒、磨光的目的。根据光籽表面脱绒后棉种的残酸情况，用氨气或石灰水对光籽进行中和。最后经过风筛式清选机、重力式清选机进行精选，种子包衣机包衣，通过计量秤称重包装入库。稀硫酸脱绒工艺流程如下图 8-7。

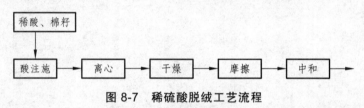

图 8-7 稀硫酸脱绒工艺流程

（4）过量式稀硫酸脱绒工艺在新疆地区应用比较普遍、技术比较成熟；相对于机械脱绒和泡沫酸脱绒，它具有操作简便、棉绒脱净率高、便于精选、流动性好等优点；与泡沫酸脱绒相比，在同等物耗下，加工能力明显提高，适于各种气候条件下使用；种子加工质量好，破碎率少，残绒率低，残酸率低；稀硫酸可以再回收利用，减少对环境的污染。但是如果棉籽含绒率超过 10% 时，加工过程就会受到限制；而且棉籽本身有损伤或裂纹时，处理后的棉种发芽率会受到影响。

（三）泡沫酸脱绒工艺

（1）泡沫酸脱绒是将浓硫酸（98%）、水、发泡剂按一定比例混合，在压缩空气的作用下使硫酸稀释并泡沫化，增大单位重量酸的体积，通过输送管道将泡沫酸送入注施机，与计量后的棉种均匀混合，使泡沫酸充分渗透到棉短绒中。首先，将其送入滚筒烘干机中进行加热烘干，使棉短绒逐渐被炭化，通过摩擦和棉籽间的撞击作用使短绒脱落，形成光籽；然后，对光籽进行中和，将种子表面的残酸中和掉；最后，经过精选、包衣、包装等工序成为商品棉种。泡沫酸脱绒工艺流程如下图 8-8。

图 8-8 棉籽泡沫酸脱绒工艺流程

（2）泡沫酸脱绒工艺在全国棉花种子加工范围内是工艺先进、技术比较成熟并得到普遍使用的一种加工方法。相对于过量式稀硫酸脱绒工艺，泡沫酸脱绒工艺操作复杂，对操作人员的素质要求较高，要求操作人员能根据实际情况对棉籽残绒率与残酸率进行调整，满足种子的加工要求；由于棉籽是与泡沫状的硫酸液接触，靠棉绒的毛细管作用吸收酸液，因此作用过程极其柔和，酸液不易渗入种子内部，从而能最有效地保证种子品质不受影响；适应能力强，尤其适合于棉籽含绒率超过 10% 的种子加工；省去离心机，降低了动力消耗及生产成本。

思考题

1. 种子加工工序包括哪些基本内容？
2. 种子加工特殊工序有哪些？
3. 种子加工工艺选择要遵循哪些原则？
4. 水稻和小麦种子加工工艺流程的相同之处与主要区别。

第九章 种子加工成套设备

第一节 种子加工成套设备的组成与操作原则

一、种子加工成套设备组成

种子加工成套设备通常由加工设备、定量包装设备和辅助设备组成。种子加工成套设备能完成的工艺包括：

清选：根据物料的物理特性，如尺寸特性、空气动力特性、比重特性、表面特性和弹性等特性差异，将好种子与混杂物、废种子分离。设备主要有风筛选、窝眼选和比重选等。

分级：将清选后的种子按种子尺寸差异分选为若干个等级。设备有种子分级机等。

包衣丸粒化：在种子清选以后进行包衣、丸粒化等处理，主要设备有包衣机、丸粒化机、包衣种子烘干机等。

定量包装：通过计量包装，提高种子商品性，使种子便于流通和安全储运。主要设备有自动定量秤和包装机。

辅助设备：通常有物料输送系统、除尘系统、集杂系统、物料暂存系统、电气控制系统、安装检修平台等。

二、种子加工成套设备总体布置方式

种子加工成套设备的布置可以分为3种：平面式、立体式和半立体式。

平面式布置：这种布置是所有设备都安装在同一平面上，物料从一台设备清选出来以后，依靠提升设备提升至另一台设备继续清选，采用这种布置方式，厂房建筑要求相对矮，种子加工线路明确，设备安装方便，但设备占地面积大，种子提升次数较多，易使种子产生破碎。

立体式布置：采用这种方式是设备逐层排列，将种子一次提升至安装在最高部位的设备上清选后，自流至下一台设备上再次进行清选，直至完成清选的全部过程。采用这种布置方式流程清晰，种子只经过一次提升，但土建或平台修建成本相对较高。

半立体式布置：这种方式综合了以上2种方式的优点，目前应用比较广，设备布置时通常有2层平台，种子分级机和包衣机等部分设备放置在二层平台上，节省了设备的占地面积，并使设备布置更加紧凑。图9-1为半立体式小麦、玉米种子加工成套设备工艺流程图。

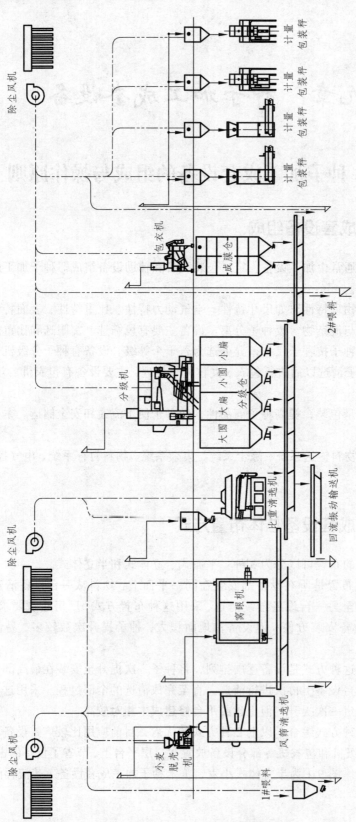

图 9-1 种子加工成套设备工艺流程图

三、种子加工流水线设计原则

种子加工流水线设计的主要任务是根据要求作种子加工流水线总体方案设计、工艺流程设计、加工设备选定、辅助设备设计及初步概算等，它既是一项专业性非常强的工作，又是种子加工厂总体规划设计的先导性工作。种子加工流水线设计应以实用可靠为主要目的，并在确保实用性和可靠性前提下，尽可能提高经济性和先进性。具体应把握好以下几点：

1. 工艺设计在先原则

种子加工流水线是种子加工厂建设的核心内容，在建设种子加工中心（厂）时必须遵循工艺设计在先原则，即先进行种子加工流水线的总体方案设计和工艺流程设计，再按照总体方案设计和工艺流程设计要求进行土建等其他建设项目设计。

2. 工艺流程弹性可变原则

我国种子加工中不仅加工的作物种类较多，同一作物种子加工前原始状态也千差万别，加工要求和目的也多种多样。因此，在设计种子加工流水线时，一定要保证加工流水线工艺流程可变可调，以满足各种不同加工需要。

3. 可靠性原则

种子加工不仅季节性很强，而且时限性也很强。设计种子加工流水线要充分考虑系统可靠性，确保加工季节种子加工流水线运行可靠，少出故障。易损件安全系数要留得足够大，还要充分考虑系统和单机检修方便。

4. 兼顾长远需求原则

充分考虑长远发展需求，通过巧妙设计，在工艺流程设计和设备选定及总体配置设计等方面预先为增加功能、提高总体性能与扩大生产规模留有可能，以满足长远发展需求。

5. 厉行节约原则

在保证上述要求前提下，尽可能通过优化设计节约投资，降低建设成本。

四、种子加工成套设备安装与调试

1. 安装前的准备工作

（1）成套设备安装在土建完成并验收后进行。

（2）成套设备安装前要求安装人员应熟悉各个设备的技术要求和安装工艺，严格按有关要求进行安装。

（3）设备进入车间安装前必须查对和验收，以免短缺。

（4）设备安装前应做好质量检查，如有机件损坏应修复或更换。

（5）备齐安装所需工具、设备及材料。

2. 安装中的注意事项

（1）设备安装好后各转动件应转动灵活，无卡碰和撞击声。设备及零部件之间的连接必须牢固紧密，不得有漏气、漏种和漏油等现象。

（2）输送设备安装。斗式提升机机头轴与底轮轴轴线应在与水平面垂直的同一平面内，轴线与水平面平行，垂直度偏差每米长度为 2 mm，累积偏差为 8 mm。

（3）各单机的安装按其使用说明书进行。

（4）电控装置的安装应与设备的安装协调一致，要求线路连接牢固、绝缘性能好、无漏电现象。

（5）设备安装好后要进行验收，如有不合格处应予修正。

3. 安装后的调试

（1）电路连接完成后要进行调试。

（2）先进行单机调试，开车前要清除落入设备中的杂物，检查设备的安装技术状态是否良好，各连接部分是否牢固，先启动试转，然后开车运行（空转）。单机调试的目的主要是检查线路安装质量，如检查机器运转方向是否正确及设备运行状况是否良好。

（3）单机运转正常后再进行全套设备空运转，进一步检查系统设备、线路的运行情况。

（4）空运转 2 h 以后，检查各电机、轴承等发热元器件是否工作正常，如发现问题应立即解决。

（5）全线运转正常后进行负载运转调试，发现问题及时解决，如连续工作 4~8 h 后无故障可交付生产使用。

五、种子加工成套设备操作使用

1. 技术检查与准备

（1）检查各设备连接是否牢固，转动是否灵活，各转动件旋转方向是否正确，有无异物落入和漏种、漏气、漏油等现象。

（2）检查传动带张紧是否适度，润滑部分是否加油。

（3）检查设备的工作状态与生产工艺流程是否一致。

（4）根据所选的物料，投入使用前要求对单机进行调整，如筛片、工作台面型号规格的选择，风门、风量调节、倾角、振幅、频率等的选择都应按物料加工要求来确定。

2. 操作顺序

（1）设备启运之前一定要先按预报铃，待预报铃声响过后，合上电源总开关，把操作台上各种转换开关转到相应的工作位置或在模拟屏上选择所需的加工工艺流程。

（2）全部按钮手动启动，启动顺序由出料端逐台由后向前启动。关机时按工艺流程方向各设备由前向后顺序关机。但不论开哪一台机器都必须先开除尘风机，停机时除尘风机最后关停。

（3）如发生故障，操作控制柜上相应指示灯发出红光，这时应立即关机，根据指示灯查找故障设备，排除故障后重新启动。

（4）在运行过程中工作人员不得随便关停机具。

（5）工作人员应严格坚守岗位，保证所管理设备处于良好技术状态。

（6）应严加注意故障报警和超载工作状况。

（7）做好交接工作。当班人员下班前应备好下一班的物料，做好清扫和保养工作。

（8）加工后每批物料都应抽样进行质量分析检查和样品存档。

（9）流程中三通的流向选择，应根据需要事先预置好，并由电气控制面板上的工艺流程模拟屏指示加以确认。

六、维护保养与故障排除

各单机、设备须按其使用说明书进行维护保养和故障排除，并注意以下几点：

（1）轴承润滑油采用 HJ-3 钙基润滑脂（GB/T 491—2008），电动滚筒、减速箱润滑油采用 HJ-40 机械油，各润滑部位每工作 200 h，应加注足够的润滑油。

（2）经常检查输送带、传动带、链条的松紧度，必要时进行调节。

（3）电控系统的空气开关、行程开关、电磁阀、显示灯等要经常检查，损坏的要及时更换。

（4）在更换物料品种时需打开机具的盖板，将机内及管道内的所有物料、灰尘清刷干净。

（5）每个班次均要清理筛面，若发现筛面破裂要予以更换修补。

（6）机器发生故障时应立即切断电源，不可在机器运转时维修或带电维修，不能让机器带病作业。斗式提升机堵塞时可立即拉开机器底座下面的插板，清除物料后才能再开机。

（7）定期检修设备。每加工 1~2 个生产季节要全面检修一次，大修一年一次。大修时要更换润滑油，清洁轴承，更换损坏的零件。

（8）生产作业中每班应检查电脑计量包装秤的准确性，每工作 500 次检查一次称量，每次误差应在 ±0.1% 之间。

第二节　种子输送系统

种子输送系统由垂直输送设备、溜管、水平输料设备等组成。物料输送系统设计应以通顺流畅、破碎率低、线路最短、投资最小、实用可靠为原则。

一、斗式提升机

斗式提升机常配置在种子加工流水线上，实现种子物料的垂直输送。该机横断面尺寸小，工作时噪声低、密封性好、物料垂直输送距离大，因而布置紧凑、占地少、工作环境好。

（一）结 构

斗式提升机的一般结构如图 9-2，基本构件有机头、传动装置、畚斗及牵引带、机筒、机座及观察窗等。

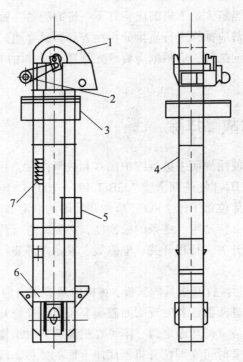

图 9-2 斗式提升机

1—机头；2—传动轴；3—畚斗；4—中部区段；
5—观察窗；6—机座；7—张紧装置

（1）机头。机头由外壳、头轮、轴、轴承、舌板等组成。

（2）传动装置。斗式提升机采用的减速装置有三角皮带传动、链传动、摆线针轮减速器、轴装式减速器等型式。对于有重载启动要求的提升机，还需装设液力耦合器。对于输送量在 20 t/h 以上，提升高度在 20 m 以上的斗式提升机，必须设置止逆装置。

（3）畚斗。畚斗一般采用工程塑料斗。

（4）牵引带。斗式提升机的牵引带采用畚斗皮带。牵引带与畚斗的连接，采用特殊的畚斗螺钉。用于种子加工的斗式提升机，牵引带线速度不能超过 1.2 m/s。

（5）机座。机座底轮应采用鼠笼式，以减少种子破损，底座应设清理口，无清理死角。

（二）操作及维护

（1）注意防止大的石子、金属块以及铁丝、麻绳等杂质进入提升机喂料斗。

（2）定期将提升机下部的物料清理干净。

（3）定期对传动部位加润滑油，防止磨损。

（4）上料前先空机运转，检查传动装置和牵引带等有无异常声响。

（5）先启动设备后下料，严禁在设备停止时下料。

（6）注意设备运行情况，发现有润滑不良、零件松动、牵引带跑偏、膏死、噪音和电气失灵等异常现象须立即停机检查，排除故障后方可继续工作。

（7）设备发生事故后需切断电源停机进行检修。

二、开式提升机

开式提升机是一种依靠链条带动畚斗来提升物料的提升机，由于种子不会出现"回粮"现象，破碎率几乎为零，且运行平稳可靠，特别适用于葵花、豆类、蔬菜等种子的输送。

开式提升机主要由畚斗、底座、中间节及头部4部分组成（图9-3）。工作时减速电机主动轴带动两个链轮同步运转，从而使与其啮合的两根链条在封闭轨道上同步移动。

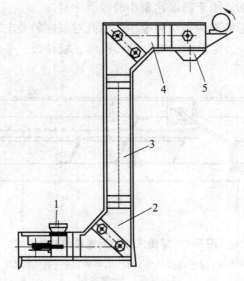

图 9-3　开式提升机

1—畚斗；2—底座；3—中间节；4—头部；5—翻转轮

当物料输送到进料器时，物料滑落进水平向前运动的尼龙畚斗中，再由进料器上的毛刷将畚斗中多余的物料刷进下一个畚斗中，由于物料是滑落到畚斗里去的，不是强制刮取的，所以不会使物料产生破碎现象。这样，通过两链条的同步移动就使得两根链条之间的畚斗在其封闭轨道上连续不断地移动。在翻转轮的作用下，畚斗翻转，畚斗中的物料由提升机出料口落入与其配套的设备暂储仓中。

三、溜　管

溜管又称自溜管、料管，形状有方形、圆形，材料有钢板、工程塑料和玻璃等。

因为溜管材料不一样，安装斜度有所差异，溜管安装斜度一般不小于 36°，加工玉米种子一般不小于 38°，加工水稻、小麦种子一般不小于 45°，如遇高水分种子或含杂质、灰分较高的种子，则应适当增加溜管倾角。

为防止种子物料对管壁的磨损，通常在溜管内部垫有一定厚度的工程塑料衬管，增加料管的耐用性。

四、水平输送设备

水平输送设备有皮带输送、螺旋输送、刮板输送和振动输送等多种形式。

（一）水平振动输送器

振动输送机可实现一机多入口或多出口的水平输送，因此在种子行业中得到了广泛的应用。在工作过程中可将种子连续均匀地输送到预定的受料装置中。具体特点如下：

（1）输送能力强，特别适用于输送比重小的轻质物料。

（2）工作过程中传递给底架的振动力很小，因此对基座的要求较低。

该机结构如图 9-4 所示，主要由电机、偏心机构、板弹簧、平衡块、底架、输送槽等组成。各部分的作用如下：

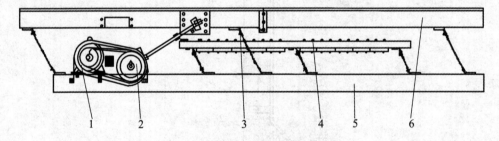

图 9-4　平衡式振动输送机结构图

1—电机；2—偏心机构；3—板弹簧；4—平衡装置；
5—底架；6—输送槽

（1）偏心机构。通过偏心机构旋转，达到产生振动的目的。

（2）连杆。偏心机构产生的偏心振动通过连杆传递给输送槽和平衡块。

（3）板弹簧。它起到了分别支撑输送槽和平衡块的作用，同时板弹簧与垂直方向的角度也确定了种子振动的运动方向。

（二）皮带输送机

皮带输送机的特点是构造简单，操作和维修方便，工作平稳可靠，输送量大，输送距离长，噪声小，动耗低，在整个输送长度上都可以进行装料和卸料且不损伤种粒。缺点是输送带易磨损。

皮带输送机根据使用要求可以制成多种型式，有固定式和移动式。有输送小包装种子的平形托辊输送机，有输送散种的槽形托辊输送机，也有托辊作支撑的托辊带式输送机，还有伸缩式、转向式、管式、波纹挡边式皮带输送机等。不论何种型式的皮带输送机，它们的主要构件都是由输送带、支承装置、驱动装置、张紧装置、清扫装置、进料和卸料装置以及机架等部件组成。托辊带式输送机一般结构如图9-5所示。

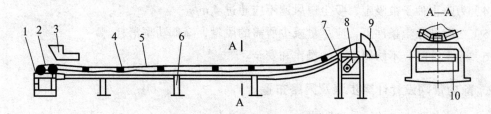

图9-5 托辊带式输送机结构图

1—尾架；2—拉紧装置；3—进料斗；4—上托辊；5—胶带；
6—中间架；7—头架；8—传动装置

皮带输送机的基本布置形式有5种，如图9-6所示。

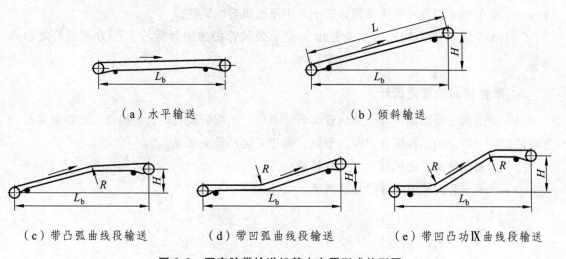

（a）水平输送　　　　　　　　　　（b）倾斜输送

（c）带凸弧曲线段输送　　（d）带凹弧曲线段输送　　（e）带凹凸功Ⅸ曲线段输送

图9-6 固定胶带输送机基本布置形式外形图

第三节　除尘系统

种子加工生产过程中会产生大量的灰尘，必须配置除尘系统，使车间内空气粉尘浓度符合国家相关标准要求，以改善生产条件和操作环境，还能完成某些工艺过程，如风选等。

一、除尘管网

1. 设计原则与要求

（1）对有灰尘产生的地方，设计吸尘装置时应根据"密封性"的原则，尽量缩小尘源的范围，在适当部位合理安排除尘口。

（2）在设计通风网路时应了解工艺过程，确定各除尘点所需风量。

（3）吸尘口应正对产生灰尘最多的地方，并保证空气通过尘源进入吸尘口。

（4）为防止种子被吸走，吸尘口风速不应超过 4 m/s。

（5）在满足除尘条件下，应尽量减少所需的风量，降低功率消耗。

（6）除尘管网应不妨碍工人的操作和安全。

2. 除尘管网设计计算步骤及网路布置

（1）计算各除尘点的风量和阻力。

（2）把各台需吸风的机器设备按具体情况组成风网，并合理地排列管道。

（3）绘制除尘管网的计算简图。

（4）确定风网主干线风管，并将各管段编号。一般主干线风管的风速不应小于 12 m/s。风速的最大值是由风管的最小直径所决定，而风速的最小值可以用可靠的输送速度（大约 12 m/s）来限制，而且支管中的风速应小于主干线风管的风速。

（5）主干线风管中的压力损失是由与主干线风管相连的各管段中压力损失差之和来确定。

3. 除尘管网的管道设计

（1）管道的布置原则。主干线风管尽可能平直，不影响现场的设备操作、运输和通行。尽可能保证与建筑的结构配合，少占空间，便于安装，避免堵塞。

（2）为避免堵塞，通风除尘管道直径最小为 80 mm。

（3）水平安装的管道应保持足够风速。

二、风 机

风机是除尘管网系统中重要设备之一。在种子工业常用的风机分为：轴流式风机、离心式风机和罗茨风机。种子加工生产线上通常使用离心式风机，主要由叶轮、外壳、轴和轴承、支架等部件组成。离心式风机工作时，气流由轴向吸入，经 90° 转弯，由于叶片的作用而获得能量，并由蜗壳形外壳的径向出口甩出。

离心式风机的性能主要通过一些参数来表示，主要有风量、风压、功率和效率等。选用适宜的通风机是保证通风除尘系统正常而又经济地运转的重要步骤，选择的通风机不但能供除尘系统所需的风量和风压，而且要使风机的工作点处于高效区。选用离心式风机注意事项：

1. 正确确定系统风量和风压

考虑到管道可能漏风等原因，一般是在系统所需风量、风压的基础上乘以一个安全系数来确定风机的风量和风压。除尘系统风量附加安全系数为 1.1 ~ 1.15，除尘系统风压附加安全系数为 1.15～1.20，因此正确地确定系统风量、风压是风机选型的关键。

风压偏高、风量偏大，与实际需要相差太大。不但造成了大量的能源浪费，而且往往给运行带来很大困难。因此实际选型时要按选定的通风机样本中的性能表或性能曲线选择合适的风机规格，应尽量采用同一型号中效率最高、耗电量最小的风机。

2. 要考虑气体含尘量对风机特性的影响

风机在含尘气体中工作，风量会减小，工作效率降低，功率增加。在设计含尘量大的除尘系统时，应尽量把风机放在除尘器后边。

3. 采取必要的消音及减震措施

除尘风机是种子加工生产线噪音污染的主要来源之一，主要表现为机械噪声、电机噪声及空气动力噪声。随着人们环境意识的增强，对风机所产生的噪声的控制要求也越来越严格。为了降低风机噪声，需定期对风机叶轮、轴承等工作部件进行维护。将除尘风机配置在生产车间外，有条件的可建立隔声室。选用风机时，在保证风机压力系数不变的前提下尽量采用低转速风机，最好对通风机的进出口采用软连接，机座加减震器。

三、除尘器

种子加工设备中常用布袋除尘和离心式除尘等。

反映除尘设备性能优劣的主要参数包括除尘效率、设备阻力、处理风量、日常运行成本、日常维护费用和使用寿命等。除尘效率是指除尘器所收集的粉尘重量占进入该除尘器的粉尘重量的百分比。要通过经济分析和评价选择适宜的设备。

（一）简易布袋除尘

简易布袋除尘器设备成本很低，但土建成本较高，如图 9-7 所示。其基本构造是：侧壁开有进气口，底板上开有若干孔洞的密封进气室，挂在进气室孔洞下的无底布袋（布筒），开设百叶窗的集尘室。基本工作原理是：含尘气流由风机吹入进气室，穿过楼板孔洞后进入布筒内部。起始阶段，少量越过布筒侧壁，一部分尘土截留在布袋上，而大部分气流从布筒开口处排出，部分尘土沉降在集尘室地板上，部分尘土随尾气从集尘室百叶窗排出。使用一段时间后，若不及时清理地面积尘，尘土漫积起来会堵住布筒开口，含尘气流主要从布筒侧壁钻出，由于没有清理机构，尘土会淤积在布筒内侧和滤布中，使布筒阻力急剧增加，迫使除尘风量大大降低，从而影响除尘效果，如图 9-8 所示。若扎上布筒开口，其效果与之相同。即使能及时清理地面尘土，布筒上的粉尘也很难清理，而且会越积越多，使布筒失去滤尘作用，这时含尘气流主要从布筒开口处排出，集尘室只起到沉降室的作用，从百叶窗排放的尾气含尘量会较大。

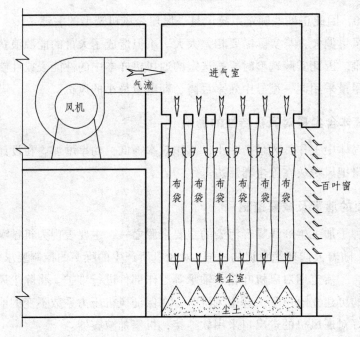

图 9-7 简易布袋除尘器

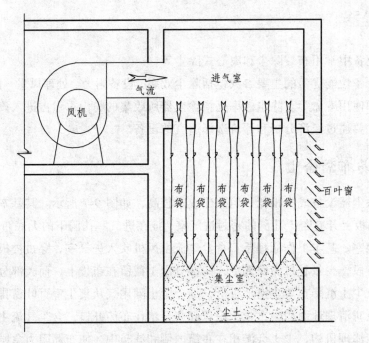

图 9-8 使用后的简易布袋除尘器

（二）脉冲式布袋除尘

脉冲式布袋除尘器除尘效率高，可达 99%～99.99%，但造价较高，一般用于对粉尘有严格限制的场合，常用的有圆形和方形 2 种，除造型不同外，其结构原理基本相同。

1. 基本结构

方形脉冲式布袋除尘器由 5 个部分组成（图 9-9）：

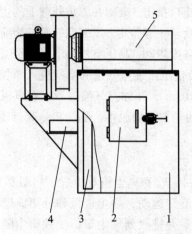
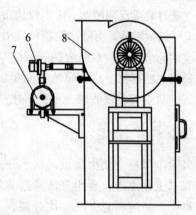

图 9-9　方形脉冲式布袋除尘器

1—方开下箱体；2—箱门；3—滤尘圆布袋；4—脉冲控制仪；5—上箱体；
6—脉冲电磁阀；7—储气罐；8—离心通风机

（1）上箱体。包括盖板、出气口。
（2）中箱体。包括多孔板、骨架、滤袋、进气口、检修门。
（3）下箱体。包括灰斗、挡灰板、检修道、支脚。
（4）排灰系统。包括螺旋输送器、排灰阀、减速器、电动机。
（5）消灰系统。包括控制仪、电磁脉冲阀、气包、喷吹管。

圆形脉冲式布袋除尘器由圆形上、下筒体，箱门，滤尘圆布袋，脉冲控制仪，脉冲电磁阀，储气罐和离心通风机，关风器，集尘斗等组成（图 9-10）。

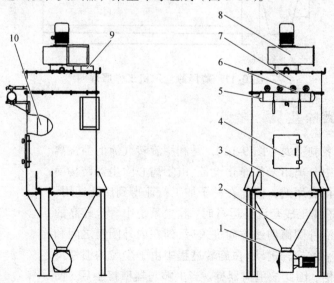

图 9-10　圆形脉冲式布袋除尘器结构图

1—关风器；2—集尘斗；3—圆形下筒体；4—箱门；5—储气罐；6—脉冲电磁阀；
7—上筒体；8—离心通风机；9—脉冲控制仪；10—滤尘圆布袋

2. 工作原理

在离心风机作用下含尘空气由底部吸入下筒体，粉尘随气流流向滤袋，但尘粒被隔离在滤袋外壁，透过布袋的净化空气经文氏管进入上筒体，经风机出口排出。吸附在滤袋外壁上的尘粒靠压缩空气通过喷嘴反向喷吹，使尘粒从布袋抖落下来，随物料一起排走。压缩空气对滤袋喷吹是脉冲式定时间隔喷吹。由脉冲控制仪发出信号，循序打开各电磁阀，高压空气由电磁阀经喷吹管对准对应的布袋喷射。在喷吹期间压缩空气可诱导周围数倍于压缩空气量的空气进入布袋，造成布袋瞬间急剧膨胀，由于喷吹时间很短（一般 0.01～0.03 s），压缩空气喷过后，在风机负压的作用下，滤袋又急剧收缩，如此一胀一缩，使滤袋上的尘粒很快脱落，随物料一起排走。

（三）旋风除尘

旋风除尘风机主要由旋风风机、分离筒、刹克龙、回流管和集尘箱等组成，如图 9-11 所示。其基本工作原理：含尘气流通过旋风风机后做强烈旋转运动，粉尘被甩到分离筒壁并向刹克龙集中，通过刹克龙的二次分离，大部分粉尘被收集并排放到集尘箱，少数粉尘随尾气回流到旋风风机进口处进行再分离，因而分离效率较高。但国产旋风除尘风机对玉米脱落的表皮分离效果一般。旋风除尘风机造价较低，空间占用少，适合经济型成套设备。

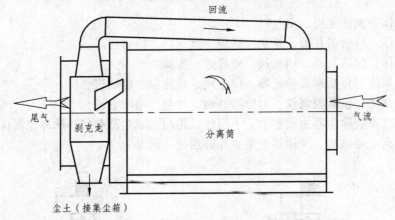

图 9-11　旋风除尘风机工作原理图

（四）离心式除尘

离心除尘器俗名刹克龙（图 9-12），是利用旋转气流的惯性离心力将尘粒从空气中分离出来的净化设备。由于离心除尘器结构简单，制造容易，运行费用低，因此在种子加工行业得到广泛运用。

工作原理：种子加工成套设备运行时，除尘系统中含尘较高的空气以较高的速度沿外圆筒切线方向进入后，即在内外圆筒之间和锥体部分做自上而下的旋转运动。在旋转过程中由于尘粒的惯性离心力比空气大很多倍，因此被甩向器壁。当尘粒与器壁接触后，便逐步失去惯性力而沿壁面下落，经排灰口排出。自上而下的旋转气流，除其中一部分在中途即逐渐由外向内而经内圆筒排出，其余部

图 9-12　离心除尘器
（刹克龙）工作原理

分则随着圆锥筒的收缩而向锥体中心靠拢，在接近锥体下端时，又开始旋转上升，形成自下而上的旋转气流，然后经内筒顶部排出。

第四节　电控和温控系统

电控与温控设备应根据种子加工工艺流程要求设计和制造。电控设备控制对象主要是种子加工机械的电动机，它的功能以控制为主，操作频率较高，控制电路比较复杂，具体控制方案也随着加工工艺流程要求有较大变化。因此，控制电路多采用断路器、接触器、热继电器、中间继电器、时间继电器等元件组装成固定式电控柜。

种子加工成套电气控制系统是成套设备运行的关键，它不仅反映种子加工成套设备的作业水平，而且是降低劳动强度、减少能源消耗、提高生产效率的关键环节。

一、电控设计原则

电控系统主要根据种子加工的特点和不同种子的加工要求，采用集中控制和工艺流程模拟显示，可以手动控制和连锁自动控制，力求操作方便，工作安全、可靠。各电机的过载、短路、缺相和失压等保护，通过装在电气控制柜内的自动开关、交流接触器和热继电器控制。整套设备的运行和故障情况通过显示屏上绿、红指示灯显示。

1. 电气控制应满足操作工艺和安全要求

（1）设备关、启动顺序原则。启动顺序由出料端逐台由后向前启动。关机时按工艺流程方向各设备由前向后顺序关机。但不论开哪一台机器都必须先开启除尘风机，停机时除尘风机最后关停。

（2）电气控制分为手动控制和连锁自动控制。手动控制时每台设备都可以单启、单停。连锁自动控制时，实行分段控制。工作中任何一台机器出现故障，整套设备实行分段连锁保护。除尘风机实行单独控制，但在出现故障时整套设备立即停车。

2. 电器元件选用和布置

（1）选用电器元件要充分保证电路功能要求，即负载要求做到经济合理。在完成配电、控制和保护任务前提下，充分发挥本身所具备的各种功能和作用。因此必须选用符合国家标准的电器元件。

（2）电器元件布置要将断路器、开关等保护电器布置在操作人员容易接近的位置，与其他电器和带电零部件保持一定距离，保证操作人员身体安全。各类仪表等指示元件尽可能安装在视线水平面上，所有操作手柄、按钮都应装在 1.4～1.8 m 高度处，即操作者手臂能够达到的范围内。各种电器元件布置应按电路（回路）分组，便于检查和维护，减压启动变压器等较重器件要装在电控柜底部，总空气开关装在电控柜一侧，各类电器元件连接导线应布置于塑料线槽内，保证使用安全。

二、电气原理及维护

电气原理图与机械制图标准一样，均应按国家 IEC 标准绘制。一般的定型产品除了电气原理图还有安装接线图。种子加工工艺流程，因加工作物种子不同变化很大，因此电控柜属于工艺控制柜，只绘制电气原理图。

（一）电路组成

（1）主回路。电源从空气开关、交流接触器、热继电器到电动机。

（2）控制回路。通过电器元件使电机运转或停止的电路。

（3）信号回路。每台设备的运行或停止工作的指标信号，用指示灯显示。

（4）模拟屏显示回路。分为静态显示和动态显示。它包括每台设备的连锁、顺序（程序）启动、单机启动、低压启动、正反转启动等控制回路。在种子加工设备中常用的 11 kW 电机采用 Y-△ 减压启动，电机功率在 15kW 以上的采用自耦变压器减压启动。

（二）保护与维护

1. 接地和接零

保护接地就是把电器设备的金属外壳、框架等非带电体用接地装置与大地连接，主要适用于电源中点不接地的低电压系统中，防止设备漏电而造成触电事故。

保护接零是在电源中点接地的低压系统中，把电气设备的金属外壳框架与中线相连接。如果电气设备的绝缘损坏而碰壳，中线的电阻很小，则短路电流很大，将使电路中保护开关动作或使电路中保护熔丝断开，切断电源，促使外壳不带电，便没有触电可能。

2. 电控安装与维修

电气设备必须做到正确安装使用，才能在额定工作条件下正常工作，达到规定使用寿命，减小维修工作量。因此必须掌握正确的维护与修理常识。

一般在使用前应按电气原理图检查其标牌上技术数据是否和使用要求相符，特别注意核对线圈电压数据，然后推拉活动部件使其闭合、打开，机构应灵活无卡滞现象，各主触头动作应同步。把铁心极面上的防锈油擦净，并检查有无杂物落入接触器内部，然后方可使用。

电气设备应定期检查可动部分有无卡碰、动作不灵活现象，固定部分有无松动，零件有无损坏，触头表面应保持清洁，不允许有任何杂物。如触头表面出现因电弧作用而形成的小珠，应及时清除。但银和银基合金触头的表面在分断电弧过程中生成的黑色氧化膜不清除，触头在使用过程中出现磨损后可调整超程。只有当触头厚度磨损达到触头材料厚度的 2/3 时，才能调换触头。接触器上的灭弧室应保持完好，如发现损坏、破碎等，应及时更换，切不可在不带灭弧室的条件下使用。

三、温控系统

温控设备主要是在种子干燥过程中对加热炉的炉况、干燥室、干燥种子的温度进行检测和控制，以保证按种子按质量要求的温度进行干燥，确保种子发芽率不降低。温控系统一般由电耦、传感器、多点数字温度计、数字温度指标调节仪、执行器等元件构成。

四、电控、温控的应用和发展方向

目前我国建成的种子加工生产线，其中电控与温控都是采用常规的电器元件和常规的热工仪表进行工艺流程的控制、温度检测及温度控制。并且在种子加工成套设备中采用小型工业控制机、可编程序控制器（PLC 机），对加工工艺流程进行控制，采用单板机进行温度控制和检测，都达到了良好效果。

采用可编程序控制器的优点是基本逻辑指令通用性强，便于掌握，编程方便灵活，功能齐全；主要有程序自动启动及停止，手动程序启动及停止，点动用于调试设备功能，模拟屏预选流程，对电机具有失压、过载、短路、断相等保护；另外还具有体积小、适应性强、抗干扰性好、使用方便、维护简单、性价比高等特点。

PLC 机能够提供几十个生产流程，满足复杂种子加工生产线要求，是一种较先进的自动控制系统。

温度控制及检测采用微电脑（单板机）控制质量高，使用方便，检测温度通道多，有较高抗干扰性和可靠性，在种子加工厂这一环境下能可靠运行。

第五节　选型与配套

一、确定种子加工成套设备生产能力

目前国内生产的种子加工成套设备主要有每小时加工量 3 t、5 t、8 t、10 t 和 12 t 等几个规格（这里指以小麦作为加工对象，如果加工的是其他品种，则需要乘以一个相应的折算系数，如玉米为 0.8，水稻为 0.7，棉籽为 0.7，苜蓿为 0.2）。种子企业应该根据自己的种子年产量，种子的收获时间、加工时间和销售时间及生产管理方式等因素综合确定设备的生产能力。

二、确定种子加工成套设备中的主要机型

1. 干燥设备

成套中的干燥设备应该选用连续式烘干机，并且干仓的容量能保证至少一个班次的作业。为了减少种子破碎，应避免选用循环式干燥机，优先选用变截面五角盒混流干燥机。由于干燥作业和后续的清选加工作业可以同时进行，也可以错时进行，所以不要求其生产能力一定

要相同，具体应根据生产作业流程确定。

2. 预处理设备

并不是所有的种子加工成套都安装预处理设备。如果加工对象是玉米籽粒，则不需要脱粒设备；如果是果穗，则必须进行脱粒作业；如果是联合收割机收获的小麦一般还需要脱壳。而水稻及大多数禾本科种子需要除芒，红三叶草种子则需要破皮处理，棉花种子需要脱绒处理，甜菜种子需要磨光处理，番茄种子需要刷种除毛。由于种子形态差异比较大，因此不同的种子前处理工序有所不同。

3. 清选分级设备

清选分级主要用的机器有风筛式清选机、比重式清选机、窝眼筒清选机、分级机等设备。风筛式清选机按种子的宽度和厚度进行清选，可以去除大部分颖壳、尘土等杂物，建议选用双筛箱自衡式结构。比重清选机按种子的比重进行清选，建议选用长方形筛床的机型。窝眼筒清选机按种子的长度进行清选，建议选用组合式结构。分级机用于种子分级，有圆筒筛分级机和平面筛分级机两种机型。此外还有部分专用的种子清选设备可以加入种子加工成套设备当中，如大豆螺旋分离机、谷糙分离机等。由于种子外形尺寸和形态差异比较大，要根据清选种子的物理特性来选择具体使用哪种清选设备来组成种子加工成套设备。

4. 包衣、丸粒化设备

种子包衣及丸粒化设备是 20 世纪末兴起的种子加工技术，目前在国内得到普遍应用，因此包衣机是种子加工成套中必不可少的设备。

5. 定量包装设备

定量包装设备种类繁多，分类方法各异，用户可根据自己的实际情况选择种子加工成套设备中定量包装设备的数量和机型。

三、选择种子加工成套设备的生产厂家

目前国内生产种子加工成套设备的厂家比较多，选购设备时应多方比较供货方，选择规模大、信誉好的企业。

四、种子加工成套设备的流程与布置

种子加工生产线总体方案应委托专业的种子加工技术研究部门或工程技术部门设计，也可以由种子加工设备厂家设计。在设计过程中应加强沟通，根据"安全、环保、节省、高效、方便"的原则，按照要求和被加工种子的特点，合理确定加工工艺流程和布局。

由于种子加工成套设备一般占地面积较大，投资比较大，所以投资者都希望发挥设备的最大优势，可以用来清选经营的所有品种，即使同一个品种，种子的质量差异也比较大。因此，对种子加工成套设备流程的要求首先就是流程可以变换，以适应不同作物种子的物料加

工或不同品种的种子加工。其次，种子加工成套设备的流程设计要合理，便于使用，针对不同机器的使用特点，要有相应的附件，以满足设备的使用要求。举例来说，比重清选机在正常工作过程中要求台面上布满物料，并且要求进料稳定，否则，比重式清选机将不能正常工作，或清选能力下降。如果将物料直接投放到台面上进行清选，很难满足这样的使用要求，因此，在比重清选机前方应设置一下缓冲仓，并在缓冲仓出口处安装振动给料器。当缓冲仓内没有物料时，立即使比重清选机停止工作；当缓冲仓内存有物料时，比重式清选机重新开始工作，这样始终保持台面上正常厚度的物料层，振动给料器保证了比重式清选机稳定的喂料量。再比如，包衣后的种子如果使用提升机直接进入计量秤，由于国产种衣剂配比一般比较大，种子比较湿，种子粘连在计量秤的计量斗上，造成计量秤的工作故障，粘在提升机畚斗上造成提升机畚斗堵塞，由于种子在成品袋内也会板结，这样就需要在包衣机之后增加一套能够使包衣后种子快速干燥的设备，以解决这些问题。另外，种子加工成套设备中必须配有除尘系统，以改善加工车间的工作环境。

第六节　种子加工厂

根据种子加工线的规模和设备运行的需要，建设的种子加工厂厂房，同种子加工设备一起，构成了种子加工厂。为了满足种子收、贮、保管、销售等需要，种子加工厂还要有库房、检验室、地中衡和晒场等设施。这些设施可以构成一座完整的种子加工厂，如我国新疆九圣禾玉米种子加工厂、吉林市水稻种子加工厂以及江苏农垦东辛农场种子加工厂、天津市蔬菜种子加工厂等，这几个种子加工厂在全国也是一流的种子加工厂。

一、种子加工厂规模的选择

种子烘干部分加工能力的选择，主要应考虑以下几个因素：

（1）种子基地的规模，即在一定范围内种子的繁育面积和产量。

（2）当地的气候条件，即从种子收获到入库这段时间里空气的自然温度（同时要把自然降水因素考虑进去）。我国北方各省（区）种子基地规模一般为 $300 \sim 400 \ hm^2$，种子收获到入库的时间约 40 天。在这段时间内最低气温不低于 $-10 \ ℃$，据此，应设计和推广年加工量为 1 000 t 和 2 000 t 型的种子加工厂。

种子精选部分的加工能力，一般要与烘干部分的加工能力相匹配，但因精选的时间限度不够严格，加工时间可以拖长 2 ~ 3 个月，在选择加工效率时也可以考虑小的烘干能力。但是，要有较大的中间贮存能力，即中间贮存仓。精选部分的加工能力一般用 t/h 来表示，如 3 t/h 加工线、5 t/h 加工线、10 t/h 加工线等。

目前我国推广应用的种子加工厂，主要有 3 t/h 种子加工线、5 t/h 种子加工线，基本上与烘干部分的 1 000 t/40 天、2 000 t/40 天相匹配。

二、设备选型的原则

设备选型对一个种子加工厂的质量好坏、水平高低是至关重要的。应遵循以下几个原则：

（1）设备本身的性能要好；

（2）每台主机和配套设备的加工生产率要相匹配；

（3）破碎率要低；

（4）便于清理，防止种子混杂。

三、烘干热源的选择

目前所采用的热源大体有 3 种：一是烧油；二是烧煤；三是用电。我国从国外引进的设备都是烧油的。

以煤为燃料的种子烘干设备，又分为直接加热和间接加热两种。直接加热就是煤燃烧时，产生的热通过风机直接吹入烘干机（室）内。这种办法的优点是热效率高、设备选价低廉；缺点是不够卫生、作业条件差。间接加热就是煤燃烧后通过热交换器，把清洁空气加热后吹进烘干机（室）内。热交换器的种类较多，大体可归纳为两种，一种是锅炉式，通过水（或蒸汽）为热介质；另一种是完全用空气做交换介质。

间接加热方法，优点是种子没有污染，可烘商品粮，作业条件好；缺点是设备造价较高，热效率较低。

目前我国自行设计的种子烘干机（室）均采用直接加热或间接加热方法，主要原因是从降低设备造价考虑的。

四、配套设施及种子加工工艺流程的选择

根据种子加工厂的生产规模来确定相适应的配套设施、种子加工工艺流程，这是种子加工厂的核心。种子加工生产规模不同，需要的成套设备有很大差异，可以是小、中型设备的集成，也可以是全自动化的大型成套设备。种子加工工艺流程也因为加工规模不一样而有较大的差异。

1. 种子加工流水线设计要遵循什么原则？

2. 简述开式提升机工作原理。

3. 简述离心式除尘工作原理。

第二部分

种子贮藏

第十章　种子贮藏基础

第一节　种子的呼吸作用

种子从收获至播种前需经或长或短的贮藏阶段。种子贮藏（seed storage）的任务是采用合理的贮藏设备和先进科学的贮藏技术，人为地控制贮藏条件，将种子质量的变化降低到最低限度，最有效的保持旺盛的发芽力和活力，从而确保种子的播种价值。

种子贮藏期限的长短，因作物种类、耕作制度及贮藏目的而不同。如翻秋播种的种子贮藏期短，后备种子则要长一些，而种质资源保存的种子贮藏期则更长。一般情况下，贮藏期短的种子不易丧失生活力，贮藏期长的则容易丧失生活力，但不是绝对的。品质优良的种子，在干燥低温条件下，采用科学管理方法则可延长寿命，反之则不能，甚至会引起种子迅速变质。所以，从提高种子耐藏性着手，改善贮藏条件，并采用科学的管理方法，是种子安全贮藏的重要保证。

种子是活的有机体，每时每刻都在进行着呼吸作用（respiration），即使是非常干燥或处于休眠状态的种子，呼吸作用仍在进行，但强度减弱。种子的呼吸作用与种子的安全贮藏有非常密切的关系，因此，了解种子的呼吸及其各种影响因素，对控制呼吸作用和做好种子贮藏工作有重要的实践意义。

一、贮藏种子的呼吸特点

种子的任何生命活动都与呼吸密切相关，呼吸的过程是将种子内贮藏物质不断分解的过程，它为种子提供生命活动所需的能量，促使有机体内生化反应和生理活动正常进行。种子的呼吸作用是贮藏期间种子生命活动的集中表现，因为贮藏期间不存在同化过程，而主要进行分解作用和劣变过程。

呼吸作用是种子内活的组织在酶和氧的参与下，将本身的贮藏物质进行一系列的氧化还原反应，最后放出二氧化碳和水，同时释放能量的过程。它是活组织特有的生命活动，如禾谷类种子中只有胚部和糊粉层细胞是活组织，所以种子呼吸作用是在胚和糊粉层细胞中进行。种胚虽只占整粒种子的 3% ~ 13%，但它是生命活动最活跃的部分，呼吸作用以胚部为主，其次是糊粉层。果种皮和胚乳经干燥后，细胞一般不存在呼吸作用，但果种皮和通气性有关，也会影响呼吸的性质和强度。

（一）种子呼吸的性质

种子呼吸的性质根据是否有外界氧气参与分为 2 类：有氧呼吸和缺氧呼吸。

有氧呼吸即通常所指的呼吸作用，其过程可以简括如下：

$$C_6H_{12}O_6 + 6O_2 \longrightarrow 6CO_2 + 6H_2O + 2\ 870.22\ kJ$$

缺氧呼吸一般指在缺氧条件下，细胞把种子贮存的某些有机物分解成为不彻底的氧化产物，同时释放能量的过程。反应式如下：

$$C_6H_{12}O_6 \longrightarrow 2C_2H_5OH + 2CO_2 + 100.42\ kJ$$

一般缺氧呼吸产生酒精，但也可以产生乳酸，其反应如下：

$$C_6H_{12}O_6 \longrightarrow 2CH_3COCOOH + 4H \longrightarrow 2CH_3CH(OH)COOH + 75.31\ kJ$$

两种类型的呼吸在初期阶段是相同的，直到糖酵解形成丙酮酸（$CH_3COCOOH$）后，由于氧的有无而形成不同途径。在有氧情况下，丙酮酸经三羧酸（TCA）循环，最后完全分解为 CO_2 和 H_2O；在缺氧情况下，丙酮酸不经 TCA 循环，而直接进行酒精发酵或乳酸发酵等。

种子呼吸的性质随环境条件、作物种类和种子品质而不同。干燥的、果种皮紧密的、完整饱满的种子处在干燥低温、密闭缺氧的条件下，以缺氧呼吸为主，呼吸强度低；反之则以有氧呼吸为主，呼吸强度高。种子在贮藏过程中两种呼吸往往同时存在，通风透气的种子堆，一般以有氧呼吸为主，但在大堆种子底部仍可能发生缺氧呼吸。若通气不良，氧气供应不足时，则缺氧呼吸占优势。含水量较高的种子堆，由于呼吸旺盛，堆内种温升高，如果通风不良，便会产生乙醇，此类物质在种子堆内积累过多，往往会抑制种子正常呼吸代谢，甚至使胚中毒死亡。

（二）种子的呼吸强度和呼吸系数

呼吸作用可以用 2 个指标来衡量，即呼吸强度和呼吸系数（也叫呼吸商，简称 R.Q.）。

呼吸强度是指一定时间内，单位重量种子放出的二氧化碳量或吸收的氧气量。它是表示种子呼吸强弱的指标。种子贮藏过程中，呼吸强度增强无论在有氧呼吸和缺氧呼吸条件下都是有害的。种子长期处在有氧呼吸条件下，放出的水分和热能，会加速贮藏物质的消耗和种子生活力的丧失。对水分较高的种子来说，在贮藏期间若通风不良，种子呼吸放出的一部分水汽就被种子吸收，而释放出来的热能则积聚在种子堆内不易散发出来，因而加剧种子的代谢作用；在密闭缺氧条件下呼吸强度愈大，愈易缺氧而产生有毒物质，使种子窒息而死。因此，对水分含量高的种子，入仓前应充分通风换气和晒干，然后密闭贮藏，由有氧呼吸转变为缺氧呼吸。干燥种子，由于大部分酶处于钝化状态，本身代谢作用十分微弱，种子内贮藏养料的消耗极少，即使贮藏在缺氧条件下，也不容易丧失发芽率。实践上将干燥种子密闭贮藏能保持许多年生活力，其原因就在于此。

呼吸系数是指种子在单位时间内放出二氧化碳的体积和吸收氧气的体积之比，即：

$$呼吸系数 = \frac{放出CO_2体积}{吸收O_2体积}$$

呼吸系数是表示呼吸底物的性质和氧气供应状态的一种指标。

当碳水化合物用作呼吸底物时，若氧化完全，呼吸系数为1。如果呼吸底物是分子中氧/碳值比碳水化合物小的脂肪和蛋白质，则其呼吸系数小于1。如果底物是一些比碳水化合物含氧较多的物质，如有机酸，则其呼吸系数大于1。

由此可见，呼吸系数随呼吸底物而异，实际上种子中含有各种呼吸底物，往往不是单纯利用一种物质作为呼吸底物的，所以呼吸系数与底物的关系并非容易确定。一般而言，贮藏种子利用的是存在于胚部的可溶性物质，只有在特殊情况下受潮发芽的种子才有可能利用其他物质。

呼吸系数还与氧的供应是否充足有关。测定呼吸系数的变化，可以了解贮藏种子的生理作用是在什么条件下进行的。当种子进行缺氧呼吸时，其呼吸系数大于1；在有氧呼吸时，呼吸系数等于1或小于1。如果呼吸系数比1小得多，表示种子进行强烈的有氧呼吸。

氧气的供应还与果种皮的结构有关，果种皮致密、透氧性极低的种子，往往存在缺氧呼吸现象。

二、影响种子呼吸强度的因素

种子呼吸强度的大小，因作物、品种、收获期、成熟度、种子大小、完整度和生理状态而不同，同时还受环境条件的影响，其中水分、温度和通气状况的影响更大。

（一）水分呼吸强度

水分呼吸强度随着种子水分的提高而增强（图 10-1）。潮湿种子的呼吸作用很旺盛，干燥种子的呼吸作用则非常微弱。因为酶随种子水分的增加而活化，把复杂的物质转变为简单的呼吸底物。所以种子内的水分愈多，贮藏物质的水解作用愈快，呼吸作用愈强烈，氧气的消耗量愈大，放出的二氧化碳和热量愈多。可见种子中游离水的增多是种子新陈代谢强度急剧增加的决定性因素。

种子内出现游离水时，水解酶和呼吸酶的活动便旺盛起来，增强种子呼吸强度和物质的消耗。当游离水将出现时的种子含水量称为临界水分。一般禾本科作物种子临界水分为13.5%左右（如水稻13%、小麦14.6%、玉米11%）；油料作物种子的临界水分为8%～8.5%（如油菜7%）。

表 10-1 为不同水分小麦种子的呼吸强度，从表中可以看出，随着种子水分的升高不仅呼吸强度增加，而且呼吸性质也随之变化。

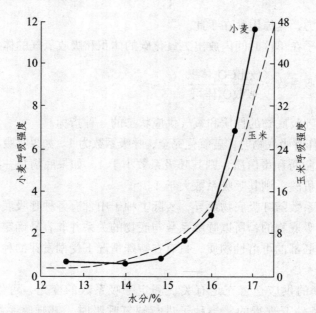

图 10-1　不同水分的玉米和小麦种子的呼吸强度［mgCO₂/（100 g·h）］

（潘瑞炽等，1984）

表 10-1　小麦种子水分对呼吸强度和呼吸性质的影响

（克列托维奇和乌沙科娃，1945）

水分/%	100 g 干物质 24 h 内		呼吸系统	呼吸性质
	消耗 O_2/mg	放出 CO_2/mg		
14.4	0.07	0.27	3.80	缺氧
16.0	0.33	0.42	1.27	
17.0	1.99	2.22	1.11	
17.6	6.21	5.18	0.88	
19.2	8.90	8.76	0.98	
21.2	17.73	13.04	0.73	有氧

　　临界水分与种子贮藏的安全水分有密切关系，而安全水分随各地区的温度不同而有差异。禾谷类作物种子的安全水分，在温度 0～30 ℃ 范围内，温度一般以 0 ℃ 为起点，水分以 18% 为基点，以后温度每增高 5 ℃，种子的安全水分就相应降低 1%。在我国多数地区的禾谷类作物种子，水分不超过 14%～15%，可以安全度过冬、春季；水分不超过 12%～13%，可以安全度过夏、秋季。

（二）温　度

　　在一定温度范围内，种子的呼吸作用随着温度的升高而加强。一般种子处在低温条件下，呼吸作用极其微弱，随着温度升高，呼吸强度不断增强，尤其在种子水分增高的情况下，呼吸强度随着温度升高而发生显著变化。但这种增长受一定温度范围的限制。在适宜的温度下，原生质黏滞性较低，酶的活性强，所以呼吸旺盛；而温度过高，则酶和原生质遭受损害，使生理作用减慢或停止。图 10-2 的曲线表明，几种水分不同的小麦种子，呼吸强度在 0 ~ 55 ℃ 范围内逐渐增强，温度超过 55 ℃，呼吸强度又急剧下降。由此可见，水分和温度都是影响呼吸作用的重要因素，两者互相制约。干燥的种子即使在较高温度的条件下，其呼吸强度也要比潮湿的种子在同样温度下低得多；同样，潮湿种子在低温条件下的呼吸强度比在高温下低得多。因此干燥和低温是种子安全贮藏和延长种子寿命的必要条件。

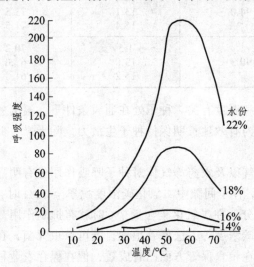

图 10-2　温度对不同水分小麦种子呼吸强度［mgCO$_2$/（100 g·6 h）］的影响

（据柯兹米娜，1960）

（三）通　气

空气流通的程度可以影响呼吸强度与呼吸方式。如表 10-2 所示，不论种子水分高低，在通气条件下的呼吸强度均大于密闭贮藏条件下的呼吸强度。同时还表明种子水分和温度愈高，则通气对呼吸强度的影响愈大。但高水分种子，若处于密闭条件下贮藏，由于旺盛的呼吸，很快会把种子堆内部间隙中的氧气耗尽，而被迫转向缺氧呼吸，结果引起大量氧化不完全的物质积累，导致种子迅速死亡。因此，高水分种子，尤其是呼吸强度大的油料作物种子要特别注意通风。水分不超过临界水分的干燥种子，由于呼吸作用非常微弱，对氧气的消耗很慢，即使在密闭条件下，也能长期保持种子生活力。在密闭条件下，种子发芽率随着其水分提高而逐渐下降（表 10-3）。

表 10-2　通风对大豆种子呼吸强度*的影响

温度/℃	水分/%					
	10.0		12.5		15.0	
	通　风	密　闭	通　风	密　闭	通　风	密　闭
0	100	10	182	14	231	45
2 ~ 4	147	16	203	23	279	72
10 ~ 12	286	52	603	154	827	293
18 ~ 20	608	135	979	289	3526	1550
24	1073	384	1667	704	5851	1863

注：* 指每 100 g 干种子 6 h 放出的 CO$_2$ 质量（单位：mg）。

表 10-3　通气状况对水稻种子发芽率的影响

（胡晋等，1988）

材　　料	原始发芽率/%	入库水分/%	常温库贮藏 1 年后的发芽率/%	
			通气	密闭
珍汕 97A	94.0	11.4	73.0	93.5
		13.1	73.5	74.5
		15.4	71.5	19.0
汕优 6 号	90.3	1.5	70.2	85.6
		13.0	67.0	83.0
		15.2	61.0	26.5

通气对呼吸的影响还和温度有关。种子处在通风条件下，温度愈高，呼吸作用愈旺盛，生活力下降愈快。生产上为有效地长期保持种子生活力，除干燥、低温外，进行合理的密闭或通风是必要的。

二氧化碳、氮气、氨气以及农药等气体对种子呼吸作用也有明显影响，浓度高时往往会影响种子的发芽率。例如，种子间隙中二氧化碳浓度积累至 12% 时，就会抑制小麦和大豆的呼吸作用；若提高小麦水分，在二氧化碳含量 7% 时就有抑制作用。目前，有些粮食部门采用脱氧充氮或提高二氧化碳浓度等方法保管粮食，既可杀虫灭菌，在一定程度上也抑制了粮食的呼吸作用。这种方法在粮食保管方面已有成效，但在保存农业种子方面，还有待进一步研究。

（四）种子本身状态

种子的呼吸强度还受种子本身状态的影响。凡是未充分成熟的、不饱满的、损伤的、冻伤的、发过芽的、小粒的和大胚的种子，呼吸强度都高；反之，呼吸强度就低（图 10-3）。因为未成熟、冻伤、发过芽的种子含有较多的可溶性物质，酶的活性也较强，损伤的、小粒的种子接触氧气面较大，大胚种子则由于胚部活细胞所占比例较大。

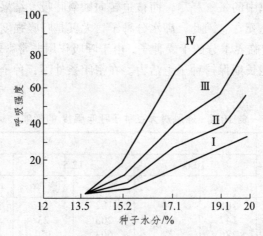

图 10-3　种子完整度与呼吸强度（$mgCO_2$）的关系

Ⅰ—饱满完整粒；Ⅱ—不饱满粒；Ⅲ—极不饱满粒；Ⅳ—破碎粒

（据特里斯维亚特斯基）

从上可知，种子入仓前应该进行清选分级，剔除杂质、破碎粒、未成熟粒、不饱满粒与虫蚀粒，把不同状态的种子进行分级，以提高贮藏稳定性。凡受冻、虫蚀过的种子不能作种用，而对大胚种子、呼吸作用强的种子，贮藏期间要特别注意干燥和通气。

（五）化学物质

据报道，磺胺类杀菌剂、二氧化碳、氮气和氨气等熏蒸剂对种子呼吸作用也有影响，浓度加大时，往往会影响种子发芽率。

（六）间接因素

如果贮藏种子感染了仓虫和微生物，一旦条件适宜时便大量繁殖，由于仓虫、微生物活动的生命，结果放出大量的热能和水汽，间接地促进了种子的呼吸强度（图 10-4）。同时，三者（种子、仓库害虫、微生物）的呼吸构成种子堆的总呼吸，那就会消耗大量的氧气，放出大量的二氧化碳，也间接地影响种子呼吸方式，这就加速种子生活力的丧失。据试验，昆虫的氧气消耗量为等量谷物的 130 000 倍。栖息密度越高，则其氧气消耗量越大。在有仓虫的场合，氧气随着温度增高而减少愈快。随着仓内二氧化碳的积累，仓虫就窒息死亡。但有的仓虫能忍耐 60% 的浓度的二氧化碳。虽然二氧化碳浓度的提高会影响仓虫的死亡，但仓虫死亡的真正原因是氧气的减少。当氧气浓度减少到 2%～2.5% 时，就会阻碍仓虫和霉菌的发生。在密封条件下，由于仓虫本身的呼吸，氧气浓度自动降低，从而阻碍仓虫继续发生，即所谓的自动驱除，这就是密封贮藏所依据的一个原理（图 10-5）。

综上所述，呼吸作用是种子生理活动的集中表现。在种子贮藏期间把种子的呼吸作用控制在最低限度，就能有效地保持种子的活力。一切措施（包括收获、脱粒、清选、干燥、仓房、种子品质、环境条件和管理制度等）都必须围绕降低种子呼吸强度和减缓劣变进程来进行。

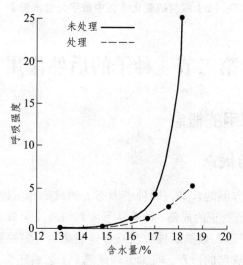

图 10-4　正常与有菌繁殖的小麦呼吸强度 $[mgCO_2/(100\ g \cdot 24\ h)]$ 与含水量的关系

（引自胡晋，2001）

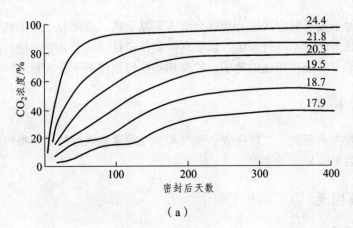

（a）

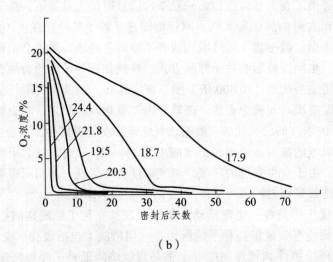

（b）

图 10-5 随着不同密封时间，籽粒间空气中的 CO_2（a）和
O_2（b）浓度的变化（图中数字为含水量）

第二节　种子的后熟作用

一、种子后熟作用的概念

（一）种子后熟的概念

种子成熟应该包括两方面的含义，即种子形态上的成熟和生理上的成熟，只具备其中一个条件时，都不能称为种子真正的成熟。种子从形成到田间完全成熟阶段，叫做形态成熟（技术成熟或收获成熟）。种子形态成熟后被收获与母体脱离后，需要在一定的外界环境条件下，经过一段时间达到生理上成熟的过程，叫做生理成熟（工艺成熟）。这段时期种子内部的生理生化作用仍然继续进行，实质上是成熟过程的延续，又因在收获后进行，所以称为后熟。后熟实际上是在种子内发生的准备发芽的变化。从形态成熟到生理成熟的变化过程，称为种子

后熟作用。完成后熟作用所需的时间，称为后熟期。种子通过后熟作用，完成其生理成熟阶段，才能被认为是真正成熟的种子。在种子后熟阶段，同时进行着两个性质不同的生命活动过程，其一是呼吸作用，它是种子内部贮藏物质的分解和消耗过程；其二是后熟作用，即在各种酶的参与下，一些比较简单的可溶性有机物质继续缓慢地进行合成的过程，如氨基酸合成蛋白质，进而形成蛋白质聚合体，脂肪酸与甘油合成脂肪，可溶性单糖、双糖合成淀粉，合成的同时释放出水分。在通常情况下，后熟阶段的合成大于分解。种子在后熟期间所发生的变化，主要是在质的方面，而在量的方面只会减少而不会增加。通常以发芽率达到80%～90%时作为完成后熟作用的标志。

　　不同作物种子后熟期长短有差异。冬小麦种子后熟期较长，有的可达2个月以上；油菜种子后熟期则短，在田间已完成后熟作用。这种差异是由作物品种的遗传特性和环境条件影响而形成的。一般来说，麦类后熟期较长；粳稻、玉米、高粱后熟期较短；籼稻基本无后熟期，在田间完成后熟后，在母株上就可以发芽，称为"穗发芽"。杂交稻种子也易发生"穗发芽"的现象。

　　后熟作用是种子的自然休眠，是植物在长期历史发育过程中形成的一种在生物学上有利的适应性，能预防种子在不适应它发育的季节萌发生长。这里的休眠指生理休眠（即种子是活的，给予适宜条件也不发芽）。休眠是广义的名词，后熟是休眠的一种状态，或是引起休眠的一种原因。

　　种子未通过后熟作用，不宜作为播种材料，否则发芽率低，出苗不整齐，影响成苗率。小麦籽粒未通过后熟，磨成面粉，影响烘烤品质；大麦籽粒未通过后熟，制成的麦芽不整齐，不适于酿造啤酒。

（二）种子后熟期间的生理生化变化

　　种子后熟作用是贮藏物质由量变为主转到以质变为主的生理活动过程，即高分子物质不断合成，胚进一步成熟，但在后熟期间，种子内部贮藏的物质总量变化很微小，可溶性物质不再积累，只减少而不增加。其主要变化表现在各类物质组成的比例和分子结构的繁简及存在状态等方面。变化方面和成熟期基本一致，即物质的合成作用占优势。一方面，随着后熟作用逐渐完成，可溶性化合物不断减少，而淀粉、蛋白质和脂肪不断积累，酸度降低；另一方面，种子内酶的活性（其中包括淀粉酶、脂肪酶和脱氢酶）由强变弱。当种子通过了后熟期，其生理状态即进入一个新阶段，而与后熟期的生理状态显然有很大的差异。具体表现在以下几方面：

　　（1）酶的活性逐渐降低，酶的主要作用在适宜条件下开始转逆，使水解作用趋向活跃。

　　（2）氨基酸态氮和非蛋白质态氮减少，蛋白质含量增加，稳定性增强。单糖脱水缩合成为复杂的糖类，即可溶性糖减少，淀粉增多。脂肪酸与甘油合成脂肪，脂肪酸减少，脂肪增加。种子内部的低分子和可同化的物质相对含量下降，而高分子的贮藏物质积累达到最高限度（表10-4）。

表 10-4　大豆种子在后熟期间的生理生化变化

成分	百粒种子	
	实验初期	实验终期
总氮量/g	0.227	0.319
蛋白态氮/g	0.127	0.227
单糖和双糖/g	0.457	0.356
不溶性多糖/g	0.770	0.795
可溶性多糖/g	0.106	0.169

（3）种子水分含量下降，自由水大大减少，这成为促进物质合成的有利条件。

（4）由于脂肪酸、氨基酸等有机酸转化为高分子的中性物质，细胞内部的总酸度降低。

（5）由于种子的含水量降低、酶活性降低，使种胚细胞的呼吸强度降低。

（6）含磷化合物（核苷酸、核酸、磷脂、磷酸糖和植物钙等）积累，内生抑制物质（内脂香豆素、休眠素、离层酸、生长素和赤霉素等）转化。

（7）发芽力由弱转强，即发芽势和发芽率开始提高，表明种子已通过后熟，适于生产上做播种材料。

完成后熟作用的种子在物理性质方而表现为体积缩小、比重增加、硬度增大、种皮透气性和透水性增强。

二、种子后熟对种子贮藏的影响

（一）后熟引起种子贮藏期间的"出汗"现象

新入库的农作物种子由于后熟作用尚在进行，细胞内部的代谢作用仍然比较旺盛，其结果使种子水分逐渐增多，一部分蒸发成为水汽，充满种子堆的间隙，一旦达到过饱和状态，水汽就凝结成微小水滴，附在种子颗粒表面，这就形成种子的"出汗"现象。当种子收获后，未经充分干燥就进仓，同时通风条件较差，这种现象就更容易发生。

新种子在贮藏过程中释放出较多的水分是由于下列原因造成的。

（1）种子刚收获后，尚未完成后熟过程，细胞内部（特别是胚部的细胞）的呼吸作用仍相当旺盛，由于呼吸而放出的水分在通风不良的情况下越积越多。

（2）种子在后熟过程中，继续进行着物质的转化作用，即由可溶性低分子物质合成为高分子的胶体物质，同时放出一定量的水分，例如，由两分子葡萄糖变为较复杂的麦芽糖时，得到一分子的麦芽糖，同时放出一分子的水。

此外，种子中胶体物质束缚水的能力随后熟的通过而减弱，使一部分原来的胶状结合水转变为自由水。

（二）后熟造成仓内不稳定

种子在贮藏期间如果发生"出汗"现象，显然表明种子尚处于后熟过程中，进行着旺盛的生理生化变化，同时引起种子堆内湿度增大，以致出现游离的液态水吸附在种子表面。这时候可导致种子堆内水分的再分配现象，更进一步加强了局部种子的呼吸作用，如果没有及时发现，就会引起种子回潮发热，同时也为微生物创造有利的发育条件，严重时种子就可能霉变、结块甚至腐烂。因此，贮藏刚收获的种子，在含水量较高而且未完成后熟的情况下，必须采取有效措施，如摊晾、暴晒、通风等，以控制种子细胞内部的生理生化变化，防止积聚过多的水分而发生上述各种不正常的现象。

这里应该特别指出：种子的"出汗"现象和种子的"结露"现象是很相似的，但它们导致的原因却截然不同。"出汗"是由于种子细胞内部的生理生化活动，结果释放出大量的水分所造成的，产生矛盾的主要方面是内因；而"结露"是由于种子堆周围大气中温度、湿度与种子本身的温度及水分存在一定差距所造成的，产生矛盾的主要方面是外因（即大气中温度、湿度的变化）。

在生产实践中，为防止后熟期不良现象的发生，必须同时对内因与外因加以考虑，探索其变化规律与相互间的影响，总结经验，为做好长期安全贮藏工作提供制定正确技术措施的依据；适时收获，避免提早收获使后熟期延长；充分干燥，促进后熟的完成；入库后勤管理，入库后 1 个月内勤检查，适时通风，降温散湿。

（三）后熟期种子抗逆力强

种子在后熟期间对恶劣环境的抵抗力较强，此时进行高温干燥处理或化学药剂熏蒸杀虫，对生活力的损害较轻。如小麦种子的热进仓，就是利用未通过后熟的小麦种子抗热性强的特点，采用高温暴晒后的种子进仓，起到杀死仓虫的目的。

三、影响种子后熟的环境因素

后熟作用是种子的固有特性，其作用在贮藏期间进行的快慢与外界环境条件有密切关系，主要的影响因素有温度、湿度、空气等。

1. 温　度

温度的高低对种子后熟有促进或延缓作用。通常较高的温度（不超过 45 ℃）有利于种子细胞内生理生化反应的进行，促进后熟。反之，种子长期贮藏在低温条件下，生理生化反应非常缓慢，甚至处于停滞状态，这样就会阻碍种子的后熟作用，降低发芽率（表 10-5）。

表 10-5　小麦种子后熟期间贮藏条件与发芽率变化的关系

储藏条件	测定发芽日期（月/日）	发芽率/%				
		1	2	3	4	5
冷藏	11/21	38	85	14	23	26
冷藏	1/9	35	89	32	30	31
室温	1/9	99	99	93	93	87

生产上采用日光暴晒、空气干燥、趁热入仓等措施，可促进种子后熟的完成；零下低温会影响细胞内生理生化反应的进行，延缓后熟。据试验，将小麦贮藏在 – 25 ℃ 的条件下，经过 150 天，发芽率由原来的 40% 仅增加到 60%，尚未完成后熟；贮藏在 40 ℃ 的条件下，经过一周，便可提高发芽率（表 10-6）。但林木种子的后熟有时需要较低的温度。

表 10-6　高温条件对后熟期小麦发芽率的影响

温度	处理周数	发芽率/%			
		江东门	2905	24178	玉皮
47 ℃	1	85.5	92.5	92.5	89.5
	2	98.0	99.5	88.5	81.3
	3	97.5	97.5	76.5	65.0
44 ℃	1	58.5	94.5	84.5	90.5
	2	97.0	97.0	90.0	88.5
	3	98.5	97.5	80.5	91.0
25～30 ℃（室温对照）	1	6.0	29.6	79.3	88.6
	2	15.0	58.6	86.6	88.6
	3	13.0	61.3	88.7	92.6
高温处理前		1.3	1.6	70.3	89.3

从表 10-6 可见高温对 "2905" "江东门" 等后熟期长的小麦种子具有促进后熟的作用，麦种在 47 ℃ 及 44 ℃ 高温贮藏 1～2 周后，发芽率显著升高；然而对 "2417" 及 "玉皮" 则作用相反，在第三周发芽率不仅没提高，反而下降，其主要原因在于这些品种已通过后熟期。对于未通过后熟的种子，高温贮藏才能缩短后熟期。应用空气热处理促进成熟，主要是改善种皮的透气性。

2. 湿　度

湿度对种子后熟的影响很大。空气相对湿度大，不利于种子后熟的完成，因为种子水分向外扩散缓慢。湿度低有利于种子水分的扩散，能促进后熟作用的完成。种皮湿润能阻止水分从内层向外层渗出蒸发，使种皮不透气性增强，不利于后熟作用的完成。

3. 氧气和二氧化碳

种子堆空气成分对后熟作用也有影响，氧气缺乏、二氧化碳积累会延迟后熟；通气良好，氧气供给充足，则有利于后熟作用的完成。

4. 种子的透气性

当种子进入完熟期，种皮多变为不透气性的种皮，经过后熟作用后才能逐渐变为疏松多孔的种皮，透气性增强，利于种子发芽。

四、促进种子后熟的意义和方法

（一）促进种子后熟的意义

有后熟期而未完成后熟的种子，发芽率低，出苗不整齐，影响成苗率，而且影响籽粒的加工和食用品质。提早收获的种子，更是会延长后熟过程。加速种子后熟可提高种用品质，增强贮藏稳定性。因此，促进种子后熟早日完成，在生产上具有重要的意义。

另外，在农业生产实践中为了争取生长季节，提高复种指数，往往将前作提前收获，使后作可以按时播种。采取留株后熟的方法，在作物收割后让种子暂时留在母株上，等在母株上完成后熟作用后再进行脱粒，可大大提高种子的种用品质，对华北地区的玉米、南方的水稻都可以采用这种方法；如果种子已充分成熟，则收获时当即脱粒与留在母株上进行后熟对种子品质没有多大影响（表 10-7）。

表 10-7　不同后熟方法与种子品质的关系（亚麻）

处　　理	收获时期							
	乳熟期		黄熟初期		黄熟期		完熟期	
	绝对重量/%	油/%	绝对重量/%	油/%	绝对重量/%	油/%	绝对重量/%	油/%
对　　照	1.06	7.3	1.82	2.22	2.86	3.72	4.43	4.03
在果实中进行后熟	1.02	11.8	1.46	2.34	3.28	3.63	4.28	3.99
在茎秆上进行后熟	1.43	22.5	2.40	2.74	3.74	3.68	4.28	3.97

根据化学分析，证实禾谷类作物在蜡熟期进行收获后，茎秆中的营养物质仍能继续输送到籽粒中去而使千粒重有所增加，其增加数量相当于籽粒本身重量的 10% 左右。在有些连作稻地区，在早稻成熟期间，为了合理地安排劳动力，适当提早晚季稻移植期，往往将早稻稍提前收割，收割时不立即脱粒而将稻把倒挂在支架上让其通过后熟期，等到晚季稻移植完毕，再进行脱粒、暴晒、贮藏。这种留株后熟的方法，不仅是调剂劳动力的有效措施，同时对提高早稻种子的播种品质和保证晚季稻插秧不误农时均有显著效果。

（二）促进种子后熟的方法

促进种子后熟的方法，目前主要有：

1. 温度处理

高温能促进后熟，如日晒、热空气干燥等。小麦种子利用适当的低温预冷处理，可使氧在水中的溶解度增强，利于氧化作用进行，也可促进后熟，如将小麦置于 4 ℃ 条件下处理 24～28 h，能促进其发芽。

2. 超声波处理

用超声波处理种子，对促进后熟有良好的效果。据报道，用 22 kHz 超声波水中处理小麦 5～10 min，7 天内发芽率从对照的 48% 提高到 58.8%。因此，适当强度的超声波处理，有利于酶活性的增加和种皮透性的改善，能促进种子发芽和生长。

3. 电离辐射处理

用适宜剂量的射线辐照种子能促进种子的后熟作用，如用 ^{32}P、^{45}Ca、^{35}S、^{60}Co、^{14}C 处理小麦和玉米种子，均有促进其发芽的作用，但剂量过大会引起突变，甚至死亡。

4. 化学药剂处理

大量研究材料指出，用赤霉素处理种子，能促进后熟。$10 \sim 25$ mg/L 的赤霉素处理玉米、豌豆种子均能促进其发芽。用赤霉素处理种子，为缩短种子休眠期提供了有效的方法。

第三节　种子的衰老与寿命

植物种子具有一定的寿命（longevity），是农业生产得以延续和发展的必要条件。种子寿命的延长有利于繁种次数的减少和繁育费用的降低。尤其对于种质资源保存来说，更需要尽可能延长种子寿命，以保持品种的典型性和保证种子的纯度。此外，由于种子这种生物形式较其他的生命形式具有更长的寿命，因此，对种子的深入了解，无疑对研究生命衰老的本质以及延长种子生命的方法开辟了更为广阔的领域。

一、种子寿命的概念和差异性

（一）种子寿命的概念

种子寿命是指种子群体在一定环境条件下保持生活力的期限。实质上每颗种子都有它一定的生存期限，但目前尚无法逐一加以测定，只能用取样的方法，每隔一定时间，从种子群体中取出小部分作为代表，测定其存活率。当一批种子的发芽率从收获后降低到半数种子存活所经历的时间，即为该批种子的平均寿命，也称半活期。由于一批种子死亡点的分布呈正态分布，因此，半活期正是一批种子死亡的高峰期。

在农业生产上，用半活期概念作为种子寿命的指标显然是不合适的。根据对衰老种子的细胞、遗传、生理生化以及田间产量等方面的研究表明：种子实验室发芽率越高，就越接近田间出苗率；当种子发芽率下降时，田间出苗率下降更快。显然，这是因为某些衰老种子尽管能正常发芽，但在田间条件下却无法长成正常幼苗所致。衰老种子已经发生了各种变化，导致其生产潜力下降。所以，当一批种子发芽率下降较严重时，无法用加大播种量来完全弥补它造成的损失，这批种子也不适宜再作种用。因此，农业生产上采用农业种子寿命的概念。农业种子的寿命是指种子生活力在一定条件下能保持 90% 以上发芽率的期限，此期限的长短和该批种子在农业生产上的利用年限有密切联系。换言之，某批种子的寿命越长，则在农业生产上的使用年限也越久，而每次用于繁育良种所耗费的人力物力也越经济，且可减少在播种与收获过程中所造成的混杂和差错。

种子的寿命因作物种类不同而差异悬殊，短则数小时，长则可达千、万年。据历史记载和科学家研究，迄今为止寿命最长的种子是在北极冻土地带旅鼠洞中发现的羽扇豆，经处理后仍可发芽并长成正常植株，据测其寿命已达 1 万年以上。我国辽东半岛南部一干涸湖底挖掘出 1 000 多年前的古莲籽，仍然能开花结果，这是我国迄今为止发现的最长寿命的种子。

有关种子寿命的研究资料十分丰富。最早有意识地进行种子寿命试验的是美国密歇根州农学院的 W. J. Real 教授。他从 1879 年开始将 23 种种子和沙混合装入瓶内埋入地下，定期测定种子发芽率，经观察了解种子的寿命，至今还有人继续他的试验。之后，许多科学家重复他的试验，同时采用密闭、充氮、干燥、冷冻等手段，来探索延长种子寿命的方法。

（二）植物种子寿命的差异性

植物种子寿命的差异很大，这种差异性是由多方面因素造成的。

首先，这种差异性由植物本身的遗传性所决定。例如禾谷类种子一般寿命较短，葫芦科种子则寿命较长；又如豆科种子、绿豆和紫云英种子寿命比大豆和花生种子寿命长得多。其次，这种差异性受环境条件的影响，包括种子留在母株上时的生态条件以及收获、脱粒、干燥、加工、贮藏和运输过程中所受到的影响。通常提到某一作物种子的寿命，是指它在一定的具体条件下，能保持其生活力的年限。当时间、地点以及各种环境因素发生改变时，作物种子的寿命也就随之改变。

作物种子的寿命，在不同地区和不同条件下观察的结果虽有很大差异，但若在相同条件下观察，其结果较为一致。据 Ewart 的分类法，种子寿命大致可分为长命种子（15 年以上），常命种子（3～15 年）以及短命种子（3 年以下）三大类：

（1）属长命种子的作物有蚕豆、绿豆、紫云英、豇豆、小豆、甜菜、陆地棉、烟草、芝麻、丝瓜、南瓜、西瓜、甜瓜、茄子、白菜、萝卜及茼蒿等。

（2）属常命种子的作物有水稻、裸大麦、小麦、高粱、粟、玉米、荞麦、中棉、向日葵、大豆、菜豆、豌豆、油菜、番茄、菠菜、葱、洋葱、大蒜及胡萝卜等。

（3）属短命种子的作物有甘蔗、花生、苎麻、洋葱、辣椒等。此外，许多林木、果树种子大多寿命较短。

以上分类仅为大体上划分，实际上各类型之间并没有严格的界限。例如，列入第三类的花生种子，晒干后贮藏在密闭条件下，可以保持 8 年以上而发芽仍然很好。又如玉米、大豆、菠菜、番茄均列入第二类，但在一般贮藏条件下，番茄和菠菜种子寿命要比玉米和大豆长得多。

二、种子寿命的影响因素

种子寿命的差异性，归根结底是由种子的遗传性和它所处的环境所造成。

（一）种子特性

1. 种皮结构

种皮（有时包括果皮及其附属物）是空气、水分、营养物质进出种子的必然通道，也是微生物侵入种子的天然屏障。凡种皮结构坚韧、致密、具有蜡质层和角质层的种子，尤其是硬实，其寿命较长。反之，种皮薄、结构疏松、外层无保护结构和组织的种子，其寿命较短。具有历史记载的长命种子，无不具有结构完美的种皮。禾谷类植物中，具有外壳保护的水稻种子寿命较长，有皮大麦比小麦和裸大麦寿命长。同是豆类作物，花生种子的种皮脆而薄，且和其他豆科植物的种子不同，缺乏栅状细胞层，因而较难贮藏。种皮的保护性能也受到种子收获、加工、干燥、运输过程中遭受机械损伤程度的影响，凡遭受严重机械损伤的种子，其寿命将明显下降。

在大豆、菜豆等多种作物中，种皮的颜色影响到种皮的致密程度和保护性能，凡深色种皮的品种，其种子寿命较浅色品种长。

2. 化学成分

糖类、蛋白质和脂肪是种子三大类贮藏物质，其中脂肪较其他两类物质更容易水解和氧化，常因酸败而产生大量有毒物质，如游离脂肪酸和丙二醛等，这对种子生活力造成很大威胁。据研究，棉花种子中游离脂肪酸若达到 5%，种子全部死亡。豌豆种子中若丙二醛浓度达到 0.5 mol/L，其蛋白质合成速率将下降一半。脂肪酸中的饱和脂肪酸更容易氧化分解。如同属豆科植物的绿豆和蚕豆要比花生和大豆寿命长得多，因为前者含有较多的淀粉和蛋白质，后者含有大量的脂肪，这是它们寿命差异较大的重要原因之一。据最新研究，带有脂肪氧化酶缺失基因的种子，不易引起内部脂肪的氧化酸败，有利于保持种子的寿命。

3. 生理状态

种子若处于活跃的生理状态，其耐藏性是很差的。生理状态活跃的明显指标是种子呼吸强度增强。凡未充分成熟的种子，受潮受冻的种子，尤其是已处于萌动状态的种子或者发芽后又重新干燥的种子，均由于旺盛的呼吸作用导致寿命大大缩短。据研究，受潮种子的呼吸强度较干燥时增加 10 倍，这样的种子由于各种水解酶已活化，即使再干燥到原来的程度，其呼吸强度仍然维持在较高水平而无法下降。种子受冻害后，其水解酶活化，将细胞内含物分解，这个过程称为细胞"自溶"，严重时使种子腐烂。因此，尽量将种子生理活动维持在低水平，这是延长种子寿命的必要条件之一。

4. 物理性质

种子大小、硬度、完整性、吸湿性等因素均对种子寿命产生影响，这些因素归根结底影响着种子的呼吸强度。小粒种子、瘦粒种子、破损种子，其比面积大，且胚部占整粒种子的比率较高，因而呼吸强度明显高于大粒、饱满和完整的种子，因而寿命较短。吸湿性强的种子，相应地含水分和微生物较多，容易引起种子劣变。因此，在种子入库前进行干燥和清选加工，是保证种子安全贮藏、延长种子寿命的有效方法。

5. 胚的性状

在相同条件下，一般大胚种子或者胚占整个籽粒比例较大的种子，其寿命较短。因为胚部含有大量可溶性营养物质、水分、酸和维生素，是种子呼吸的主要部位。如大麦胚的呼吸强度（CO_2）为 715 mm³/(g·h)，而胚乳（主要是糊粉层）的呼吸强度 CO_2 为 76 mm³/(g·h)，胚的呼吸强度几乎是胚乳的 10 倍，胚部结构疏松柔软，水分高，很容易遭受仓虫和微生物的侵袭。在禾谷类作物中，玉米种子的胚较大，且含脂肪多，因此，比其他禾谷类种子难以贮藏。

6. 正常型种子和顽拗型种子

从长期种子贮藏的实践和研究中发现，植物种子对贮藏的水分和温度有不同的反应，据此按种子贮藏特性不同分为正常型种子（Orthodox Seed）和顽拗型种子（Recalcitrant Seed）。

（1）正常型种子

具有适于干燥低温贮藏的特性。一般来说，种子水分和贮藏温度越低，越有利于延长种子寿命。大多数农作物、蔬菜和牧草种子属于这一类型。

（2）顽拗型种子

具有不耐低温贮藏和不耐脱水干燥的特性。一般来说，脱水干燥会造成种子损伤，零度以下低温会引起冻害，而造成种子死亡。如茶籽、板栗、咖啡、可可和橡胶等林木种子属于这一类型。

顽拗型种子特性的形成和当地的地理气候条件有很大关系。热带气候高温潮湿，种子随时可以萌发长成植株，加上多年生木本植物的种子客观上无须具有较长的寿命以度过不良环境，因此，顽拗型种子的寿命较短。为了延长顽拗型种子的寿命，必须满足它生理上需要的条件，即较高的水分、较高的温度和充足的氧气。

顽拗型种子可以通过干燥和低温处理后是否死亡来鉴别。然而实际上问题是很复杂的，因为正常型种子用不适当的干燥方法和低温处理（例如速度太快或者变化幅度太大），也会造成死亡。因此，确定某种种子是否属于顽拗型种子，必须经过多年研究和反复验证才能得出结论。

（二）环境因素

种子贮藏离不开环境，环境因素和种子寿命紧密联系在一起，组成不可分割的统一体。改善环境因素，可使难贮藏的种子大大延长寿命；反之，环境条件变劣，则可使长命种子很快丧失生活力。

1. 湿　度

在贮藏环境条件下，种子水分随着贮藏环境湿度而变化。因为种子若不是完全密闭贮藏在容器内，它必定和周围环境的湿度产生交换而达到自动平衡。如果环境湿度较高，种子将会吸湿而使水分增加，而种子水分是影响贮藏种子寿命的最关键因素。种子水分和种子呼吸强度关系最为密切。当种子中出现自由水时，种子的呼吸强度剧增；同时自由水的出现使种子中的酶得以活化，使各种生理过程尤其是物质的分解过程加速进行，这样的种子很难再安全贮藏。因此，种子水分越高种子的寿命就越短，尤其当种子水分超过安全贮藏水分时，种子寿命大幅度下降。Harrington（1972）曾指出：当种子水分在 5% ~ 14% 时，每上升 1% 的水分，种子寿命缩短一半（后经 Robers 等人修正为每上升 2.5% 的水分，寿命缩短一半）。

据试验，对许多正常型植物种子来说，最适宜于延长种子寿命的种子水分为 1.5% ~ 5.5%，这因种类而不同。但这样低的水分容易引起种子吸胀损伤和增加硬实率，播种以前需要进行适当的处理以防止这些不良现象的发生（Roberts，1989）。例如大白菜种子水分降至 0% 无明显损伤；大豆种子，只要在萌发前预先进行湿度梯度平衡以防止吸胀损伤，水分可以降到

3%～4%；籼稻可降到 5%；粳稻可降到 7%。顽拗型种子需要有较高的水分才能保持其生命力，水分过少则会引起死亡，如某些林木果树种子需要较高水分贮藏，茶籽需保持水分在 25%以上，橡实需保持水分在 30% 以上。

2. 温 度

贮藏温度是影响种子寿命的另一个关键因素。在水分得到控制的情况下，贮藏温度越低正常型种子的寿命就越长，即使进行 – 196 ℃ 的液氮处理，种子也不会丧失生活力。反之，高温对种子安全贮藏十分不利。首先，在 0～55 ℃ 内，种子的呼吸强度随着温度上升而增加；其次，温度增高有利于仓虫和微生物活动以及脂质的氧化和变质。若温度再上升，则会引起蛋白质变性和胶体的凝聚，使种子的生活力迅速下降。若种子水分偏高又处于高温条件下，种子会很快死亡，这就是我国南方种子贮藏过夏较为困难的原因。

Harrington 也曾指出关于温度与种子寿命关系的规律：在 0～50 ℃ 范围内，温度每上升 5 ℃，种子寿命缩短一半（后经 Roberts 等修正为温度每上升 6 ℃，种子寿命缩短一半）。表 10-8 表明在各种温度、湿度条件下，不同作物种子的寿命变化趋势。显然，在高温、高湿条件下，种子很快丧失生活力。

表 10-8 不同温湿度下种子贮藏 1 年后的发芽率

（据 Barton）

作 物	原始发芽率/%	相对湿度/%	5 ℃	10 ℃	20 ℃	30 ℃
莴苣	63	35 55 76	67 50 36	53 22 0	32 3 0	2 0 0
洋葱	56	35 55 76	55 53 27	35 16 13	29 3 1	15 4 0
番茄	93	35 55 76	94 90 88	91 89 76	90 89 45	91 83 10

实践经验指出：最有利于延长一般常规作物种子寿命的贮藏温度为 – 10～– 20 ℃，在这种情况下，种子水分需低于临界水分。

3. 气 体

据研究，氧气会促进种子的劣变和死亡，而氮气、氦气、氢气和二氧化碳则延缓低水分种子的劣变进程，但高水分种子则加速劣变和死亡。氧气的存在促使种子呼吸作用和物质的氧化分解加速进行，不利于种子安全贮藏。因此，在低温、低湿条件下，采取密闭方式，使种子的生命活动维持在最微弱的状态下，可以延长种子的寿命。但必须注意：当种子水分和贮藏温度较高时，采用密闭的方法，会使处于旺盛呼吸的种子被迫转入缺氧呼吸，因而产生大量二氧化碳和酒精，使种子很快窒息死亡。遇到这种情况，应该立即采取通风摊晾，使种子水分和温度迅速下降。

4. 光

强烈的日光中紫外线较强，对种胚有杀伤作用，强光与高温相伴随，种子经强烈而持久的日光照射后，也容易丧失生活力，这当然和种子的特性和水分有关，但一般室内散光虽长期作用于种子，亦不起显著影响。小粒而颜色深的种子放在夏季强烈的日光下暴晒，最初降低其发芽势，继续再晒，可将胚部细胞杀死；但大粒而种皮颜色较浅的种子则受害程度较轻。可见，要久藏的作物种子不宜暴晒过度，即使是有稃壳紧紧包住的水稻种子，亦往往由于暴晒时温度过高而发生"爆腰"（即米粒中部发生裂痕）和增加裂壳现象，这种现象必然会影响种子的寿命。晴天午间水泥地晒种，由于阳光强烈，晒场温度过高，会造成种子发芽率、发芽势及发芽指数下降，如用竹垫晒种或避开午间高温可使种子的损伤减轻（胡晋等，1999），大豆和花生的去壳种子尤其不宜高温暴晒，以免种皮开裂，加速脂肪氧化，降低其耐藏性。

5. 微生物及仓库害虫

真菌和细菌的活动，能分泌毒素并促使种子呼吸作用加强，加速其代谢过程，因而影响其生活力。发生这种现象的原因，不仅因为微生物具有呼吸作用，还因为被感染的组织要比健全组织的呼吸强度大。仓库害虫对于种子堆呼吸作用的影响是因为它们破坏了种子的完整性和仓库害虫本身的呼吸作用。微生物和仓虫生命活动的产物（热能和水分）都是促进种子呼吸作用和种子发热的重要因素，并能加速它本身的繁殖和活动，因而直接影响种子的寿命。

6. 化学物质

用化学物质处理种子，使种子在贮藏期间能保持生活力，是很有发展前途的一项措施，特别是含油分多的种子。有人曾用氯乙醇、氯丙醇等药剂处理亚麻籽和棉籽，以抑制游离脂肪酸的产生以及预防种子在大量贮藏期间的发热现象。在少量种子贮藏时，也可以在种子中施加杀菌剂和杀虫剂，以提高贮藏的稳定性，达到延长寿命的目的。如据报道（Moreno-Mar-tinez, E.et al., 1985），玉米种子用 750 mg/kg 的开普敦（Captan，亦称克菌丹）处理，经在 26 ℃ 和 85% 相对湿度条件下贮藏 100 天，具有显著抑菌作用，发芽率保持 80%以上，而对照感染霉菌严重，发芽率降低至 24%。也可采用大蒜素 401 处理柑橘类种子，可显著提高其耐藏性。

三、种子衰老的原因及机理

种子同一切生物一样，要经历形成、生长、发育、成熟和死亡的过程。如果不是突发性的原因（例如骤然高湿或低温冻害、机械损伤、化学药品腐蚀、毒物或高渗压物质的损害等）造成种子的突然死亡，种子生命力的丧失应该看成是种子劣变（deterioration）逐渐加深和累积的结果。在种子完全死亡之前，种子的形态结构及生理生化方面均发生了一系列的劣变，正是这些变化的累积造成种子生命力的最终丧失。

（一）细胞膜变化

细胞膜分质膜和内膜两大类。在成熟、干燥过程中，种子的细胞膜发生深刻的变化。种子干燥时，种子收缩，细胞壁高度扭曲，细胞核和线粒体呈不规则状态，膜遭到不同程度的破坏。这一变化大大减弱种子的生理活动，有利于种子的安全贮藏。当种子吸水后，各种成分（如糖类、氨基酸、蛋白质以及各种离子）都有渗漏，然而，这一过程非常短暂；随着水分进入，膜的水合程度增加，各种膜进行修复，很快恢复到正常状态，渗漏也得到抑制。例如大豆种子刚浸水 15 min 内，其电导率迅速上升，然后变缓并维持在一定水平。Simon（1987）认为：要使膜恢复到正常的双层结构，必须有 20% 以上的水分。种子吸水初期造成的渗漏，其原因是膜上的磷脂首先水合，因而造成膜蛋白的移位，随着水分进入，膜蛋白水合程度增加而恢复到固有位置，渗漏也就中止。

当种子发生劣变时，膜的渗漏程度较干燥种子严重。种子劣变使膜端的卵磷脂和磷脂酰乙醇胺分解解体，使膜端失去了亲水基团，因而也就失去了水合和修复功能。由于膜内部脂肪水解和氧化，又使膜内部疏水基团解体。劣变种子再度吸水时，膜的修复很缓慢，甚至无法恢复到正常的双层结构，因此造成了永久性的损伤。

膜的永久性损伤造成大量可溶性营养物质以及生理上重要物质（如激素、酶蛋白等）的渗漏，导致新陈代谢的正常过程受到严重影响。此外，膜的渗漏造成微生物大量繁殖，死种子和劣质种子最容易长霉就是这个原因。膜是许多酶的载体以及生理活动的场所（例如呼吸作用主要在线粒体膜上进行），膜的破坏使酶无法存在，它的功能亦随之丧失。

脂肪的水解氧化不仅使膜的结构破坏，而且产生大量自由基离子，这种自由基离子既是电子供体又是电子受体，在生化反应中极为活跃，由于它的存在使物质的氧化分解更加快速，最终导致 DNA 突变和解体。

（二）大分子变化

1. 核酸的变化

大分子主要是指对生物物质合成起关键作用的核酸。种子的劣变表现在核酸方面的反应：一是原有核酸解体，二是新的核酸合成受阻。

核酸的分解是由核酸酶和磷酸二酯酶作用的结果，衰老种子中，这两种酶的活性比新鲜种子高。Roberts（1973）等发现：发芽率在 95% 以上的黑麦草种子，胚中 DNA 含量为 10.2 mg/g，而对应的低活力种子只有 3.1 mg/g；而且 DNA 所含的碱基数也不同，前者有 300 对，后者只有 200 对。这一例子说明衰老种子中 DNA 开始解体。

Joe，H. Cherry（1986）等人用程度不同的老化大豆种子和新鲜种子作发芽试验，然后测定其大分子物质的含量，结果发现老化种子中 DNA 和 RNA、叶绿素含量均较新鲜种子低，且衰老越严重含量越低。

新的核酸合成受阻，首先是由于衰老种子中 ATP 含量减少，能荷降低导致能量不足。用 [14]C 标记的嘌呤渗入大豆中的试验表明：新鲜种子 ATP 含量高，新合成的核酸多；衰老种子则相反。ATP 不仅是合成核酸的能源，更是合成 DNA 和 RNA 的基质。此外，核酸合成过程中必须要有 DNA 聚合酶和 RNA 聚合酶的参加，而衰老种子中这两种酶很快失活甚至分解，这也是新的核酸无法合成的原因。

核酸和蛋白质结合形成核蛋白，它是细胞核和细胞质的主要组分。核酸的降解和合成受阻，其影响面是极其广泛的。Osborne（1987）指出：衰老种子中胚发生 DNA 损伤以及修复功能降低。基因的损伤必然导致转录和转译能力的下降以及错录和错译可能性的增加，因此衰老种子萌发过程中常有染色体畸形、断裂、有丝分裂受阻等情况发生。在生产上，由衰老种子长成的幼苗畸形、矮小、早衰、瘦弱苗明显增多，最终导致产量降低。

2. 酶的变化

种子衰老过程中蛋白质的变性首先表现在酶蛋白的变性上，其结果使酶的活性丧失和代谢失调。研究最为广泛和深入的是种子中的过氧化物酶、脱氢酶和谷氨酸脱羧酶，这 3 类酶的活性和种子的发芽率有极高的相关性。呼吸作用有关的一系列酶类，其活性和种子发芽率也都存在一定的相关性。至于酶的活性如何因种子衰老而丧失，目前尚有多种解释，如某些官能团被氧化分解（如硫氢基被氧化成二硫键），酶的辅基或辅酶失落，酶分子的构象改变，酶和某种物质（如蛋白质等）形成复合体以及酶本身被分解等。

然而，并非所有酶类的活性都随着种子衰老而降低，相反某些水解酶类的活性反而增高，例如核酸酶和酸性磷酸酯酶。据 Roberts（1987）观察：三叶草种子在不同条件下进行 15 年贮藏，在 38 ℃下贮藏，其游离磷酸高达 38 μg/g，在 22 ℃下贮藏只有 11 μg/g。这说明在分解非丁（phytin）过程中，前者的酸性磷酸酯酶活性高出后者两倍，表明其代谢已失调。

（三）有毒物质积累

种子贮藏过程中，随时间推移特别在不良的环境条件下，各种生理活动产生的有毒物质逐渐积累，使正常生理活动受到抑制，最终导致死亡。例如种子无氧呼吸产生的酒精和二氧化碳，蛋白质分解产生的胺类物质，均对种子有毒害作用。从老化种子浸出液或渗漏液中可测得多种脂类氧化产物的碳基化合物，这类物质既是一种有毒物质，又是一种诱发剂，可以诱发多种化学反应。脂类氧化分解过程中产生的丙二醛是普遍性产物，对种子有严重的毒害作用。

其他的许多代谢产物，如游离脂肪酸、乳酸、香豆素、肉桂酸、阿魏酸、花楸碱等多种酚、醛类和酸类化合物、植物碱，均对种子有毒害作用。种子中存在过多的 IAA（生长素）和 ABA（脱落酸）也成为抑制种子萌发和生长的有毒物质。此外，微生物分泌的毒素对种子的毒害作用也不能低估，尤其在高温、高湿条件下更是如此。例如腐生真菌分泌的黄曲霉素会诱发种子染色体畸变。

有毒物质的积累，胚比胚乳要多，胚是主要的积累场所。

种子衰老的原因和机理还有多种：亚细胞结构如线粒体、微粒体破坏，无法维持独立结构而丧失其功能；胚部可溶性养分的消耗，在贮藏温度和种子水分较高时，微生物和仓虫造成的危害等。总之，种子衰老过程是一个从量变到质变的过程，随着衰老的程度而有不同的表现和特点（图 10-6），最终导致种子死亡。

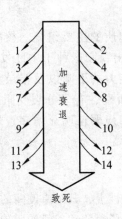

1—呼吸作用减弱；
2—酶活性丧失；
3—脂肪酸增加；
4—种子渗漏增加；
5—发芽速率减慢；
6—发芽条件变狭；
7—生长发育减慢；
8—种子耐藏性降低；
9—对恶劣环境的抗性减弱；
10—整齐度降低；
11—田间不能成苗；
12—产量降低；
13—不正常幼苗增加（实验室发芽）；
14—种子变色

图 10-6 种子衰老现象的大致顺序

四、陈种子的利用

陈种子能否在生产上利用，首先取决于种子的衰老程度。种子的衰老程度可以从发芽力或者生活力来判断。在最适条件下，经长期贮藏而仍然保持旺盛生活力（如 90% 以上）的种子，仍可作为种用；反之就不能作为种用。据报道，在 4 ℃ 干燥条件下保持 13 年的番茄种子，播种后仍能长成正常的植株；而同样的种子在室温条件下经 13 年保存后，发芽率已降低到 6%，所长成的植株发育畸形。又如发芽率已降低到 50% 或更低的衰老大麦种子，在成长植株中发现有 4% 的叶绿体突变。

因此，对发芽力没有明显降低的陈种子，即使已经久藏，仍可供生产上利用，并能达到缩短生育期、提早成熟的效果。

据我国各地农民经验，萝卜用陈种子播种能抑制地上部分徒长而促进地下根的肥大；蚕豆用陈种子播种可使植株矮壮，节间缩短，每节结荚数和每荚数增加；绿豆用陈种子播种也有增产效果。

这里必须强调，当种子发芽率显著下降，特别是下降到 50% 以下时，就表明该批种子已经衰老，其存活的部分可能含有一定频率的自然突变，因此不适宜作种用，更不能作为育种材料和品种资源保存。

第四节 种子的贮藏条件

种子脱离母株之后，经种子加工进入仓库，即与贮藏环境构成统一整体并受环境条件影响。经过充分干燥而处于休眠状态的种子，其生命活动的强弱主要受贮藏条件的影响。种子如果处在干燥、低温、密闭的条件下，生命活动非常微弱，消耗贮藏物质极少，其潜在生命力较强；反之，生命活动旺盛，消耗贮藏物质多，其劣变速度快，潜在生命力弱。所以，种子在贮藏期间的环境条件，对种子生命活动及播种品质起决定性的作用。

影响种子贮藏的环境条件，主要包括空气相对湿度、温度及通气状态等。

一、空气相对湿度

种子在贮藏期间水分的变化，主要决定于空气中相对湿度的大小。当仓库内空气相对湿度大于种子平衡水分的相对湿度时，种子就会从空气中吸收水分，使种子内部水分逐渐增加，其生命活动也随水分的增加由弱变强；在相反的情况下，种子向空气中释放水分则渐趋干燥，其生命活动将进一步受到抑制。因此，种子在贮藏期间保持空气干燥，即低相对湿度是十分必要的。

对于耐干藏的种子，保持低相对湿度是根据实际需要和可能而定的。种质资源保存时间较长，种子水分很干，要求相对湿度很低，一般控制在 30% 左右；大田生产用种贮藏时间相对较短，要求相对湿度不是很低，只要达到与种子安全水分相平衡的相对湿度即可，大致在 60%~70%。从种子的安全水分标准和目前实际情况考虑，仓内相对湿度一般以控制在 65% 以下为宜。

二、仓内温度

种子温度会受仓温影响而变化；而仓温又受空气影响而变化，但是这三种温度常常存在一定差距。在气温上升季节里，气温高于仓温和种温；在气温下降季节里，气温低于仓温和种温。仓温不仅使种温发生变化，而且有时因为两者温差悬殊，会引起种子堆内水分转移，甚至发生结露现象，特别是在气温剧变的春秋季节，这类现象的发生更多。如种子在高温季节入库贮藏，到秋季由于气温逐渐下降影响到仓壁，使靠仓壁的种温和仓温也随之降低。这部分空气的密度增大发生自由对流，近墙壁的空气形成一股气流向下流动，由于种堆中央受气温影响小，种温仍较高，形成一股向上气流，因此向下的气流，经过底层，由种子堆的中央转而向上，通过种温较高的中心层，再到达顶层中心较冷的部分，然后离开种子堆表面，与四周的下降气流形成回路。在此气流循环回路中，空气不断从种子堆中吸收水分随气流流动，遇冷空气凝结于距上表面层 35~75 cm 处（图 10-7），若不及时采取措施，顶部种子层将会发生劣变。

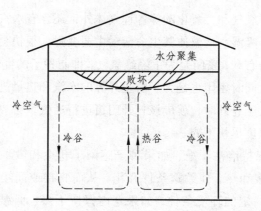

图 10-7 外界气温较低时，引起上层种子水分的增加

另一种情况发生在春季气温回升时，种子堆内气流状态刚好与上述情况相反。此时种子堆内温度较低，仓壁四周种温受气温影响而升高，空气自种堆中心下降，并沿仓壁附近上升，因此，气流中的水分凝集在仓底（图 10-8）。所以春季由于气温的影响，不仅能使种子堆表层发生结露现象，而且底层种子容易增加水分，时间长了也会引起种子劣变。为了避免种温与气温之间的悬殊，一般可采取仓内隔热保温措施，使种温保持恒定不变；或在气温低时，采用通风方法，使种温随气温变化。

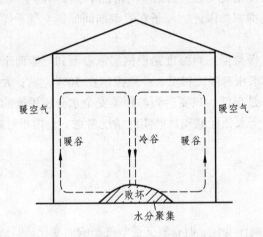

图 10-8　外界气温较高时，引起底层种子水分的增加

一般情况下，仓内温度升高会增加种子的呼吸作用，同时促使害虫和霉菌的发生。所以，在夏季和春末秋初这段时间，最易造成种子败坏变质。低温能降低种子生命活动和抑制霉菌的危害。种质资源保存时间较长，常采用很低的温度如 0 ℃，－10 ℃甚至－18 ℃。

大田生产用种数量较多，从实际考虑，一般控制在 15 ℃ 即可。

三、通气状况

空气中除含有氮气、氧气和二氧化碳等各种气体外，还含有水汽和热量。如果种子长期贮藏在通气条件下，由于吸湿、增温使其生命活动由弱变强，很快会丧失生活力。干燥种子以贮藏在密闭条件下较为有利，密闭是为了隔绝氧气，抑制种子的生命活动，减少物质消耗，保持其生命的潜在能力；同时密闭也是为了防止外界的水汽和热量进入仓内。但也不是绝对的，当仓内温度、湿度大于仓外时，就应该打开门窗进行通气，必要时采用机械鼓风加速空气流通，使仓内温度、湿度尽快下降。

除此之外，仓内应保持清洁干净，如果种子感染了仓虫和微生物，则由于虫、菌的繁殖和活动，放出大量的水和热，使贮藏条件恶化，从而直接或间接地危害种子。仓虫、微生物的生命活动需要有一定的环境条件，如果仓内保持干燥、低温、密闭，则可对它们起抑制作用。

思考题

1. 影响种子呼吸强度的因素有哪些?
2. 种子后熟对种子贮藏有哪些影响?
3. 影响种子寿命的因素有哪些?
4. 影响种子贮藏的环境条件有哪些?

第十一章　种子仓库害虫和微生物及其防治

　　种子贮藏期间仓库害虫和微生物是影响种子活力和生活力的重要因素，严重时会使贮藏的种子完全失去利用价值。仓库害虫还以种子为食料，直接造成种子数量的损失，因此要充分掌握种子仓库害虫和微生物的为害特性，以便及时进行防治。

第一节　仓库害虫及其防治

　　仓库害虫简称"仓虫"，广义地讲是指一切为害贮藏物品的害虫。仓库害虫的种类繁多，根据报道国内现已知仓库害虫约 254 种，分属 7 目 42 科。全世界已知仓库害虫约 492 种，分属 10 目 59 科。本节主要介绍为害贮藏种子的仓虫，这类仓虫主要有玉米象、米象、谷蠹、赤拟谷盗、锯谷盗、大谷盗、蚕豆象、豌豆象、麦蛾等十余种。

一、主要仓虫种类及生活习性

（一）玉米象（*Sitophilus zeamais* Motschulsky）

　　成虫个体大小因食料条件不同而差异较大，一般体长 2.3 ~ 4 mm，体呈圆筒形，暗赤褐色至黑褐色。头部向前伸，呈象鼻状。触角 8 节，膝形。有前后翅，后翅发达，膜状，能飞。左右鞘翅上共有 4 个椭圆形淡赤色或橙黄色斑纹。幼虫体长 2.5 ~ 3.0 mm，乳白色背面隆起，腹部底面平坦，全体肥大粗短，略呈半球形。无足，头小，头部和口器褐色。第一至第三腹节的背板被横皱分为明显的三部分（图 11-1）。玉米象与米象的形态特征相似，过去在国内外都把玉米象误认为米象。最后 Kuschel（1961）研究了有关米象异名的模式标本后指出：米象和玉米象是两个不同的种，一种体形较大的是玉米象，另一种小的是米象，小米象不过是米象的同种异名。雄虫外生殖器的特征是区别这两个种最重要和最可靠的依据。之后又经过了 Sharrifi 和 Mills（1971），Baker 和 Msbie（1973），Msce1 jsk 和 kforumic（1973）等的确认。

　　玉米象和米象成虫主要区别为：米象雄虫阳茎背面从两侧缘到中央均匀地隆起，无隆脊及沟槽，其端部直形而不变曲。玉米象雄虫阳茎背面中央形成一个明显的隆脊，脊两侧各有一条沟槽，其端部弯曲成镰刀状。

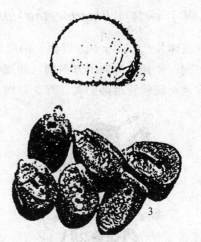

图 11-1　玉米象

1—成虫；2—幼虫；3—被害状

玉米象食性很杂。主要食害禾谷类种子，其中以小麦、玉米、糙米及高粱被害最严重。幼虫只在禾谷类种子内蛀食。此虫是一种最主要的初期性害虫，种子因玉米象咬食而增加许多碎粒及碎屑，易引起后期性仓虫的发生，且因排出大量虫粪而增加种子湿度，引起蜡类和霉菌的发生，造成重大损失。

玉米象主要以成虫在仓内黑暗潮湿的缝隙、垫席下，仓外砖石、垃圾、杂草及松土中越冬，少数幼虫在籽粒内越冬。当气温下降到 15 ℃ 左右时，成虫开始进入越冬期，明春天气转暖又回到种堆内为害，玉米象产卵在籽粒内，卵孵化为幼虫后即在籽粒内蛀食，经 4 龄后，化蛹，羽化为成虫，又继续为害其他籽粒。成虫善于爬行，有假死、趋温、趋湿、畏光习性。玉米象每年发生 1~7 代，北方寒冷地区每年发生 1~2 代，南方温暖地区每年发生 3~5 代，亚热带每年发生 6~7 代。玉米象生长繁殖的适宜温度为 24~30 ℃ 及 15%~20% 的谷物含水量。在 9.5% 的含水量时停止产卵，在含水量只有 8.2% 时不能生活。成虫如暴露在 -5 ℃ 下经过 4 天即死亡，暴露在 50 ℃ 下经过 1 h 即死亡。

（二）米象（ *Sitophilus oryzae* Linnaeus）

国内主要分布于南方地区。食性和形态特征与玉米象相近。米象的生活习性一般同玉米象。一年可发生 4~12 代。米象的耐寒力、繁殖力及野外发生等方面不如玉米象。在 5 ℃ 条件下，经过 21 天就开始死亡。米象具群集、喜潮湿、畏光性，繁殖力较强。南方各省米象、玉米象常混合发生。

（三）谷象（ *Sitophilus granarius* Linnaeus）

外部形态似米象，不同的是谷象成虫膜质后翅退化或缺少。幼虫第一至第四腹节被横皱分为明显的三部分，腹部各节下侧区中叶有 1 根刚毛。

谷象生活习性与米象相似，但成虫的耐寒能力较强，在 -5 ℃ 需经 24 天才能死亡。因后翅退化不能飞到田间为害和繁殖。

（四）谷蠹（*Rhizopertha dominica* Fabricius）

成虫体长 2.3～3 mm，近似长圆筒形，赤褐色，头部前胸背板掩盖，前胸背面有许多小瘤状突起，鞘翅末端向下方斜削。幼虫体长 2.5～3 mm，弯曲呈弓表，头部黄褐色，胸、腹部乳白色，胸部较腹部肥大，有 3 对胸足（图 11-2）。

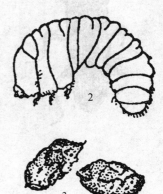

图 11-2 谷 蠹

1—成虫；2—幼虫；3—被害状

谷蠹食性复杂，主要为害谷类、豆类等种子，甚至能蛀蚀仓房木板、竹器。成虫在籽粒、木板、竹器或枯木树皮内越冬，产卵在蛀空的籽粒或籽粒裂缝中，有时亦产在包装物或墙壁缝隙内。成虫、幼虫均能破坏完整籽粒，幼虫尤喜食种胚，或终生生活在粉屑中。幼虫一般 4 龄，末龄幼虫在籽粒内或粉屑中化蛹。成虫能飞。

谷蠹抗干性和抗热性较强。生长最适温度为 27～34 ℃，但即使种子水分在 8%～10%，相对湿度在 50%～60%，温度达 35～40 ℃ 时，亦能生长繁殖，其耐寒能力较差，温度在 0.69 ℃，仅能生存 7 天，0.6～2.2 ℃ 时生存不超过 11 天。

（五）赤拟谷盗（*Tribolium castaneum* Herbst）

成虫体长 2.5～4.4 mm，扁平长椭圆形，赤褐色，有光泽，触角末端三节膨大成小锤状。幼虫体长 7～8 mm，长圆筒形，每体节骨化部分为淡黄色，其余部分为乳白色，腹末有一臀叉（图 11-3）。

赤拟谷盗能为害谷类、豆类和油料种子等，尤喜食种胚、破碎粒和碎屑粉末。由于赤拟谷盗成虫体内有臭腺，能分泌臭液，使粮食带有腥臭气味，降低食用价值。

赤拟谷盗成虫喜黑暗，有群集性，常群集于包装袋的接缝处或围席的夹缝部位及籽粒的碎屑中，这些地方也往往是它们越冬的场所。因此使用过的装具、器材应及时进行杀虫处理，这对于防治赤拟谷盗有一定效果。

赤拟谷盗一年发生 4～5 代，生长繁殖最适温度为

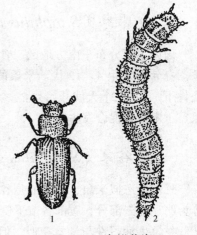

图 11-3 赤拟谷盗

1—成虫；2—幼虫

27～30 ℃。蛹和卵较成虫和幼虫能耐高温，如在 45 ℃时，成虫经 7 h 死亡，幼虫经 10 h 死亡，而卵须经 14 h 死亡，蛹须经 20 h 才死亡，各虫态在 – 6.7～3.9 ℃中经 5 天死亡。

（六）锯谷盗（*Oryzaephilus surinamensis* Linnaeus）

成虫体长 2.5～3.5 mm，扁长形，暗赤褐色至黑褐色，无光泽，前胸两侧各有 6 个锯齿状突起，背板上有 3 条纵隆脊。幼虫体长 3～4 mm，扁平，后半部较粗大，但最末三节又较小，触角末节较长，胸部背面各节有两个近似方形浅灰斑，腹部各节背面横列一个半圆形的浅灰色斑，腹末圆形（图 11-4）。

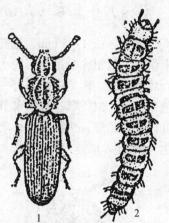

锯谷盗食性很杂，主要为害稻谷，其次也食害小麦、玉米、油料种子等。它喜食破碎粒，也能咬食完整籽粒外皮及胚。它是仓虫中分布最广，虫口数最大的一种。

锯谷盗一年发生 2～5 代，以成虫在仓内缝隙中或仓外附近枯树皮、杂物下越冬。它的生育最适温度在 30～35 ℃。抗寒力强，成虫在 – 15 ℃条件下可活 1 天，– 10 ℃可活 3 天，– 5 ℃可活 13 天，0 ℃可活 22 天。抗热力较弱，52 ℃下 1 h 即死亡。锯谷盗对许多药剂、熏蒸剂的抵抗力很强，所以一般药剂与熏蒸剂对它防治效果不大。近年来用敌百虫防治取得很好的杀虫效果，即用 0.002 5% 的稀释液封闭经 48 h 可达 100% 致死效力。

图 11-4　锯谷盗
1—成虫；2—幼生

（七）大谷盗（*Tenebroides mauritanicus* Linnaus）

成虫体长 6.5～10 mm，为较大的仓虫之一，体形扁平长椭圆形，黑褐色，有光泽，口器与头部连合近似三角形，前胸与鞘翅联合处呈颈状。幼虫体长 15～20 mm，扁平，后半部较肥大，体呈灰白色，头部、前胸、背板、臀板、尾突深褐色，腹末有一个较硬的叉状物称为臀叉，头至臀叉各节两侧均长有无色刚毛（图 11-5）。

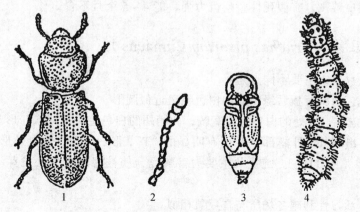

图 11-5　大谷盗
1—成虫；2—成虫触角；3—蛹；4—幼虫

大谷盗食性复杂，除危害稻、麦、玉米、豆类、油料等种子外，还能破坏包装用品和木质器材。成虫、幼虫啮食力均强，甚至会自相残杀。大谷盗一年发生 1~2 代，若条件不适合时，需经 2~3 年完成 1 代。成虫的耐饥、耐寒力均强，都可在籽粒碎屑或包装品及木板缝隙中越冬，温度在 4.4~10 ℃ 时，能耐饥 184 天，在 −9.4~6.7 ℃ 时能生存数星期，但卵及蛹的抗寒能力较弱。

（八）蚕豆象（*Bruchus rufimanus* Boheman）

成虫体长 4~5 mm，近椭圆形，黑色，无光泽，触角 11 节，基部 4 节较细小为赤褐色，末端 7 节较粗大为黑色。头小而隆起，前胸背后缘中央有灰白色三角形毛斑，前胸背板前缘较后缘略狭，两侧中间各有一齿状突起。鞘翅近末端 1/3 处有白色弯形斑纹，两翅并合时白色斑纹呈"M"形。腹部末节背面露出在鞘翅处，密生灰白色细毛。幼虫体长 5.5~6 mm，乳白色，肥胖，头部很小，毛部向腹面弯曲，胸腹节上通常具有赤褐色明显的背线，胸足退化（图 11-6）。

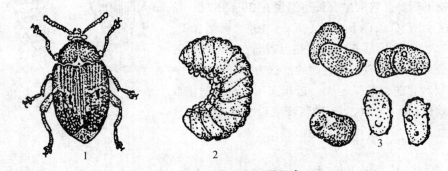

图 11-6　蚕豆象
1—成虫；2—幼虫；3—被害状

蚕虫象主要为害蚕豆，也能为害其他豆类，成虫在仓内不能蛀食豆粒，以幼虫在豆粒内随收获入仓后，继续在豆粒内生长发育蛀食豆粒，严重时被害率可达 90% 以上。

蚕豆象一年发生 1 代，以成虫在豆内或仓内缝隙、包装物越冬为主，少量在田间杂草或砖石下越冬。成虫善飞，有假死性，耐饥力强，能 4~5 个月不食。

（九）豌豆象（*Bruchus pisorum* Linnaeus）

成虫极似蚕豆象，主要不同点是：

（1）灰褐色，前胸背板后缘中间的白色毛斑近似圆形。

（2）鞘翅近末端 1/3 处的白色毛斑宽阔，两鞘翅的白色毛斑呈"八"形。

（3）腹部露出翅外，外露部分背面有明显的"T"，形白毛斑。幼虫外形似蚕豆象幼虫，但无赤褐色背线（图 11-7）。豌豆象主要为害豌豆，使被害豌豆失去发芽力，严量损失可达 60%。

豌豆象的生活习性和越冬场所与蚕豆象相似。

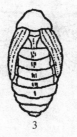

图 11-7 豌豆象

1—成虫；2—幼虫；3—蛹；4—被害状

（十）麦蛾（*Sitotroga, cerealella* Olivier）

成虫体长 4～6 mm，展翅宽 12～15 mm，生于玉米内的体长可达 8 mm，展翅宽可达 20 mm。头、胸部及足呈银白色略带淡黄褐色，前翅竹叶形，后翅菜刀形，翅的外缘及内缘均生有长的缘毛；腹部灰褐色。幼虫体长 5～8 mm，头部小，淡黄色，其余均为乳白色。有短小胸足 3 对，腹足退化，仅剩一小突起，末端有微小的褐色趾钩 1～3 个（图 11-8）。

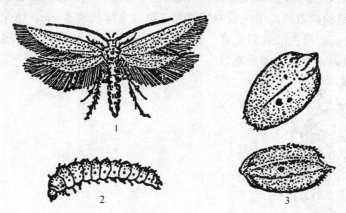

图 11-8 麦 蛾

1—成虫；2—幼虫；3—被害状

麦蛾以幼虫为害麦类、稻谷、玉米、高粱等，在野外也能蛀食禾谷类杂草种子。籽粒被害后，常被蛀成空洞，仅剩一空壳，其为害严重性仅次于玉米象、谷蠹。

麦蛾一年可发生 4～6 代，如浙江省可发生 6 代，以第 6 代幼虫在麦粒内越冬；其生育最适宜温度为 21～35 ℃，在 10 ℃以下即停止发育，幼虫、蛹、卵在 44 ℃条件下经 6 h 即死亡。

麦蛾自卵中孵出后，即钻入籽粒内为害，直至化蛹、羽化为成虫，才爬出籽粒内，在种子堆表层或飞到仓房空间交配，再产卵于籽粒上。根据这一特性，采用种子堆表面压盖法，可防止麦蛾成虫交配和产卵，这是防治麦蛾的有效措施之一。

（十一）棉红铃虫（*Pectinophora gossypiella* Saunders）

成虫体长 6.5～7.0 mm，翅展 12 mm，棕褐色。前翅竹叶形，灰白色，翅面上有 4 条不规则的黑色横纹；后翅菜刀形，它的后缘着生灰白色长毛，足末端近黑灰色。幼虫体长 11～13 mm，头棕黑色，前胸盾黑褐色，腹部各节有红色斑一块（图 11-9）。

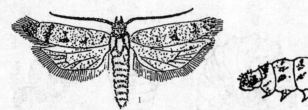

图 11-9　棉红铃虫

1—成虫；2—幼虫

　　棉红铃虫为害棉铃和粕籽。棉红铃虫每年发生代数，因各地气候而异。黄河流域每年发生 2 ~ 3 代，长江流域每年发生 3 ~ 4 代。以幼虫在棉籽内、棉花仓库及运花器材中越冬。成虫在棉铃上产卵，孵出幼虫后，即钻入棉铃为害，3 龄后，为害棉籽。

（十二）谷斑皮蠹（*Trogoderma granarium* Everts）

　　成虫体长 2 ~ 2.8 mm，体呈长椭圆形，体色红褐、暗褐或黑褐；密生细毛。头及胸背板常为暗褐色，有时几乎黑色。触角 11 节，黄褐色，棒形。鞘翅常为红褐色或黑褐色，有时翅上有 2 ~ 3 条模糊的黄白色疏毛组成的横带。老熟幼虫体长约 5 mm，纺锤形，向后稍细，背部隆起，黄褐色或赤褐色。腹部 9 节，末节小形。体上密生长短刚毛，尾端着生黑褐色刚毛 1 丛。胸足 3 对，短小形，每足连爪共 5 节（图 11-10）。

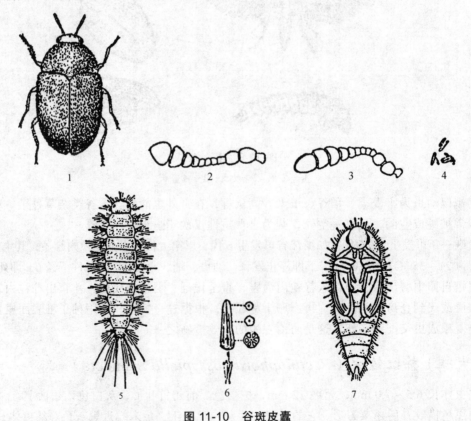

图 11-10　谷斑皮蠹

1—成虫；2—雌成虫触角；3—雄成虫触角；4—卵；5—幼虫；6—幼虫体上箭状毛；7—蛹的腹面

在我国，此虫被列为检疫对象，因而在检疫工作中要严格注意。谷斑皮蠹主要为害禾谷类、豆类、油料及其加工品；也食干血、干酪、巧克力、肉类、皮毛、昆虫标本等。幼虫蛀食种子，损失极大。

谷斑皮蠹在印度如以小麦为食料，一年可发生 4 代。以幼虫越冬。成虫虽然有翅，但不能飞，它必须依靠人为的力量进行传播。成虫寿命约 10 天。产卵在籽粒上，幼虫期约 42 天，共脱皮 7~8 次。4 龄前的幼虫在谷粒外蛀食，4 龄以后在谷粒内蛀食，幼虫非常贪食。在适宜的条件下，种堆上层内幼虫数常多于籽粒的数目，幼虫除吃去一部分籽粒外，更多的是将其咬成碎屑。此虫是为害严重和难于防治的一大害虫。

谷斑皮蠹的耐热性及耐寒性都很强。它的最适发育温度为 32~36 ℃。最高发育温度为 40~45 ℃，最低发育温度为 10 ℃。在 51 ℃ 及相对湿度 75% 条件下，经过 136 min，仅能杀死 95% 的四龄幼虫；在 50 ℃ 中经 5 h 才能杀死其各虫态。在 -10 ℃ 下，经 25 h，才杀死 50% 的 1~4 龄幼虫。此虫的耐干性也极强，它在含水量只有 2% 的条件下发育与在 12%~13% 含水量条件下发育无显著差别，甚至在低于 2% 时仍能繁殖。此虫的耐饥性也极强，非休眠的幼虫如因食物缺乏而钻入缝隙内以后，可活 3 年；进入休眠的幼虫可活 8 年。它的抗药性也很强。

二、仓库害虫的传播途径

仓库害虫的传播方法与途径是多种多样的。随着人类生产、贸易、交通运输事业的不断发展，仓虫的传播速度更快，途径也更复杂化。为了更好地预防和消灭仓虫，阻止它们的发生和蔓延，有必要了解它们的活动规律和传播途径。仓库害虫的传播途径大致可以分为 2 类：

（一）自然传播

1. 随种子传播

麦蛾、蚕豆象、豌豆象等害虫，当作物成熟时在上面产卵，孵化的幼虫在籽粒中为害，随籽粒的收获而带入仓内，继续在仓中为害。

2. 害虫本身活动的传播

成虫在仓外砖石、杂草、标本、旧包装材料及尘芥杂物里隐藏越冬，翌年春天又返回仓里继续为害。

3. 随动物的活动传播

黏附在鸟类、鼠类、昆虫等身上蔓延传播，如螨类。

4. 风力传播

锯谷盗等小型仓虫可以借助风力，随风飘扬，扩大传播范围。

（二）人为传播

1. 贮运用具、包装用具的传播

感染仓虫的贮运用具和包装用具，如运输工具（火车厢、轮船、汽车等）和包装品（麻袋、布袋等）以及围席、筛子、苫布、扦样用具、扫帚、簸箕等仓贮用具，在用来运输及使用时也能造成仓虫蔓延传播。

2. 已感染仓虫的贮藏物的传播

已感染仓虫的种子，农产品在调运及贮藏时感染无虫种子，造成蔓延传播。

3. 空仓中传播

仓虫常潜藏在仓库和加工厂内阴暗、潮湿、通风不良的洞、孔、缝内越冬和栖息，新种子入仓后害虫就会继续为害。

三、仓库害虫防治

仓虫防治是确保种子安全贮藏，保持较高活力和生活力的极为重要的措施之一。防治仓虫的基本原则是"安全、经济、有效"，防治上必须采取"预防为主，综合防治"的方针；防是基础，治是防的具体措施，两者密切相关。综合防治是将一切可行的防治方法，尤其是生物防治和化学防治统一于防治计划之中，以便消灭仓库生态系统中的害虫，确保种子的安全贮藏，并力求避免或减少防治措施本身在经济、生态、社会等方面造成的不良后果。

（一）农业防治

许多仓虫如麦蛾、豌豆象、蚕豆象等不仅在仓内为害，而且也在田间为害，很多仓虫还可以在田间越冬，所以采用农业防治是很有必要的。农业防治是利用农作用栽培过程中一系列的栽培管理技术措施，有目的地改变某些环境因子，以避免或减少害虫为害，达到保护作物和防治害虫的目的。应用抗虫品种防治仓虫就是一种有效的方法。

（二）检疫防治

对内、对外的动植物检疫制度，是防止国内外传入新的危险性仓虫种类和限制国内危险性仓虫蔓延传播的最有效方法。随着对外贸易的不断发展，种子的进出口也日益增加，随着新品种的不断育成，杂交水稻的推广，国内各地区间种子的调运也日益频繁，检疫防治也就更具有重大的意义。

（三）清洁卫生防治

清洁卫生防治能造成不利于仓虫的环境条件，而利于种子的安全贮藏，可以阻挠、隔离仓虫的活动和抑制其生命力，使仓虫无法生存、繁殖而死亡。清洁卫生防治不仅有防虫与治虫的作用，而且对限制微生物的发展也有积极作用。

清洁卫生防治必须建立一套完整的清洁卫生制度，做到"仓（厂）内六面光，仓（厂）外三不留（垃圾、杂草、污水）"，还应注意与种子接触的工具、机器等的清洁卫生。

仓（厂）房及临时存放种子的场所内外经清洁、改造、消毒工作后，还要防止仓虫的再度感染，也就是要做好隔离工作。这样也可以把已经发生的仓虫，限制在一定范围内，便于集中消灭。

应做到有虫的和无虫的、干燥的和潮湿的种子分开贮藏。未感染虫害的种子不贮入未消毒的仓库。包装器材及仓贮用具，应保管在专门的器材房里。已被虫害感染的工具、包装等不应与未被感染的放在一起，更不能在未感染害虫的仓内和种子上使用。工作人员在离开被仓虫感染的仓库和种子时，应将衣服、鞋帽等加以整理清洁检查后，才可进入其他仓房，以免人为地传播仓虫。

（四）机械防治

机械防治是利用人力或动力机械设备，将害虫从种子中分离出来，而且还可以使害虫经机械作用撞击致死。经过机械处理后的种子，不但能消除掉仓虫和螨类，而且能把杂质除去，使水分降低，提高了种子的质量，有利于保管。机械防治目前应用最广的还是过风和筛理2种。

（五）物理防治

物理防治是指利用自然的或人工的高温、低温及声、光、射线等物理因素，破坏仓虫的生殖、生理机能及虫体结构，使之失去生殖能力或直接消灭仓虫。此法简单易行，还能杀灭种子上的微生物，通过热力降低种子的含水量，通过冷冻降低种堆的温度，利于种子的贮藏。

1. 高温杀虫法

温度对一切生物都有促进、抑制和致死的作用，对仓虫也不例外。通常情况，仓虫在40~45℃达到生命活动的最高界限，超过这个界限升高到45~48℃时，绝大多数的仓虫处于热昏迷状态，如果较长时间地处在这个温度范围内也能使仓虫致死，而当温度升至48~52℃时，对所有仓虫在较短时间内都会致死。具体可采用日光暴晒法和人工干燥法。

日光暴晒法也称自然干燥法，利用日光热能干燥种子，此法简易、安全而成本低，为我国广大农村所采用。夏季日照长，温度高，一般可达50℃以上，不仅能大量地降低种子水分，而且能达到直接杀虫的目的。

人工干燥法也称机械干燥法，是利用火力机械加温使种子提高温度，达到降低水分，杀死仓虫的目的。进行人工干燥法时必须严格控制种温和加温时间，否则会影响发芽率。据实践经验种子水分在17%以下，出机种温不宜超出42~43℃，受热时间应在30 min以内；如果种子水分超过17%时，必须采用2次干燥。

2. 低温杀虫法

利用冬季冷空气杀虫即为低温杀虫法。一般仓虫处在温度8~15℃以下就停止活动，如果温度降至−4~8℃时，仓虫发生冷麻痹，而长期处在冷麻痹状态下就会发生脱水死亡。

此法简易，一般适用于北方，而南方冬季气温高所以不常采用。采用低温杀虫法应注意种子水分，种子水分过高，会使种子发生冻害而影响发芽率。一般水分在 20% 不宜在 – 2 ℃ 下冷冻，18% 不宜在 – 5 ℃ 下冷冻，17% 不宜在 – 8 ℃ 下冷冻。冷冻以后，趁冷密闭贮藏，对提高杀虫效果有显著作用。在种温与气温差距悬殊的情况下进行冷冻，杀虫效果特别显著，这是因为害虫不能适应突变的环境条件，生理机能遭到严重破坏而加速死亡。具体可采用仓外薄摊冷冻和仓内冷冻杀虫方法。

仓外薄摊冷冻做法是在寒冷晴朗的天气，气温必须在 – 5 ℃ 以下，在下午 5 时以后，将种子出仓冷冻，摊晾厚度以 6.5 ~ 10 cm 为宜；如果在 – 5 ~ – 10 ℃ 的温度下，只要冷冻 12 ~ 24 h 即可达到杀虫效果。进仓时最好结合过筛，除虫效果更好。有霜天气应加覆盖物，以防冻害。

仓内冷冻杀虫做法是在气温达 – 5 ℃ 以下时，将仓库门窗打开，使干燥空气在仓内对流，同时结合耙沟，翻动种子堆表层，使冷空气充分引入种子堆内，提高冷冻杀虫效果。

物理防治的方法还有电离辐射、光能灭虫、声音治虫、臭氧杀虫等。这些方法在种子上的应用还有待于进一步的探讨。

（六）化学药剂防治

利用有毒的化学药剂破坏害虫正常的生理机能或造成不利于害虫和微生物生长繁殖的条件，从而使害虫和微生物停止活动或致死的方法称化学药剂防治法。此法具有高效、快速、经济等优点。由于药剂的残毒作用，还能起到预防害虫感染的作用。化学药剂防治法虽有较大的优越性，但使用不当，往往会影响种子播种品质和工作人员的安全（如作粮食用时受到污染而影响人体健康）；因此，此法只能作为综合防治中的一项技术措施。

化学药剂防治所用的药剂种类较多，现将常用的几种药剂使用方法介绍于下：

1. 磷化铝

（1）理化性

磷化铝化学分子式为 AlP，是一种灰白色片剂或粉剂，能从空气中吸收水汽而逐渐分解产生磷化氢。化学反应式如下：

$$AlP \ + \ 3H_2O \ \longrightarrow \ Al(OH)_3 \ + \ PH_3 \uparrow$$

磷化铝　　水　　　　氢氧化铝　磷化氢

磷化氢分子（PH_3）是一种无色剧毒气体，有乙炔气味。气体密度为 1.183 g/L，略重于空气，但比其他熏蒸气体轻。它的渗透性和扩散性比较强，在种子堆内的渗透深度可达 3.3m 以上，而在空间中扩散距离可达 15 m 远，所以使用操作较为方便。磷化氢气体易自燃，当每升体积中磷化氢浓度超过 26 mg 便会燃烧，有时还会有轻微鸣爆声。发生自燃的原因，主要是药物投放过于密集，磷化氢产生量大；或者空气湿度大有水滴，使反应加速，产生磷化氢多。其中形成少量不稳定的双磷（P_2H_4），遇到空气中的氧气发生火花。磷化氢燃烧后产生无毒的物质五氧化二磷（P_2O_5），药效降低。如果周围有易燃物品，容易酿成火灾，所以投药时应予注意。为了预防磷化氢燃烧，在制作磷化铝片剂时，通常掺放 2/3 比例的氨基甲酸铵和其他辅助物。氨基甲酸铵潮解后产生氨和二氧化碳气体，能起辅助杀虫作用，同时还能起到防止磷化氢自燃的目的。

（2）用药量及使用方法

磷化铝片剂每片约重 3 g，能产生磷化氢气体 1 g。磷化铝片剂用药量种堆为 6 g/m³，空间为 3～6 g/m³，加工厂或器材为 4～7 g/m³。磷化铝粉剂用药量种堆为 4 g/m³，空间为 2～4 g/m³，加工厂或器材为 3～5 g/m³。投药时应分别计算出实仓用药量和空间用药量，二者之和即为该仓总用药量。投药后，一般密闭 3～5 天，即可达到杀虫效果，然后通风 5～7 天排除毒气。

投药方法分包装和散装两种。包装种子在包与包之间的地面上，先垫好宽 15 cm 的塑料布或铁皮板再投药，以便收集药物残渣。散装种子投在种子堆上面，同样要求垫好塑料布或铁皮板，将药物散放在上面即可。

磷化氢的杀虫效果取决于仓库密闭性能和种温。仓库密闭性好，杀虫效果显著；反之效果差，毒气外逃还会引起中毒事故。所以投药后不仅要关紧门窗，还要糊 3～5 层纸将门窗封死。温度对气体扩散力影响较大，温度越高，气体扩散越快，杀虫效果越好。如果温度较低，则应适当延长密闭时间。通常是当种温在 20 ℃ 以上时，密闭 3 天；种温在 16～20 ℃ 时，密闭 4 天。种温在 12～15 ℃ 时，则要密闭 5 天。

（3）注意事项

① 磷化氢为剧毒气体，很容易引起人体中毒，使用时要特别注意安全。磷化铝一经暴露在空气中就会分解产生磷化氢，因此，开罐取药前必须戴好防毒面具，切勿大意。

② 为防止发生自燃，须做到分散投药，每个投药点的药剂不能过于集中，每次投药片剂不超过 300 g，粉剂不超过 200 g。片剂每片之间不能重叠，粉剂应薄摊均匀，厚度不宜超过 0.5 cm。

③ 药物不能遇水，也不能投放在潮湿的种子或器材上，否则也会自燃。

④ 为提高药效和节省药物，可在种子堆外套塑料帐幕以减少空气，但是帐幕不能有漏气的孔洞。

⑤ 种子含水量过高时进行熏蒸易产生药害，会影响种子的发芽率。磷化氢熏蒸对种子水分的要求可见表 11-1。

表 11-1　磷化氢熏蒸时种子水分的上限

作物	水分/%
芝麻	7.5
油菜	8
花生果	9
棉籽	11
籼稻、小麦、高粱、蚕豆、绿豆、荞麦	12.5
大豆	13
大麦	13.5
粳稻	14

2. 防虫磷

原名马拉硫磷，化学分子式为 $C_{10}H_{19}O_6PS_2$。这里指的是一种原药纯度在 95% 以上，含量为 70% 的马拉硫磷乳剂，为区别于低纯度的农用马拉硫磷而改名为防虫磷。使用剂量为

20~30 μg，0.5 kg 防虫磷约可处理种子 17 500 kg。处理的种子经过半年以后，其浓度可降到卫生标准 8 μL/L 以下，对人体十分安全，这是目前防治害虫中属于高效低毒的药剂。

使用方法分载体法和喷雾法两种。载体法是将防虫磷乳剂原液拌和在其他物体上，简称载体（通常用谷壳或麦壳作载体）。用载有防虫磷的谷壳拌入种子内就能起到防治害虫的作用。谷壳与药剂配比是每 50 kg 干谷壳加入 1.5 kg 含量为 70% 的防虫磷，或每 15 kg 干谷壳加入同浓度的防虫磷 0.5 kg。每 0.5 kg 载体谷壳可处理种子 500 kg，如果种子重量超过 500 kg，可按此比例增加载体谷壳。处理时可将载体与全部种子拌和，或将载体与上层厚度为 30 cm 的种子拌和，其用量都需根据种子实际重量计算。喷雾法是将防虫磷乳剂原液用超低量喷雾器以 20~30 μL/L 剂量直接喷在种子上，边喷边拌，要拌和均匀。与载体法一样，可以处理全部种子或处理上层部位 30 cm 厚的种子层。

以上方法处理种子，一般在 6 个月内不会生虫，防虫效果全部处理比上层处理好，载体法又比喷雾法好。如果与磷化铝配合使用效果更好，在磷化铝熏蒸之后，再以载体法处理上层种子，则可延长防虫期 3~6 个月。

必须注意，防虫磷是一种防护剂，主要用于防虫，虫口密度在每千克 1 只以下，处理效果显著，害虫大量发生时处理效果不很显著。所以，使用防虫磷应该在种子入库的同时随即处理为好；防虫磷以原液随配随用为好，不宜加水稀释。载体不宜放在高温下暴晒，以免降低药效；种子水分多少是影响药效的重要因素之一，所以处理的种子必须保持干燥。

3. 敌敌畏

敌敌畏是敌百虫经强碱处理制成，属有机磷制剂，分子式为 $C_4H_7O_4C_{12}P$。具有胃毒、触杀和熏蒸作用。目前常用的有效成分为 50% 和 80% 两种，原油为无色油状液体，略有芳香气味，挥发性较强，遇水后逐步分解，在碱性溶剂中分解较快。因此在使用时必须随配随用，切忌与碱性物质混用，以免降低药效。

敌敌畏用于空仓消毒，可用熏蒸和喷雾两种方法。据广东省粮科所试验报告：布条悬挂法以 80% 的敌敌畏，200 mg/m³（0.2 mL/L）的剂量，在 20 ℃ 温度条件下，熏蒸 12 h 可杀死米象、谷象、拟谷盗、大谷盗、黑菌虫、长角谷盗、锯谷盗、麦蛾、地中海螟蛾等多种害虫，效果达 100%。而采用喷雾法可减少用药量，只需用 24 mg/m³（0.024 mL/L）的剂量，经 90 min，可全部杀死相当密度的地中海螟蛾、赤拟谷盗等害虫。实仓可用悬挂和高峰诱杀两种方法。据浙江省余杭粮管所仓内试验：采用上述两种方法防治麦蛾、米象等害虫，效果可达 95% 以上。具体方法是：悬挂法一般用 80% 的敌敌畏，喷洒在麻袋片上（在仓外操作），以喷湿为度，然后将麻袋片悬挂在仓内绳索上，密闭 72 h，即可达到杀虫效果；高峰诱杀法是先将米糠炒香，用 80% 的敌敌畏拌入，以手捏成形为度（约 250 g 敌敌畏拌 1 000 g 米糠），用此诱饵一小撮放在仓内以种子叠起来的峰尖上，然后把门窗密闭起来，害虫食后大部分死在峰尖附近，经 3~5 天后即可清除。

使用时应注意，敌敌畏对人体有毒害作用，使用时必须注意安全；绝对防止药剂与种子接触，避免污染而影响种子生活力；高峰诱杀法的高峰约 30 cm，清理时应将诱饵和接触到诱饵的部分种子去除销毁，以免家禽吸食中毒。

粮食杀虫药剂除上述几种外，还有氯化苦、磷化锌、溴甲烷、二氯乙烷、氢氰酸、二硫化碳等，有的因对种子发芽率影响较大，不宜采用，有的应用麻烦，已较少使用。

第二节　种子微生物及其控制

种子微生物是寄附在种子上的微生物的通称，其种类繁多，它包括微生物中的一些主要类群：细菌，放线菌，真菌类中的霉菌、酵母菌和病原真菌等。其中和贮藏种子关系最密切的主要是真菌中的霉菌，其次是细菌和放线菌。

一、种子微生物区系

种子微生物区系是指在一定生态条件下，存在于种子上微生物的种类和成分。种子上的微生物区系因作物种类、品种、产区、气候情况和贮藏条件等的不同而有差异。据分析每克种子常带有数以千计的微生物，而每克发热霉变的种子上寄附着的霉菌数目可达几千万以上。

各种微生物和种子的关系是不同的，大体可以分附生、腐生和寄生三种。但大部分是以寄附在种子外部为主，且多属于异养型，由于它们不能利用无机型碳源，无法利用光能或化能自己制造营养物质，必须依靠有机物质才能生存。所以，粮食和种子就成了种子微生物赖以生存的主要生活物质。

种子微生物区系，从其来源而言，可以相对地概括为田间（原生）和贮藏（次生）两类。前者主要指种子收获前在田间所感染和寄附的微生物类群，其中包括附生、寄生、半寄生和一些腐生微生物；后者主要是种子收获后，以各种不同的方式，在脱粒、运输、贮藏及加工期间，传播到种子上的一些广布于自然界的霉腐微生物类群。因此，与贮藏种子关系最为密切的真菌，也相应地分为两个生态群，即田间真菌和贮藏真菌。

田间真菌一般都是湿生性菌类，生长最低湿度在 90% 以上，谷类种子水分在 20% 以上，其中小麦水分则在 23% 以上。它们主要是半寄生菌，其典型代表是交链孢霉，广泛地寄生在禾谷类种子以及豆科、十字花科等种子中，寄生于种子皮下，形成皮下菌丝。当种子收获入仓后，其他贮藏霉菌侵害种子时，交链孢霉等便相应地减少和消亡。这种情况往往表明种子生活力的下降或丧失，所以交链孢霉等田间真菌的存在及其变化，同附生细菌的变化一样，可以作为判断种子新鲜程度的参考。显然，田间真菌是相对区域性概念，包括一切能在田间感染种子的真菌。但是一些霉菌，虽然是典型的贮藏真菌，却可以在田间危害种子。如黄曲霉可在田间感染玉米和花生，并产生黄曲霉毒素进行污染。

贮藏真菌大都是在种子收获后感染和侵害种子的腐生真菌，其中主要的是霉菌。凡能引起种子霉腐变质的真菌，通常称为霉菌。这类霉菌很多，约 30 个霉菌属，但危害最严重而且普遍的是曲霉和青霉。它们所要求的最低生长湿度都在 90% 以下，一些干生性的曲霉可在 65%~70% 时生长，例如灰绿曲霉、局限曲霉可以在低水分种子上缓慢生长，可损坏胚部使种子变色，并为破坏性更强的霉菌提供后继危害的条件。白曲霉和黄白霉的为害，是导致种子发热的重要原因。棕曲霉在我国稻、麦、玉米等种子上的检出率都不高。在微生物学检验中，如棕曲霉的检出率超过 5%，则表明种子已经或正在变质。青霉可以杀死种子，使粮食变色，产生霉臭，导致种子早期发热，"点翠"生霉和霉烂。

种子微生物区系的变化，主要取决于种子含水量，种堆的温湿度和通气状况等生态环境，以及在这些环境中，微生物的活动能力。新鲜的种子，通常以附生细菌为最多，其次是田间真菌，而霉腐菌类的比重很小。在正常情况下，随着种子贮藏时间的延长，其总菌量逐渐降低，其菌相将会被以曲霉、青霉、细球菌为代表的霉腐微生物取而代之；芽孢杆菌和放线菌在陈种子上，有时也较为突出。贮藏真菌增加愈多，而田间真菌则减少或消失愈快，种子的品质也就愈差。在失去贮藏稳定性的粮食和种子中，微生物区系的变化迅速而剧烈，以曲霉、青霉为代表的霉腐菌类，迅速取代正常种子上的微生物类群，大量地繁殖，同时伴有种子发热、生霉等一系列种子劣变症状的出现。

二、种子主要的微生物种类

（一）霉　菌

种子上发现的霉菌种类较多，大部分寄附在种子的外部，部分能寄生在种子内部的皮层和胚部。许多霉菌属于对种子破坏性很强的腐生菌，但对贮藏种子的损害作用不相同，其中以青霉属（*Penicidlium*）和曲霉属（*Aspergillus*）占首要地位，其次是根霉属（*Rhizopus*）、毛霉属（*Mucor*）、交链孢属（*Alternaria*）、镰刀菌属（*Fusarium*）等。

1. 青霉属（*Penicillium Link*）

青霉在自然界中分布较广，是导致种子贮藏期间发热的一种最普遍的霉菌。

青霉分 41 个系，137 个种和 4 个变种，有些菌系能产生霉素，使贮藏的种子带毒。根据在小麦、稻谷、玉米、花生、黄豆、大米上的调查结果，在贮藏种子上危害的主要种类有橘青霉（*P. citrinum*）、产黄青霉（*P. chrysogenum*）、草酸青霉（*P. axalium*）和圆弧青霉（*P. cyclopium*）。

该属菌丝具隔膜，无色、淡色或鲜明颜色。气生菌丝密生，部分结成菌丝束。分生孢子梗直立，顶端呈帚状分枝，分枝顶部小梗瓶状，瓶状小梗顶端的分生孢子链状。分生孢子因种类不同，有圆形、椭圆形或卵圆形。

此类霉菌在种子上生长时，先从胚部侵入，或在种子破损部位开始生长，最初长出白色斑点，逐渐丛生白毛（菌丝体），数日后产生青绿色孢子，因种类不同而渐转变成青绿色、灰绿色或黄绿色，并伴有特殊的霉味。

青霉分解种子中有机物质的能力很强，能引起种子发热、"点翠"，并有很重的霉味。有些青霉能引起大米黄变，故称为大米黄变菌，多数青霉为中生性，孢子萌发的最低相对湿度在 80% 以上，但有些能在低温下生长，适宜于在含水量 15.6% ~ 20.8% 的种子上生长，生长适宜温度一般为 20 ~ 25 ℃；纯绿青霉（*P. viridicatum*）可在 −3 ℃ 左右引起高水分玉米胚部"点翠"而霉坏。因此，青霉是在低温下，对种子危害较大的重要菌类。青霉均属于好氧性菌类。

2. 曲霉属（*Aspergillus Mich Link*）

曲霉广泛存在于各种种子和粮食上，是导致种子发热霉变的主要霉菌，腐生性强，除能引起种子霉病变质外，有的种类还能产生毒素，如黄曲霉毒素对人、畜有致癌作用。曲霉属分 18 个群，包括 132 个种和 18 个变种。

据报道，在主要作物种子上分布较多的是灰绿曲霉（*A. gloucus*）、阿斯特丹曲霉（*A. amstelodami*）、烟曲霉（*A. fumigatus*）、黑曲霉（*A. niger*）、白曲霉（*A. candidus*）、黄曲霉（*A. fLavas*）和杂色曲霉（*A. versicolor*）。

曲霉菌丝有隔；有的基部细胞特化成厚壁的"足细胞"，其上长出与菌丝略呈垂直的分生孢子梗，孢子梗顶端膨大成顶囊。顶囊上生着 1～2 个小梗，小梗顶端产生念珠状的分生孢子链。分生孢子呈球形、椭圆形、卵圆形等，因种类而异。由顶囊、小梗及分生孢子链所构成的整体称为分生孢子头或曲霉穗，是曲霉属的基本特征。有些种的有性生殖，能产生壁薄的闭囊壳。

在种子上菌落呈绒状，初为白色或灰白色，后因菌种不同，在上面生成乳白、黄绿、烟灰、灰绿、黑等色的粉状物。不同种类的曲霉，生活习性差异很大，大多数曲霉属于中温性，少数属于高温性。白曲霉、黄白霉等的生长适温为 25～30 ℃；黑曲霉的生长适温为 37 ℃；而烟曲霉嗜高温，其生长适温为 37～45 ℃，45 ℃ 以上仍能生长，常在发热霉变中后期大量出现，促进种温的升高和种子败坏。

对水分的要求，大部分曲霉是中生性的，还有一些是干生性的。孢子萌发最低相对湿度，灰绿曲霉群仅为 62%～71%；白曲霉为 72%～76%；局限曲霉为 75% 左右；杂色曲霉为 76%～80%。

黄曲霉等属于中湿性菌，孢子萌发的最低相对湿度为 80%～86%；黑曲霉等属于近湿性菌，孢子萌发的最低相对湿度为 88%～89%。

灰绿曲霉能在低温下，危害低水分种子。白曲霉易在水分 14% 左右的稻谷上生长。黑曲霉易在水分 18% 以上的种子上为害，它具有很强的分解种子有机质的能力，产生多种有机酸，使籽粒脆软、发灰，带有浓厚的霉酸气味。黄曲霉对水分较高的麦类、玉米和花生易于为害，当花生仁水分 9% 以上，温度适宜便可在其上发展。它有很强的糖化淀粉的能力，使籽粒变软、发灰，常具有褐色斑点和较重的霉酸气味。曲霉是好氧菌，但少数能耐低氧。

3. 根霉属（*Rhizopus Ehrehberg* ex Corda）

根霉菌是分布很广的腐生性霉菌，大都有不同程度的弱寄生性，常存在于腐败食物、谷物、薯类、果蔬及贮藏种子上，其代表菌类有匍枝根霉（*R. stolonifer*）、米根霉（*R. oryzae*）和中华根霉（*R. chinensis*）。匍枝根霉异名黑根霉（*R. nigricans*）是主要的隶属于真菌的接合菌亚门。

根霉菌丝无隔膜，营养菌丝产生匍匐菌丝，匍匐菌丝与基物接触处产生假根，假根相对处向上直立生成孢囊梗，孢囊梗顶端膨大成孢子囊，基部有近球形的囊轴。孢子囊内形成孢囊孢子，球形或椭圆形。有性生殖经异宗配合形成厚壁的接合孢子。

在种子上菌落菌丝茂盛呈絮状，生长迅速，初为白色，渐变为灰黑色，于表面生有肉眼可见的黑色小点。

根霉菌喜高温，孢子萌发的最低相对湿度为 84%～92%。生长温度为中温性，匍枝根霉的生长适温为 26～29 ℃；米根霉和中华根霉的生长适温为 36～38 ℃。

根霉菌都是好氧菌，但有的能耐低氧。然而在缺氧条件下不能生长或生长不良，如在缺氧储藏中，当水分过高或出现粮堆内部结露时则可能出现所谓的"白霉"，即只生长白色菌丝而不产生孢子的米根霉等耐低氧的霉菌。

根霉具有很强的分解果胶和糖化淀粉的能力。有的类群，如米根霉、中华根霉具有酒精发酵的能力。根霉在适宜条件下，生长迅速，能很快地导致高水分种子霉烂变质，其作用与毛霉相似。

黑根霉又是甘薯软腐病的病原菌，能使病薯软腐，是鲜甘薯的一大贮藏病害。

4. 毛霉属（*Mucor Mich ex Fr.*）

毛霉菌广泛分布在土壤中及各种腐败的有机质上，在高水分种子上普遍存在。该菌隶属于真菌的接合菌亚门。为害贮藏种子的主要代表菌为总状毛霉（*Mzscor racemosus*）。

毛霉菌丝无隔膜，菌丝上直接分化成孢囊梗，孢囊梗以单轴式产生不规则分枝。孢子囊生于每个分枝的顶端，球形浅黄色至黄褐色，内生卵形至球形孢囊孢子。囊轴球形或近卵形。有性生殖经异宗配合产生接合孢子。

该菌明显特征是在菌丝体上形成大量的厚垣孢子。种子上菌落疏松絮状，初为白色，渐变成灰色或灰褐色。该菌为中温、高湿性，生长最适温度为 20～25 ℃，生长最低相对湿度为 92%。好氧菌，有些类群耐低氧性；在缺氧条件下可进行酒精发酵。该菌具有较强的分解种子中蛋白质、脂肪、糖类的能力。潮湿种子极易受害，而使种子带有霉味或酒酸气，并有发热、结块等现象。

5. 交链孢霉属（*Alternaria Nees*）

交链孢霉属也称链格孢霉，是种子田间微生物区系中的主要类群之一，是新鲜贮种中常见的霉菌。隶属于真菌的半知菌亚门，其主要代表菌为细交链孢霉（*Alternaries tenuis*）。菌丝有隔，无色至暗褐色。分生孢子梗自菌丝生出，单生或成束，多数不分枝。分生孢子倒棍棒形，有纵横隔膜，呈链状着生在分生孢子梗顶端。种子上菌落绒状，灰绿色或褐绿色至黑色。

交链孢霉菌嗜高湿、中温性，好氧。孢子萌发最低相对湿度为 94% 左右，在相对湿度 100% 时可大量发展。其菌丝常潜伏在种皮下，尤以谷类籽粒中较多。通常对贮藏种子无明显为害。当其他霉腐微生物侵入种粒内部时，它的菌丝则因拮抗作用而衰退或死亡，故它的大量存在，往往与种子生活力强和发芽率高相联系。

6. 镰刀菌属（*Fusarium Link*）

镰刀菌分布广泛，种类很多，是种子田间微生物区系中的重要霉菌之一。许多种镰刀菌可引起植物和种子病害，在水分较高的条件下，能使种子霉变变质，破坏种子发芽力以及产生毒素，使种子带毒。此外，一些镰刀菌也是人畜的致病菌。隶属于真菌的半知菌亚门，其主要代表菌为禾谷镰刀菌（*Fusarium graminearum*）。

镰刀菌菌丝无色至鲜明颜色，具分隔。大型分生孢子镰刀形或纺锤形，稍弯曲，端部尖，具多个分隔。小型分生孢子卵形、椭圆形，有 0～2 个发隔膜，无色，聚集时呈浅粉红色。

菌落絮状、绒状或粉状，初为白色，后变为粉红色，橙红色或砖红色。

镰刀菌多数是中温性，少数是低温性。孢子萌发的温度范围为 4～32℃，大多数生长适温为 23～28 ℃。孢子萌发的最低相对湿度为 80%～100%。它是在低温下，导致高水分种子霉变的重要霉菌之一。

（二）细　菌

细菌是种子微生物区系中的主要类群之一。种子上的细菌主要是球菌和杆菌。其主要代表菌类有芽孢杆菌属（*Bacillus Cohn*）、假单胞杆菌属（*Pseudomonas Migula*）和微球菌属（*Micrococcus Cohn*）等类群中的一些种。

种子上的细菌，多数为附生细菌，在新鲜种子上的数量占种子微生物总量的 80%～90%，一般对贮藏种子无明显为害；但随贮藏时间的延长，霉菌数量的增加，其数量逐渐减少。有人认为分析这些菌的多少可作为判断种子新鲜程度的标志。陈粮或发过热的粮食上，腐生细菌为主，它们主要是芽孢杆菌属和微球菌属。种子上细菌的数量超过霉菌，但在通常情况下对引起贮藏种子的发热霉变不如霉菌严重，原因是细菌一般只能从籽粒的自然孔道或伤口侵入，限制了它的破坏作用。同时，细菌是湿生性的，需要高水分的环境。

（三）放线菌和酵母菌

放线菌属于原核微生物。大多数菌体是由分枝菌丝所组成的丝状体，以无性繁殖为主，在气生菌丝顶端形成孢子丝。孢子丝有直、弯曲、螺旋等形状。

放线菌主要存在于土壤中，绝大多数是腐生菌，在新收获的清洁种子上数量很少，但在混杂有土粒的种子以及贮藏后期或发过热的种子上数量较多。

种子上酵母菌数量很少，偶尔也有大量出现的情况，通常对种子品质并无重大影响，只有在种子水分很高和霉菌活动之后，才对种子具有进一步的腐解作用。

三、微生物对种子生活力的影响

农作物种子在良好的保管条件下，一般在几年内能保持较高的生活力，而在特殊的条件下（如低温、干燥、密闭）却能在几十年内仍保持其较高的生活力。然而在保管不善时，就会使种子很快地失去生活力。种子丧失生活力的原因有很多，但是其中重要因素之一是受微生物的侵害。微生物侵入种子往往从胚部开始，因为种子胚部的化学成分中含有大量的亲水基，如 —OH、—CHO、—COOH、—NH$_2$、—SH 等，所以胚部水分远比胚乳部分高，而且营养物质丰富，保护组织也较薄弱。胚部是种子生命的中枢，一旦受到微生物损害，其生活力随之降低。

不同的微生物对种子生活力的影响也不一样。许多霉菌，如黄曲霉、白曲霉、灰绿曲霉、局限曲霉和一些青霉等对种胚的伤害力较强。在种子霉变过程中，种子发芽率总是随着霉菌的增长和种子霉变程度的加深而迅速下降，以致完全丧失。

微生物引起种子发芽力降低和丧失的原因主要是：一些微生物可分泌毒素，毒害种子；微生物直接侵害和破坏种胚组织；微生物分解种子形成各种有害产物，造成种子正常生理活动的障碍等。此外，在田间感病的种子，由于病原菌为害，大多数发芽率很低，即使发芽，在苗期或成株期也会再次发生病害。

四、微生物与种子霉变

微生物在种子上活动时，不能直接吸收种子中各种复杂的营养物质，必须将这些物质分解为可溶性的低分子物质,才能吸收利用而同化。所以,种子霉变的过程,就是微生物分解和利用种子有机物质的生物化学过程。一般种子都带有微生物,但不一定就会发生霉变,除了健全的种子对微生物的为害具有一定的抗御能力外,贮藏环境条件对微生物的影响是决定种子是否霉变的关键。环境条件有利于微生物活动时,霉变才可能发生。

种子霉变是一个连续地统一过程,也有着一定的发展阶段。其发展阶段的快慢,主要由环境条件,特别是温度和水分对微生物的适宜程度而定。快者一般数天,慢者数周,甚至更长时间,方能造成种子霉烂。

由于微生物的作用程度不同,在种子霉变过程中,可能出现各种症状,如变色、变味、发热、生霉以及霉烂等。其中某些症状出现与否取决于种子霉变程度和当时贮藏条件。如种子(特别是含水量高时)霉变时,常常出现发热现象;但如种子堆通风良好,热量能及时散发,而不大量积累,种子虽已严重霉变,也可能不出现发热现象。种子霉变一般分为3个阶段:初期变质阶段;中期生霉阶段;后期霉烂阶段。

1. 初期变质阶段

初期变质阶段是微生物与种子建立腐生关系的过程。种子上微生物,在环境适宜时,便活动起来,利用其自身分泌的酶类开始分解种子,破坏籽粒表面组织,而侵入内部,导致种子的"初期变质"。此阶段可能出现的症状有:种子逐渐失去原有的色泽,接着变灰、发暗;发出轻微的异味;种子表面潮湿,有"出汗""返潮"现象,散落性降低,用手插入种堆有湿涩感;籽粒软化,硬度下降;并可能有发热趋势。

2. 中期生霉阶段

中期生霉阶段是微生物在种子上大量繁殖的过程。继初期变质之后,如种堆中的湿热逐步积累,在籽粒胚部和破损部分开始形成菌落,而后可能扩大到籽粒的一部分或全部。由于一般霉菌菌落多为毛状或绒状,所以通常所说种子的"生毛""点翠"就是生霉现象。生霉的种子已严重变质,有很重的霉味,具有霉斑,变色明显,营养品质劣变,还可能污染霉菌毒素。生霉的种子因生活力低,不能作为种用,而且不宜食用。

3. 后期霉烂阶段

后期霉烂阶段是微生物使种子严重腐解的过程。种子生霉后,其生活力已大大减弱或完全丧失,种子也就失去了对微生物为害的抗御能力,为微生物进一步为害创造了极为有利的条件。若环境条件继续适宜,种子中的有机物质遭到严重的微生物分解,种子霉烂、腐败、产生霉、酸、腐臭等难闻气体,籽粒变形,成团结块,以致完全失去利用价值。

五、种子微生物的控制

(一)影响微生物活动的主要因子

要控制种子微生物,就必须了解影响微生物活动的各种因素。微生物在贮藏种子上的活动主要受贮藏时水分、温度、空气及种子本身的健全程度和理化性质等因素的影响和制约。

此外，种子中的杂质含量、害虫以及仓用器具和环境卫生等，对微生物的传播也起到相当重要的作用。现将环境条件中几个主要影响因子与微生物的关系分述如下。

1. 种子水分和空气湿度

种子水分和空气湿度是微生物生长发育的重要条件。不同种类的微生物对水分的要求和适应性是不同的。据此可将微生物分为干生性、中生性和湿生性3种类型（表11-2）。

表 11-2　微生物对水分的适应范围

微生物类型	生长最低相对湿度/%	生长最适相对湿度/%
干性（低湿）性微生物	65～80	95～98
中性（中湿）性微生物	80～90	98～100
湿生（高湿）性微生物	90% 以上	接近100%

几乎所有的细菌都是湿生性微生物，一般要求相对湿度均在95%以上。放线菌生长所要求的最低相对湿度，通常为90%～93%；酵母菌也多为湿生性微生物，它们生长所要求的最低相对湿度为88%～96%；但也有部分酵母菌是中生性微生物。植物病原真菌大都是湿生性微生物，只有少数属于中生性微生物。霉菌有三种类型，贮藏种子中，为害最大的霉腐微生物都是中生性的，如青霉和大部分曲霉等。干生性微生物几乎都是一些曲霉菌，主要有灰绿曲霉、白曲霉、局限曲霉、棕曲霉、杂色曲霉等。接合菌中的根霉、毛霉等以及许多半知菌类，则多为湿生性微生物。

不同类型微生物的生长最低相对湿度界限是比较严格的，而生长最适相对湿度则很相近，都以高湿度为宜。在干燥环境中，可以引起微生物细胞失水，使细胞内盐类浓度增高或蛋白质变性，导致代谢活动降低或死亡，大多数菌类的营养细胞在干燥的大气中干化而死亡，造成微生物群体的大量减少。这就是种子贮藏中应用干燥防霉的微生物学原理。

根据以上所述，采用各种办法降低种子水分，同时控制仓库种子堆的相对湿度使种子保持干燥，可以控制微生物的生长繁殖以达到安全贮藏的目的。一般来说，只要把种子水分降低并保持在不超过相对湿度65%的平衡水分条件下，便能抑制种子上几乎全部微生物的活动（以干生性微生物在种子上能够生长的最低相对湿度为依据）。虽然在这个水分条件下还有少数几种灰绿曲霉能够活动，但发育非常缓慢。因此，一般情况下，相对湿度65%的种子平衡水分可以作为长期安全贮藏界限，种子水分越接近或低于这个界限则贮藏稳定性越高，安全贮藏的时间也越长；反之，贮藏稳定性越差。

2. 温　度

温度是影响微生物生长繁殖和存亡的重要环境因子之一。种子微生物按其生长所需温度可分为低温性、中温性和高温性3种类型（表11-3）。

表 11-3　微生物对温度的适应范围

微生物类型	生长最低温度/℃	生长最适温度/℃	生长最高温度/℃
低湿性微生物	0 ℃ 以下	10～20	25～30
中湿性微生物	5～15	20～40	45～50
高湿性微生物	25～40	50～60	70～80

三种类型的微生物的划分是相对的，也有一些中间类型。微生物生长最高、最低温度界限，也随人类对自然的深入探索而有变化。

在种子微生物区系中，以中温性微生物最多，其中包括绝大多数的细菌、霉菌、酵母菌以及植物病原真菌。大部分侵染贮藏种子引起变质的微生物在 28~30 ℃ 生长最好。高温性和低温性微生物种类较少，只有少数霉菌和细菌。通常情况下，中温性微生物是导致种子霉变的主角；高温性微生物则是种子发热霉变的后续破坏者；而低温性微生物则是种子低温贮藏时的主要危害者，如我国北方寒冷地区贮藏的高水分玉米上，往往能看到这类霉菌活动的情况。

一般微生物对高温的作用非常敏感，在超过其生长最高温度的环境中，在一定时间内便会死亡。温度越高，死亡速度越快。高温灭菌的机理主要是高温能使细胞蛋白质凝固，破坏了酶的活性，因而杀死微生物。种子微生物在生长最适温度范围以上，其生命活动随环境温度的降低而逐渐减弱，以致受到抑制，停止生长而处于休眠状态。一般微生物对低温的忍耐能力（耐寒力）很强。因此，低温只有抑制微生物的作用，杀菌效果很小。一般情况下，把种温控制在 20 ℃ 以下时，大部分侵染种子的微生物生长速度就显著降低；温度降到 10 ℃ 左右时，发育更迟缓，有的甚至停止发育；温度降到 0 ℃ 左右时，虽然还有少数微生物能够发育，但大多数则是非常缓慢的。因此，种子贮藏中，采用低温技术具有显著的抑制微生物生长的作用。

在贮藏环境因素中，温度和水分二者的联合作用对微生物发展的影响极大。当温度适宜时，对水分的适应范围较宽；反之则较严。在不同水分条件下微生物对生长最低温度的要求也不同，种子水分越低，微生物繁殖的温度就相应增高，而且随着贮藏时间的延长，微生物能在种子上增殖的水分和湿度的范围也相应扩大。

3. 仓房密闭和通风

种子上带有的微生物绝大多数是好氧性微生物（需氧菌）。引起贮藏种子变质霉变的霉菌大都是强好氧性微生物（如青霉和曲霉等）。缺氧的环境对其生长不利，密闭贮藏能限制这类微生物的活动，减少微生物传播感染以及隔绝外界温湿度不良变化的影响作用，所以低水分种子采用密闭保管的方法，可以提高贮藏的稳定性和延长安全贮藏期。

种子微生物一般能耐低浓度的氧气和高浓度的二氧化碳环境，所以一般性的密闭贮藏对霉菌的生长只能起一定的抑制作用，而不能完全制止霉菌的活动。试验证明，在氧气含量与一般空气相同（20%）的条件下，二氧化碳浓度增加到 20%~30% 时，对霉菌生长没有明显的影响；当浓度到达 40%~80% 时，才有较显著的抑制作用。霉菌中以灰绿曲霉对高浓度二氧化碳的抵抗能力最强，在浓度达到 79% 时仍能大量存在。此外，还应该注意到种子上的厌氧性微生物的存在，如某些细菌、酵母菌和毛霉等。在生产实际上，高水分种子保管不当（如密闭贮藏），往往产生酒精味和败坏，其原因是由于这类湿生性微生物在缺氧条件下活动的结果，所以高水分种子不宜采用密闭贮藏。但种子堆内进行通风，也只有在能够降低种子水分和种子堆温湿度的情况下才有利，否则将更加促进需氧微生物的发展。因此，种子贮藏期间做到干燥、低温和密闭，对长期安全贮藏是最有利的。

4. 种子状况

种子的种类、形态结构、化学品质、健康状况和生活力的强弱以及纯净度和完整度，都直接影响着微生物的生长状况和发育速度。

新种子和生活力强的种子，在贮藏期间对微生物有着较强的抵抗力；成熟度差或胚部受损的种子容易生霉。籽粒外有稃壳和果种皮保护的比无保护的种子更不易受微生物侵入，保护组织厚而紧密的种子易于贮藏，所以在相同贮藏条件下，水稻和小麦比玉米易于保管，红皮小麦比白皮小麦的贮藏稳定性高。

贮种的纯度和净度，对微生物的影响很大。组织结构、化学成分和生理特性不同的种子混杂在一起，即使含杂的量不多也会降低贮藏的稳定性，被微生物侵染后会相互传染。种子如清洁度差、尘杂多，则易感染微生物，常会在含尘杂多的部位产生窝状发热。这是因为尘杂常带有大量的霉腐微生物，且容易吸湿，使微生物容易发展。此外，同样水分种子，不完整粒多的，容易发热霉变。这是因为完整的种子能抵御微生物的侵害，而破损的种子易被微生物感染。由于营养物质裸露，有利于微生物获取养料，加之不完整籽粒易于吸湿，更有利于微生物的生长。

除了以上所述影响微生物活动的因子外，种子微生物之间还存在着互生、共生、寄生和拮抗的关系。

（二）种子微生物的控制

1. 提高种子的质量

高质量的种子对微生物的抵御能力较强。为了提高种子的生活力，应在种子成熟时适时收获，及时脱粒和干燥，并认真做好清选工作，去除杂物、破碎粒、不饱满的籽粒。入库时注意，新、陈种子，干、湿种子，有虫、无虫种子及不同种类和不同纯净度的种子分开贮藏，提高贮藏的稳定性。

2. 干燥防霉

种子含水量和仓内相对湿度低于微生物生长所要求的最低水分时，就能抑制微生物的活动。为此，首先种子仓库要能防湿防潮，具有良好的通风密闭性；其次种子入库前要充分干燥，使含水量保持在与相对湿度65%相平衡的安全水分界限以下；最后在种子贮藏过程中，可以采用干燥密闭的贮藏方法，防止种子吸湿回潮。在气温变化的季节还要控制温差，防止结露；高水分种子入库后则要抓紧时机，通风降湿。

3. 低温防霉

控制贮藏种子的温度在霉菌生长适宜的温度以下，可以抑制微生物的活动。保持种子温度在15℃以下，仓库相对湿度在65%～70%以下，可以达到防虫防霉，安全贮藏的目的。这也是一般所谓低温贮藏的温湿度界限。

控制低温的方法可以利用自然低温，具体做法可以采用仓外薄摊冷冻，趁冷密闭贮藏；仓内通冷风降温（做法可参见低温杀虫法）。如我国北方地区，在干冷季节，利用自然低温，将种子进行冷冻处理，不仅有较好的抑菌作用和一定的杀菌效果，而且还可以降水、杀虫。此外，目前各地还采用机械制冷，进行低温贮藏。

进行低温贮藏时，还应把种子水分降至安全水分以下，防止在高水分条件下，一些低温性微生物的活动。

4. 化学药剂防霉

常用的化学药剂是磷化铝。磷化铝水解生成的磷化氢具很好的抑菌防霉效果。磷化铝的理化性可参见本节"仓虫的化学药剂防治"。根据经验，为了保证防霉效果，种堆内磷化氢的浓度应保持不低于 $0.2 \ g/m^3$（磷化铝 0.6 片$/m^3$）。控制微生物活动的措施与防治仓虫的方法有些是相同的，在实际工作中可以综合考虑应用。如磷化铝是有效的杀虫熏蒸剂，杀虫的剂量足以防霉，所以可以考虑一次熏蒸，达到防霉杀虫的目的。

思考题

1. 常用哪些方法防治仓储害虫？
2. 种子微生物怎么控制？

第十二章　种子贮藏与管理

第一节　种子仓库及其设备

种子仓库（seed storehouse）是保存种子的场所，也是种子保存的环境。环境条件的好坏，对于保持种子生活力具有十分重要的意义。因此，建造良好的仓库是非常必要的。

目前我国普遍采用的仓库可分为简易仓、房式仓、土圆仓、机械化圆筒仓、低温仓库等6类。其中以简易仓和土圆仓造价低廉，施工方便，农村较为普遍；而房式仓、机械化圆筒仓及低温库则以种子公司采用较多。总之，不论哪种类型的仓库，建造时都应考虑到种子安全性和仓库牢固度。

一、仓地选择及建仓标准

（一）仓地选择原则

首先应在经济调查的基础上确定建仓地点，然后计划建仓库的类型和大小。不但要考虑该地区当前的生产特点，还要考虑该地区的生产发展情况及今后远景规划，使仓库布局最为合理。

建仓地段应符合以下几点要求：

（1）仓基必须选择坐北朝南。选地势高燥的地段，以防止仓库地面渗水，特别是长江以南地区，除山区、丘陵地外，地下水位普遍较高，而且雨水较多，因此必须根据当地的水文资料及群众经验，选择高于洪水水位的地点或加高建仓地基。

（2）建仓地段的土质必须坚实稳固。如有可能坍陷的地段，不宜建造仓库。一般种子仓库要求的土壤坚实度为每平方米面积上能承受 10 t 以上的压力，如果不能达到这个要求，则应加大仓库四角的基础和砖墩的基础，否则会发生房基下沉或地面断裂，而造成不必要的损失。

（3）建仓地点尽可能靠近铁路、公路或水路运输线，以便于种子的运输。

（4）建仓地点应尽量接近种子繁育和生产基地，以减少种子运输过程中的费用。

（5）建仓以不占用耕地或尽可能地少占用耕地为原则。

（二）建仓标准

1. 仓房应牢固

能承受种子对地面和仓壁的压力以及风力和不良气候的影响。建筑材料从仓顶、房身到墙基和地坪，都应采用隔热防湿材料（表 12-1），以利于种子的贮藏安全。

表 12-1　各种建筑材料的导热系数

材料名称	容重 /kg·m⁻³	导热系数 /kJ·m⁻¹·h⁻¹·℃⁻¹	材料名称	容重 /kg·m⁻³	导热系数 /kJ·m⁻¹·h⁻¹·℃⁻¹
毛石砌体	1 800~2 200	0.33~4.60	玻璃	2 400~2 600	2.51~2.93
砂子	1 500~600	1.88~2.30	聚苯乙烯泡沫		
水泥	1 200~1 600	6.19	塑料	30~50	0.17~0.21
一般混凝土	1 900~2 200	0.33~4.60	聚苯乙烯（硬质）		
矿渣混凝土	1 200~2 000	1.67~2.51	泡沫塑料	20~30	0.146~0.17
钢筋混凝土	2 200~2 500	5.23~5.65	矿渣棉	175~250	0.25~0.29
木材	500~800	0.63~0.84	膨胀珍珠岩	90~300	0.17~0.42
普通标准砖	1 500~1 900	2.09~0.33	膨胀蛭石	120	0.25
砖砌机（干）	1 400~1 900	2.09~2.33	软木板	160~350	0.17~0.33
多孔性砖	1 000~1 300	1.67~2.09	沥青	900~1 100	0.13~0.17
水泥砂浆	1 700~1 800	2.93~0.33	散稻壳	150~350	0.33~0.42
钢梁	7 600~7 850	188.28~209.2			

2. 具有密闭与通风性能

密闭的目的是隔绝雨水、潮湿或高温等不良气候对种子的影响，并使药剂熏蒸杀虫达到预期的效果。通风的目的是散去仓内的水汽和热量，以防种子长期处在高温、高湿条件下影响其生活力。

目前在机械通风设备尚未普及的情况下，一般采用自然通风。自然通风是根据空气对流原理进行的，因此，门、窗以对称设置为宜；窗户以翻窗形式为好，关闭时能做到密闭可靠；窗户位置高低应适当，过高则屋檐阻碍空气对流，不利通风，过低则影响仓库利用率。

3. 具有防虫、防杂、防鼠、防雀的性能

仓内房顶应设天花板，内壁四周需平整，并用石灰刷白，便于查清虫迹，仓内不留缝隙，既可杜绝害虫的栖息场所，又便于清理种子，防止混杂。库门需装防鼠板，窗户应装铁丝网，以防鼠、雀乘虚而入。

4. 仓库附近应设晒场、保管室和检验室等建筑物

晒场用以干燥或处理进仓前的种子，其面积大小视仓库而定，一般以相当于仓库面积的 1.5~2 倍为宜。

保管室是贮放仓库器材、工具的专用房，其大小可根据仓库实际需用和器材多少而定。检验室需设在安静而光线充足的地区。

（三）种子仓库的类型

1. 房式仓

外形如一般住房（图 12-1）。因取材不同分为木材结构、砖木结构和钢筋水泥结构等多种。木材结构由于取材不易，密闭性能及防鼠、防火等性能较差，现已逐渐拆除改建。目前建造的大部分是钢筋水泥结构的房式仓。这类仓库较牢固，密闭性能好，能达到防鼠、防雀、

防火的要求。仓内无柱子，仓顶均设天花板，内壁四周及地坪都铺设用以防湿的沥青层。这类仓库适宜贮藏散装或包装种子。仓容量 15 万 ~ 150 万 kg。

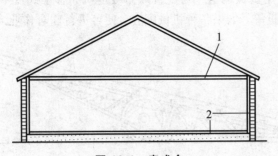

图 12-1　房式仓

1—天花板；2—沥青层

2. 低温仓库

这类仓库是根据种子安全贮藏的低温、干燥、密闭等基本条件建造的。其库房的形状、结构大体与房式仓相同，但构造相当严密，其内壁四周与地坪除有防潮层外，墙壁及天花板都有较厚的隔热层。库房内设有缓冲间。低温库不能设窗，以免外温湿透缝隙传入库内。有时库内外温差过大，会在玻璃上凝结水而滴入种子堆。垛底设置 18 cm 高的透气木质垫架，房内两垛种子间留 80 cm 过道，垛四周边离墙体 20 cm，以利取样，检查和防潮。库房内备有降温和除湿机械设备，能使种温控制在 15 ℃ 以下，相对湿度在 65% 左右，是目前较为理想的种子贮藏库。

（四）仓库的保养

种子入库前必须对仓库进行全面检查与维修，以确保种子在贮藏期间的安全。

检查仓房首先应从大处着眼，仔细观察仓房有无下陷、倾斜等迹象，如有倒塌的可能，就不能存放种子。其次，从外到里逐步地进行检查，如房顶有无渗漏。仓内地坪应保持平整光滑，如发现地坪有渗水、裂缝、麻点时，必须补修，修补完后，刷一层沥青，使地坪保持原有的平整光滑。最后，内墙壁也应保持光滑洁白，如有缝隙应予嵌补抹平，并用石灰水刷白。仓内不能留小洞，防止老鼠潜入。对于新建仓库应作短期试存，观察其可靠性，试存结束后，即按建仓标准检修，确定其安全可靠后，种子方能长期贮存。

二、仓库设备

为提高管理人员的技术水平、工作效率和减轻劳动强度，种子仓库应配备下列设备：

1. 检验设备

为正确掌握种子在贮藏期间的动态和种子出仓时的品质，必须对种子进行检验。检验设备应按所需测定项目设置，如测温仪、水分测定仪、烘箱、发芽箱、容重器、扩大镜、显微镜和手筛等。

2. 装卸、输送设备

种子进出仓时，采用机械输送，可配置风力吸运机、移动式皮带输送机（图 12-2）、堆包机（图 12-3）及升运机等。如果各种机械配套，便可进行联合作业（图 12-4、12-5、12-6）。

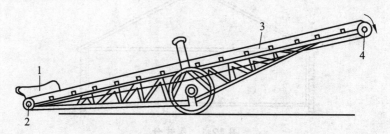

图 12-2　移动式皮带输送机

1—接受槽；2—牵引滚筒；3—转动环带；4—传动滚筒

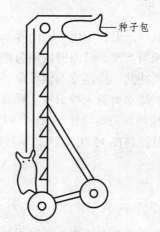

图 12-3　堆包机

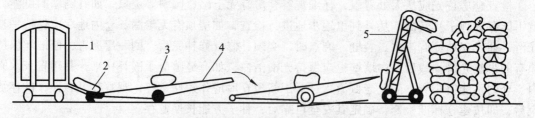

图 12-4　接收包装种子作业

1—火车；2—倾斜滑板；3—种子包；4—皮带输送机；5—堆包机

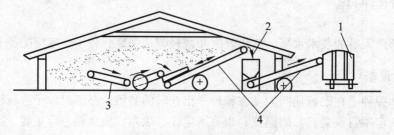

图 12-5　发放仓内散装种子作业

1—火车；2—斗磅秤；3—刮板输送机；4—皮带输送机

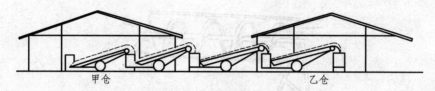

图 12-6　输送机冷却种子作业

3. 机械通风设备

当自然风不能降低仓内温湿度时，应迅速采用机械通风。通风机械主要包括风机（鼓风、吸气）及管道（地下、地上 2 种）（图 12-7、图 12-8）。一般情况下的通风方法吸风比鼓风好。

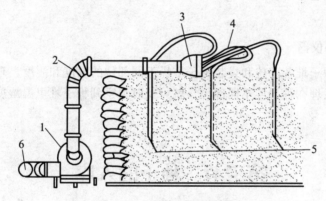

图 12-7　多管吸风机装置

1—吸风机；2—风管弯头；3—空气分配头；4—软管；5—支风管；6—废气出口

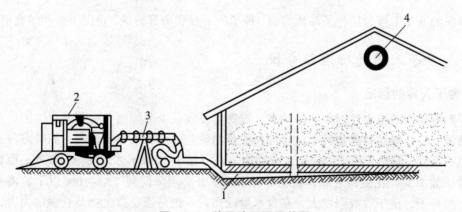

图 12-8　种子地下通风装置

1—分气管；2—通风管；3—空气推动装置；4—排风器

4. 种子加工设备

加工设备包括清选、干燥和药剂处理 3 大部分。清选机械又分粗选和精选 2 种。干燥设备除晒场外，应备有人工干燥机。药剂处理机械如消毒机、药物拌种机等，对种子进行消毒灭菌，以防止种子病害蔓延（图 12-9）。

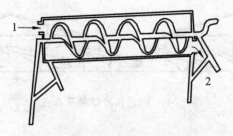

图 12-9 拌药机

1—种子和农药进口；2—出口

5. 熏蒸设备

熏蒸设备是防治仓库内害虫必不可少的设备，有各种型号的防毒面具、防毒服、投药器及熏蒸剂等。

6. 温湿度遥测仪器

为了随时了解种子堆各部位和袋装种子堆垛不同部位的温度和湿度。现在通常采用遥测温湿度仪，将其探头埋在种子堆不同部位，就可及时观察到种子堆里温湿度变化，了解种子贮藏的稳定性。

第二节 种子的入库

一、种子入库前的准备

入库前的准备工作包括种子品质检验、种子的干燥和清选分级、仓房维修和清仓消毒等。

（一）种子入库的标准与分批

1. 种子入库的标准

种子贮藏期间的稳定性因作物的种类、成熟度及收获季节等而有显著差异。例如在相同的水分条件下，一般油料作物种子比含淀粉或蛋白质较多的种子不易保藏。而贮藏种子水分的要求也不相同，如籼稻种子的安全水分在南方必须在 13% 以下才能安全过夏季；而含油分较多的种子如油菜、花生、芝麻、棉花等种子的水分必须降低到 8%～10% 以下。破损粒或成熟度差的种子，由于呼吸强度大，在含水量较高时，很易遭受微生物及仓虫的为害，种子生活力也极易丧失，因此，这类种子必须严格加以清选剔除。凡不符合入仓标准的种子，都不应急于进仓，必须重新处理（清选或干燥），经检验合格取得合格证以后，才能进仓贮藏。

我国南北各省气候条件相差悬殊，种子入库的标准也不能强求一律。国家技术监督局1996 年发布的农作物种子质量标准"GB4404.1 至 GB4404.2—1996、GB4407.1 至 GB4407.2—1996 和 GB16715.1—1996"规定：长城以北和高寒地区的水稻、玉米、高粱的水分允许高于13%，但不能高于 16%；调往长城以南的种子（高寒地区除外）水分不能高于 13%。

2. 种子入库前的分批

农作物种子在进仓以前，不但要按不同品种严格分开，还应根据产地、收获季节、水分及纯净度等情况分别堆放和处理。每批（囤）种子不论数量多少，都应具有均匀性。要求从不同部位所取得的样品都能反映出每批（囤）种子所具有的特点。

通常不同的种子都存在着一些差异，如差异显著，就应分别堆放或者进行重新整理，使其标准达到基本一致时，才能并堆，否则就会影响种子的品质。如纯净度低的种子，混入纯净度高的种子堆，不仅会降低后者在生产上的使用价值，而且还会影响种子在贮藏期间的稳定性。纯净度低的种子，容易吸湿回潮。同样，把水分悬殊太大的不同批的种子，混放在一起，会造成种子堆内水分的转移，致使种子发霉变质。又如种子感病状况、成熟不一时，均宜分批堆放。同批种子数量较多时（如稻麦种子超过 2.5×10^4 kg）也应分开为宜。种子入库前的分批，对保证种子播种品质和安全贮藏十分重要。

（二）清仓和消毒

做好清仓和消毒工作，是防止品种混杂和病虫孳生的基础，特别是那些长期贮藏种子而又年久失修（包括改造仓）的仓库更为重要。

1. 清 仓

清仓工作包括清理仓库与仓内外整洁 2 方面。清理仓库不仅是将仓内的异品种种子、杂质、垃圾等全部清除，而且还要清理仓具，剔刮虫窝，修补墙面，嵌缝粉刷。仓外应经常铲除杂草，排去污水，使仓外环境保持清洁。具体做法如下：

（1）清理仓具

仓库里经常使用的竹席、箩筐、麻袋等器具，最易潜藏仓虫，须采用剔、刮、敲、打、洗、刷、暴晒、药剂熏蒸和开水煮烫等方法，进行清理和消毒，彻底清除仓具内嵌着的残留种子和潜匿的害虫。

（2）剔刮虫窝

木板仓内的孔洞和缝隙多，是仓虫栖息和繁殖的好场所，因此仓内所有的梁柱、仓壁、地板必须进行全面剔刮，剔刮出来的种子应予清理，虫尸及时焚毁，以防感染。

（3）修补墙面

凡仓内外因年久失修发生壁灰脱落等情况，都应及时补修，防止种子和害虫藏匿。

（4）嵌缝粉刷

经过剔刮虫窝之后，仓内不论大小缝隙，都应该用纸筋石灰嵌缝。当种子出仓之后或在入仓之前，对仓壁进行全面粉刷，不仅能起到整洁美观的作用，还有利于在洁白的墙壁上发现虫迹。

2. 消 毒

不论旧仓或已存放过种子的新建仓，都应该做好消毒工作。方法有喷洒和熏蒸 2 种。消毒必须在补修墙面及嵌缝粉刷之前进行，特别要在全面粉刷之前完成。因为新粉刷的石灰，在没有干燥前碱性很强，容易使药物分解失效。

空仓消毒可用敌百虫或敌敌畏等药处理。用敌百虫消毒，可将敌百虫原液稀释至 0.5% ~ 1%，充分搅拌后，用喷雾器均匀喷布，用药量为 3 kg 的 0.5% ~ 1% 的水溶液可喷雾 100 m²；也可用 1% 的敌百虫水溶液浸渍锯木屑，晒干后制成烟熏剂进行烟熏杀虫。

用药后关闭门窗，以达到杀虫目的。但存放种子前一定要经过清扫。

用敌敌畏消毒，每立方米仓容用 80% 的乳油 100 ~ 200 mg。施药用以下方法：① 喷雾法，用 80% 的敌敌畏乳油 1 ~ 2 g 兑水 1 kg，配成 0.1% ~ 0.2% 的稀释液即可喷雾。② 挂条法，将在 80% 的敌敌畏乳油中浸过的宽布条或纸条，挂在仓房空中，行距约 2 m，条距 2 ~ 3 m，任其自行挥发杀虫。上述两法，施药后门窗必须密闭 72 h，才能有效。消毒后须通风 24 h，种子才能进仓，以保障人体安全。也可以用磷化铝熏蒸消毒，但需注意安全。

二、种子的入库

种子入库是在清选和干燥的基础上进行的。入库前还须做好标签和卡片。标签上注明作物、品种、等级及经营单位全称，将它拴牢在袋外。卡片应在包装封口前填写好装入种子袋内，或放在种子囤、堆内。填写内容有作物、品种、纯度、发芽率、水分、生产年月和经营单位。入库时，必须随即过磅登记，按种子类别和级别分别堆放，防止混杂。有条件的单位，应按种子类别不同分仓堆放。堆放的形式可分为袋装贮藏（bagged storage）和散装贮藏（bulk storage）2 种。

（一）种子的包装

种子包装分一般包装和防湿包装 2 种。目前大多数短期贮藏的农作物种子采用一般包装，很多蔬菜种子和贮藏期长的种子采用防湿包装。包装材料有常用的麻袋、布袋、纸袋，也可以是不透性的塑胶袋、塑胶编织袋、沥青纸袋、铝箔塑胶复合袋（简称铝箔袋）、塑胶桶（罐）以及金属材料制成的桶或罐等。包装容量根据种子数量需要而定。农作物种子需用量大，多半用麻袋大包装，贮藏、运输容量为 50 kg 及 100 kg（国家标准 GB7414-7415-87）。蔬菜种子需用量较小，有大包装或小包装，甚至几十克包装不等。

防湿包装密封后可防止种子吸湿回潮，即使在室温下贮藏，比不防湿包装的种子寿命要长。但是，不同质地的防湿材料制成的容器，它们的防潮作用也不相同，因而发芽率也有高低。

（二）袋装堆垛

袋装堆垛适用于大包装种子，目的是仓内整齐、多放和便于管理。袋装堆垛形式依仓房条件、贮藏目的、种子品质、入库季节和气温高低等情况灵活运用。为了管理和检查方便起见，堆垛时应距离墙壁 0.5 m，垛与垛之间相距 0.6 m 留作操作道。垛高和垛宽根据种子干燥程度和种子状况而增减。含水量较高的种子，垛宽越狭越好，便于通风散去种子内的潮气和热量；干燥种子可垛得宽些。堆垛的方法应与库房的门窗相平行，如门窗是南北对开，则垛向应从南到北，这样便于管理，打开门窗时，有利于空气流通。

袋装堆垛法有如下几种：

1. 实垛法

袋与袋之间不留距离，有规则地依次堆放，宽度一般以 4 列为多，有时放满全仓（图 12-10）。此法仓容利用率最高，但对种子品质要求很严格，一般适宜于冬季低温入库的种子。

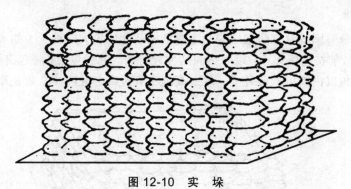

图 12-10　实　垛

2. 非字形及半非字形堆垛法

按照非字或半非字排列堆成。如非字形堆法，第一层中间并列各直放 2 包，左右两侧各横放 3 包，形如非字。第二层则用中间两排与两边换位，第三层堆法与第一层相同（如图 12-11）。半非字形是非字形的减半。

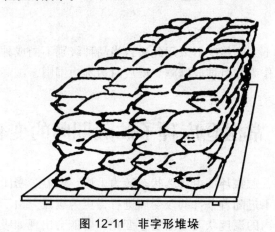

图 12-11　非字形堆垛

3. 通风垛

这种堆垛法空隙较大，便于通风散湿散热，多半用于保管高水分种子。夏季采用此法，便于逐包检查种子的安全情况。通风垛的形式有井字形、口字形、金钱形和工字形等。堆时难度较大，应注意安全，不宜堆得过高，宽度不宜超过 2 列。

（三）散装堆放

在种子数量多，仓容不足或包装工具缺乏时，多半采用散装堆放。此法适宜存放充分干燥，净度高的种子。

1. 全仓散堆及单间散堆

此法堆放种子数量可以堆得较多，仓容利用率高；也可根据种子数量和管理方便的要求，将仓内隔成几个单间。种子一般可堆成 2～3 m，但必须在安全线以下，全仓散堆数量大，必须严格掌握种子入库标准，平时加强管理，尤其要注意表层种子的结露或出汗等不正常现象。

2. 围包散堆

对仓壁不十分坚固或没有防潮层的仓库或堆放散落性较大的种子（如大豆、豌豆）时，可采用此法。堆放前按仓房大小，以一批同品种种子做成麻袋包装，将包沿壁四周离墙 0.5 m 堆成围墙，在围包以内就可散放种子。堆放高度不宜过高，并应注意防止塌包（图 12-12）。

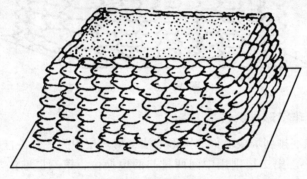

图 12-12　围包散装

3. 围囤散堆

在品种多而数量又不大的情况下采用此法，当品种级别不同或种子还不符合入库标准而又来不及处理时，也可作为临时堆放措施。堆放时边堆边围囤，囤高一般在 2 m 左右。

第三节　常温仓库种子贮藏期间的变化和管理

种子进入贮藏期后，贮藏环境由自然状态转为干燥、低温、密闭。尽管如此，种子的生命活动并没有停止，只不过随着条件的改变而进行得更为缓慢。由于种子本身的代谢作用和受环境的影响，致使仓内的温度状况逐渐发生变化，可能会出现如吸湿回潮、发热和虫霉等异常情况。因此，种子贮藏期间的管理工作十分重要，应该根据具体情况建立各项制度，提出措施，勤加检查，以便及时发现和解决问题，避免损失。

一、种子温度和水分的变化

种子处在干燥、低温、密闭条件下，其生命活动极为微弱。但隔湿防热条件较差的仓库，会对种子带来不良影响。根据观察，种子的温度和水分是随着空气的温湿度而变化的，但其变化比较缓慢。一天中的变幅较小，一年中的变幅较大。种子堆的上层变化较快，变幅较大；中层次之；下层较慢。图 12-13 为平房仓大量散装稻谷各层温度的年变化规律，在气温上升季节（3～8月），种温也随之上升，但种温低于仓温和气温；在温度下降季节（9月至翌年2月），种温也随之下降，但略高于仓温和气温。种子水分则往往是在低温期间和梅雨季节较高，而在夏秋季较低。

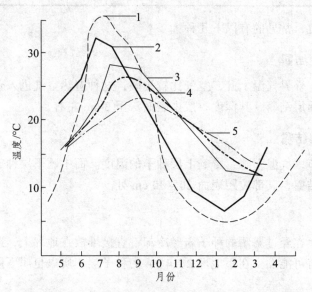

图 12-13　平房仓大量散装稻谷各层温度的年变化
1—气温；2—仓温；3—上层温度；4—中层温度；5—下层温度

二、种子的结露和预防

　　种子结露是种子贮藏过程中一种常见的现象。种子结露以后，含水量急剧增加，种子生理活动随之增强，导致发芽、发热、虫害、霉变等情况发生。种子结露现象不是不可避免的，只要加强管理，采取措施可消除这种现象的发生。即使已发生结露现象，将种子进行翻晒干燥、除水，不使其进一步发展，可以避免种子遭受损失或少受损失。因而，预防种子结露是贮藏期间管理上的一项经常性工作。

（一）种子结露的原因和部位

　　通常的结露是热空气遇到冷物体，便在冷物体的表面凝结成小水珠，这种现象叫结露。如果发生在种子上就叫种子结露。这是由于热空气遇到冷种子后温度降低，使空气的饱和含水量减小，相对湿度变大。当温度降低到空气饱和含水量等于当时空气的绝对湿度时，相对湿度达到100%，此时在种子表面上开始结露。如果温度再下降，相对湿度超过100%，空气中的水汽不能以水汽状态存在，此时在种子上的结露现象就越明显。开始结露时的温度，称为结露温度也叫露点。种子结露是一物理现象，在一年四季都有可能发生，只要当空气与种子之间存在温差，并达到露点时就会发生结露现象；空气湿度愈大，也愈引起结露；种子水分愈高，结露的温差变小；反之，种子愈干燥，结露的温差变大，种子不易结露。种子水分与结露温差的关系见表12-2。

表 12-2　种子水分与结露温差的关系

种子水分/%	10	11	12	13	14	15	16	17	18
结露温差/℃	12～15	11～13	9～11	7～9	6～7	5～6	4	3	2

仓内结露的部位，常见的有以下几种：

1．种子堆表面结露

多半在开春后，外界气温上升，空气比较潮湿，这种湿热空气进入仓内首先接触种子堆表面，引起种子表面层结露，其深度一般由表面深至 3 cm 左右。

2．种子堆上层结露

秋、冬转换季节，气温下降，影响上层种子的温度。而中、下层种子的热量向上，二者造成温差引起上层结露，其部位距表面 20～30 cm 处。

3．地坪结露

这种情况常发生在经过暴晒的种子未经冷却，直接堆放在地坪上，造成地坪湿度增大，引起地坪结露；也有可能发生在距地坪 2～4 cm 的种子层，所以也叫下层结露。

4．垂直结露

发生在靠近内墙壁和柱子周围的种子，成垂直形。前者常见于圆筒仓的南面，因日照强，墙壁传热快，种子传热慢而引起结露；后者常发生在钢筋水泥柱子，这种柱子传热快于种子，使柱子或靠近柱子周围种子结露。木质柱子结露的可能小一点。另外房式仓的西北面也存在结露的可能性。

5．种子堆内结露

种子堆内通常不会发生结露，如果种子堆内存在发热点，而热点温度又较高，则在发热点的周围就会发生结露。另一种情况是两批不同温度的种子堆放在一起，或同一批经暴晒的种子，入库时间不同，造成二者温差而引起种子堆内夹层结露。

6．冷藏种子结露

经过冷藏的种子温度较低，遇到外界热空气也会发生结露，尤其是夏季高温从低温库提出来的种子，更易引起结露。

7．覆盖薄膜结露

塑料薄膜透气性差，有隔湿作用，然而在有温差存在的情况下，却易凝结水珠。结露发生在薄膜温度高的一面。

（二）种子结露的预测

种子结露是由于空气与种子之间存在温差而引起的，但并不是任何温差都会引起结露，只有达到露点温度时才会发生结露现象。为了预防种子结露，及时掌握露点温度显得十分重要。预测种子的露点温度，一般可采用查露点温度的方法进行。例如，已知仓内种子水分为 13%，种温 20 ℃，查表 12-3，以种子水分 13% 为竖向找，种温 20 ℃ 为横向找，二者的交点就是露点的近似值，即约在温度 11 ℃，说明种子与空气二者温度相差约 9 ℃ 时，就有可能发生结露。种子堆露点温度检查表参照表 12-3。

表 12-3　种子堆露点温度检查表（℃）

种温/℃	种子水分/%								
	10	11	12	13	14	15	16	17	18
0	−14	−12	−10	−8	−6	−5	−4	−3	−2
5	−10	−7	−5	−3	−2	0	1	2	3
10	−3	−1	0	2	3	5	6	7	8
13	0	2	3	5	7	8	9	0	11
14	2	3	5	7	8	9	10	11	12
15	2	4	6	8	9	10	11	12	13
16	3	5	7	8	9	11	12	13	14
18	4	6	8	10	11	13	14	15	16
20	5	7	9	11	13	15	16	17	18
22	7	9	11	13	15	16	18	19	20
24	9	12	14	15	17	19	20	21	22
26	12	14	16	17	19	21	22	23	24
28	14	16	18	19	21	23	24	25	26
30	16	18	20	21	23	25	26	27	28
32	18	20	22	24	25	27	28	29	30
34	20	22	24	26	27	29	30	31	32

（三）种子结露的预防

防止种子结露的方法，关键在于设法缩小种子与空气、接触物之间的温差，具体措施如下：

1. 保持种子干燥

干燥种子能抑制生理活动及虫、霉为害，也能使结露的温差增大，在一般的温差条件，不至于立即发生结露。

2. 密闭门窗保温

季节转换时期，气温变化大，这时要密闭门窗，对缝隙要糊 2~3 层纸条，尽可能少出入仓库，以利于隔绝外界湿热空气进入仓内，可预防结露。

3. 表面覆盖移湿

春季在种子表面覆盖 1~2 层麻袋片，可起到一定的缓和作用。即使结露也是发生在麻袋片上，到天晴时将麻袋移置仓外晒干冷却再使用，可防止种子表面结露。

4. 翻动面层散热

秋末冬初气温下降，经常耙动种子面层深至 20 ~ 30 cm，必要时可扒深沟散热，可防止上层结露。

5. 种子冷却入库

经暴晒或烘干的种子，除热处理之外，都应冷却入库，可防止地坪结露。

6. 围包柱子

有柱子的仓库，可将柱子整体用一层麻袋包扎或用报纸 4 ~ 5 层包扎，可防柱子周围的种子结露。

7. 通风降温排湿

气温下降后，如果种子堆内温度过高，可采用机械通风方法降温，使之降至与气温接近，可防止上层结露。对于采用塑料薄膜覆盖贮藏的种子堆，在 10 月中、下旬应揭去薄膜改为通风贮藏。

8. 仓内空间增温

将门窗密封，在仓内用电灯照明，可使仓内增温，提高空气持湿能力，减少温差，可防止上层结露。此法在湖北省使用有较明显的效果。他们在约 1 300 m³ 空间内，安装 20 个 60 W 的灯泡和 4 个 200 W 灯泡，共 2 000 W，可增加仓温 3 ~ 5 ℃，从当年 10 月下旬至次年 2 月，基本上昼夜照明不发生结露。

9. 冷藏种子增温

冷藏种子在高温季节，出库前须进行逐步增温，使之与外界气温相接近可防止结露。但每次增温，温差不宜超过 5 ℃。

（四）结露的处理

种子结露预防失误时，应及时采取措施加以补救。补救措施主要是降低种子水分，以防进一步发展。通常的处理方法是倒仓暴晒或烘干，也可以根据结露部位的大小进行处理。如果仅是表面层的，可将结露部分种子深至 50 cm 的一层揭去暴晒；结露发生在深层，则可采用机械通风排湿。当暴晒受到气候影响，也无烘干通风设备时，可根据结露部位采用就仓吸湿的办法，也可收到较好的效果。这种方法是采用生石灰用麻袋灌包扎口，平埋在结露部位，让其吸湿降水，经过 4 ~ 5 天取出。如果种子水分仍达不到安全标准，可更换石灰再埋入，直至达到安全水分为止。

三、种子的发热和预防

在正常情况下，种温随着气温、仓温的升降而变化。如果种温不符合这种变化规律，发生异常高温时，这种现象称为发热。

（一）种子发热的原因

种子发热主要由以下原因引起：

（1）种子贮藏期间新陈代谢旺盛，释放出大量的热能，积聚在种子堆内。这些热量又进一步促进种子的生理活动，放出更多的热量和水分，如此循环往返，导致种子发热。这种情况多发生于新收获或受潮的种子。

（2）微生物的迅速生长和繁殖引起发热。在相同条件下，微生物释放的热量远比种子要多。实践证明，种子发热往往伴随着种子发霉。因此，种子本身呼吸热和微生物活动的共同作用结果，是导致种子发热的主要原因。

（3）种子堆放不合理，种子堆各层之间和局部与整体之间温差较大，造成水分转移、结露等情况，也能引起种子发热。

（4）仓房条件差或管理不当。

总之，发热是种子本身的生理生化特点、环境条件和管理措施等综合造成的结果。但是，种温究竟达到多高才算发热，不可能规定一个统一的标准，如夏季种温达 35 ℃ 不一定是发热，而在气温下降季节则可能就是发热，这必须通过实践加以仔细鉴别。

（二）种子发热的种类

根据种子发热，发热面积的大小可分为以下 5 种：

1．上层发热

一般发生在近表层 15 ~ 30 cm 厚的种子层。发生时间一般在初春或秋季。初春气温逐渐上升，而经过冬季的种子层温度较低，两者相遇，上表层种子容易造成结露而引起发热。

2．下层发热

发生状况和上层相似，不同的是发生部位是在接近地面的种子。多半由于晒热的种子未经冷却就入库，遇到冷地面发生结露而引起发热或因地面渗水使种子吸湿返潮而引起发热。

3．垂直发热

在靠近仓壁、柱子等部位，当冷种子遇到仓壁或热种子接触到冷仓壁或柱子形成结露，并产生发热现象，称为垂直发热。前者发生在春季朝南的近仓壁部位，后者多发生在秋季朝北的近仓壁部位。

4．局部发热

这种发热通常呈窝状形，发热的部位不固定，多半由于分批入库的种子品质不一致，如水分相差过大、整齐度差或净度不同等所造成。某些仓虫大量聚集繁殖也可以引起发热。

5．整仓（全囤）发热

上述 4 种发热现象中，无论哪种发热现象发生后，如不迅速处理或及时制止，都有可能导致整仓（整囤）种子发热。尤其是下层发热，由于管理上造成的疏忽，最容易发展为全仓发热。

（三）种子发热预防

根据发热原因，可采取以下措施加以预防。

1. 严格掌握种子入库的质量

种子入库前必须严格进行清选、干燥和分级，不达到标准，不能入库，对长期贮藏的种子，要求更加严格。入库时，种子必须经过冷却（热进仓处理的除外）。这些都是防止种子发热，确保安全贮藏的基础。

2. 做好清仓消毒，改善仓贮条件

贮藏条件的好坏直接影响种子的安全状况。仓房必须具备通风、密闭、隔湿、防热等条件，以便在气候剧变阶段和梅雨季节做好密闭工作；而当仓内温湿度高于仓外时，又能及时通风，使种子长期处在干燥、低温、密闭的条件下，确保安全贮藏。

3. 加强管理，勤于检查

应根据气候变化规律和种子生理状况，制订出具体的管理措施，及时检查，及早发现问题，采取对策，加以制止。种子发热后，应根据种子结露发热的严重情况，采用翻耙、开沟、扒塘等措施排除热量，必要时进行翻仓、摊晾和过风等办法降温散湿。发过热的种子必须经过发芽试验，凡已丧失生活力的种子，即应改作他用。

四、合理通气

通风是种子在贮藏期间的一项重要管理措施，其目的是：① 维持种子堆温度均一，防止水分转移；② 降低种子内部温度，以抑制霉菌繁殖及仓虫的活动；③ 促使种子堆内的气体对流，排除种子本身代谢作用产生的有害物质和熏蒸杀虫剂的有毒气体等。

通风方式有自然通风和机械通风 2 种。自然通风是指开启仓库门窗，使空气能自然对流，达到仓内降温散湿的目的；机械通风速度快效率高，但需要一套完整的机械设备。

无论哪种通风方式，通风之前均必须测定仓库内外的温度和相对湿度的大小，以决定能否通风，主要有如下几种情况：

（1）遇雨天、台风、浓雾等天气，不宜通风。

（2）当外界温湿度均低于仓内时，可以通风。但要注意寒流的侵袭，防止种子堆内温差过大而引起表层种子结露。

（3）当外界温度与仓内温度相同，而仓外湿度低于仓内；或者仓内外湿度基本上相同，而仓外温度低于仓内时，可以通风。前者以散湿为主，后者以降温为主。

（4）仓外温度高于仓内，而相对湿度低于仓内；或者仓外温度低于仓内，而相对湿度高于仓内，这时能不能通风，就要看当时的绝对湿度。如果仓外湿度高于仓内，不能通风；反之就能通风。绝对湿度等于当时饱和水汽量乘以当时的相对湿度。

（5）一天内，傍晚可以通风，后半夜不能通风。

五、管理制度

种子入库后，建立和健全管理制度十分必要。管理制度包括：

（一）生产岗位责任制

要挑选责任心、事业心强的人担任这一工作。保管人员要不断钻研业务，努力提高科学管理水平。有关部门要对他们定期考核。

（二）安全保卫制度

仓库要建立值班制度，组织民兵配合巡逻，及时消除不安全因素，做好防火、防盗工作，保证不出事故。

（三）清洁卫生制度

做好清洁卫生工作是消除仓库病虫害的先决条件。仓库内外须经常打扫、消毒，保持清洁。要求做到仓内六面光，仓外三不留（不留杂草、垃圾、污水）。种子出仓时，应做到出一仓清一仓，出一囤清一囤，防止混杂和感染病虫害。

（四）检查制度

检查内容包括以下几方面：

1. 温度检查

检查种温可将整堆种子分成上、中、下 3 层，每层设 5 处。也可根据种子堆的大小适当增减，如堆面积超过 100 m² 时，需相应增加点数，对于平时有怀疑的区域，如靠壁、屋角、近窗处或曾漏雨等部位增设辅助点，以便全面掌握种子堆的安危状况。种子入库完毕后的半个月内，每 3 天检查 1 次（北方可减少检查次数，南方对油菜籽、棉籽要增加检查次数）；以后每隔 7～10 天检查 1 次；二、三季度，每月检查 1 次。

2. 水分检查

检查水分同样采用 3 层 5 点 15 处的方法，把每处所取的样品混匀后，再取试样进行测定。取样一定要有代表性，对于感觉上有怀疑的部位所取的样品，可以单独测定。检查水分的周期取决于种温，一、四季度，每季检查 1 次；二、三季度，每月检查 1 次；在每次整理种子以后，也应检查 1 次。

3. 发芽率检查

种子发芽率一般每 4 个月检查 1 次；但应根据气温变化，在高温或低温之后，以及在药剂熏蒸后，都应相应增加 1 次。最后一次不得迟于种子出仓前 10 天做完。

4. 虫、霉、鼠、雀检查

检查害虫的方法一般采用筛检法，经过一定时间的振动筛理，把筛下来的活虫按每千克数计算。检查蛾类采用撒谷法，进行目测统计。检查周期决定于种温，种温在 15 °C 以下每季 1 次；15～20 °C 每半月 1 次；20 °C 以上每 5～7 天检查 1 次。检查霉烂的方法一般采用目测和鼻闻，检查部位一般是种子易受潮的壁角、底层和上层或沿门窗、漏雨等部位。查鼠、雀是观察仓内有无鼠、雀粪便和足迹，平时应将种子堆表面整平，以便发现其足迹，一经发现予以捕捉消灭，还需堵塞漏洞。

5. 仓库设施检查

检查仓库地坪的渗水、房顶的漏雨、灰壁的脱落等情况，特别是遇到强热带风暴、台风、暴雨等天气，更应加强检查。同时对门窗启闭的灵活性和防雀网、防鼠板的坚牢程度进行检查。

（五）建立档案制度

每批种子入库，都应将其来源、数量、品质状况等逐项登记入册（表 12-4），每次检查后的详细结果必须记录，便于对比分析和查考，发现变化原因要及时采取措施，改进工作。

表 12-4　仓贮种子情况记录表

品种名称	入库年月	种子数量	检查日期			气温/°C	仓温/°C	种温/°C															种子水分/%	种子纯度/%	发芽率/%	害虫情况/头·kg⁻¹		处理意见	检查员
								东			南			西			北			中						米象	锯谷盗		
			月	日	时			上层	中层	下层	上层	中层	下层	上层	中层	下层	上层	中层	下层	上层	中层	下层							

（六）财务会计制度

每批种子进出仓库，必须严格实行审批手续和过磅记账，账目要清楚，对种子的余缺做到心中有数，不误农时，对不合理的额外损耗要追查责任。

第四节　低温仓库种子贮藏和管理

为了适应种子贸易的需求，保存好暂时积压的种子，使种子生活力和活力保持较高的水平，我国各省市种子公司陆续建造了许多低温低湿种子库。其目的是通过控制种子贮藏的温度和湿度两大因素，达到种子的安全贮藏，确保种子有较高的生活力和活力。

低温仓库采用机械降温的方法使库内的温度保持在 15 °C 以下，相对湿度控制在 65% 左右。

经过试验和大批生产用种贮藏表明，这类仓库对于贮藏杂交种子和一些名贵种子，能延长其寿命和保持较高的发芽率。但是，这种仓库造价比一般房式仓高，并须配有成套的降温机械，因此建造低温库时要考虑到本地区的实际需要和可能，以免造成浪费。低温低湿种子库的建筑结构，设备配置，温湿度控制要求，监测技术和种子管理等技术都与常温库有所不同，这里简要介绍一下其特点和管理要求。

一、低温仓库的基本要求

低温库是依靠人工制冷降低库内温度，如果不能隔绝外来气温的影响，低温效能就差，制冷费用也大。一座良好的低温库必须具备以下要求：

1. 隔热保冷

这是低温库最基本的要求，库内的隔热保冷性能，直接关系到制冷设备的工作时间、耗能及费用等方面的问题。为此，仓库的墙壁、天花板及地坪的建造，都应选用较好的隔热材料。隔热材料的性能与它的导热系数有关，导热系数越小，导热能力越差，隔热则越好。每种隔热材料的导热系数与它的容重成正相关，容重大，导热系数也大。选材时应尽可能运用导热系数小的隔热材料。对某些材料又要选用容重小的作为隔热材料。一般用的隔热材料导热系数在 $0.503 \sim 0.837$ kJ /(m·°C) 较好。

2. 隔气防潮

仓库的墙壁、屋顶及地坪容易渗透雨水和潮气，隔热层的材料也不例外。实践证明，隔热层受潮后，它的隔热性能下降 $1/2 \sim 2/3$，制冷量增加 $10\% \sim 30\%$，这不仅影响隔热制冷的效果，还要增加费用，因此墙壁、屋顶和地坪都须有防潮层，以提高隔热层的功能。一般用的防潮材料有沥青和油毛毡及其他防水涂料等，可根据实际需要选用。

3. 结构严密

仓库结构的严密程度，对防止外界热、湿空气影响以及提高隔热保冷功能有密切的关系。结构越严密，隔热保冷功能越好。

低温库不能设窗，以免仓外温、湿透过玻璃和窗框缝隙传入库内，有时因库内外温差过大，会在玻璃上形成凝结水而滴入种子堆。库门必须能很好地隔热和密封，如需大的进出口，则卷门可能比转门好。卷门不仅更紧密，而且可以电控。

库房面积不宜过大，也不能太高，通常建造一个单独的大低温库，还不如将其隔成几个小库更为适宜。由于有几个小库，当只有少量种子贮藏时，只需要将一两个小库制冷，而不必使整个大仓库降温，这样每年的操作费用可显著降低。

低温库仓壁有内外 2 层，外墙为承重墙，内墙起隔热防潮作用，两墙之间填充导热系数小的材料作为隔热层。隔热层可以是稻壳、膨胀珍珠岩、空心砖软木、泡沫塑料。

二、设备管理特点

库内主机及其附属设备是创造低温低湿条件的重要设施。因此，设备管理是仓库管理的主要内容。通常要做好下列工作。

（1）制订正确使用的规章制度，加强对机房值班工人的技术培训，教育工人熟练掌握机器性能、设备安全技术操作规程、维修保养和实际操作技术。做到"三好"（管好、用好、修好）、"四会"（会使用、会保养、会检查、会排除故障）。

（2）健全机器设备的检查、维修和保养制度。搞好设备的大修理和事故的及时修理，确保设备始终处于良好的技术状态，延长机器使用寿命。

（3）做好设备的备品、配件管理。为了满足检修、维修和保养的需要，要随时储备一定品种与数量的备件。

（4）精心管好智能温湿度仪器。探头在库内安放，要充分注意合理性、代表性。

（5）建立机房岗位责任制，及时、如实记好机房工作日志。

三、技术管理特点

1. 严格建立仓贮管理制度

（1）种子入库前，彻底清仓，按照操作规程严格消毒或熏蒸。种子垛底必须配备透气木质（或塑料）垫架。两垛之间、垛与墙体之间应当保留一定间距。

（2）把好入库前种子质量关。种子入库前搞好翻晒、精选与熏蒸；种子含水量达到国家规定标准以下，无质量合格证的种子不准入库；种子进库时间安排在清晨或晚间；中午不宜让种子入库，若室外温度或种温较高，宜将种子先存放缓冲室，待后再安排入库。

（3）合理安排种垛位置，科学利用仓库空间，提高利用率。

（4）库室密封门尽量少开，即使要查库，亦要多项事宜统筹进行，减少开门次数。

（5）严格控制房温湿度。通常，库内温度控制在 15 ℃ 以下，相对湿度控制在 70% 以下，并保持温湿度稳定状态。

（6）建立库房安全保卫制度。加强防火工作，配备必要的消防用具，注意用电安全。

2. 收集与贮存下列主要种子信息

（1）按照国家颁发的种子检验操作规程，获取每批种子入库时初始的发芽率、发芽势、含水量及主要性状的检验资料。

（2）种子存贮日期、重量和位置（库室编号及位点编号）。

（3）为寄贮单位存贮种子，双方共同封存的样品资料。

3. 收集与贮存下列主要监测信息

（1）种子贮藏期间，本地自然气温、相对湿度、雨量等重要气象资料。

（2）库内每天定时、定层次、定位点的温度和相对湿度资料。有条件的，应将智能温湿度仪与电脑接口连接，并把有关信息贮存在电脑中。

（3）种子贮藏过程中，种子质量检验的有关监测数据。

四、技术档案管理

低温低湿库的技术档案，包括工艺规程、装备图纸、机房工作日志、种子入库出库清单、库内温湿度测定记录、种子质量检验资料以及有关试验研究资料等。这些档案是低温库技术成果的记录和进行生产技术活动的依据和条件。每个保管季节结束以后，必须做好工作总结，并将资料归档、分类与编号，由专职人员保管，不得随便丢失。

第五节　主要农作物种子的贮藏方法

一、水稻种子的贮藏方法

水稻是我国分布范围较广的一种农作物，类型和品种繁多，种植面积很大。为了预防缺种，留种数量往往超过实际需用量数倍，这就给贮藏工作带来十分艰巨的任务。

（一）水稻种子的贮藏特性

水稻种子为颖果，籽实由内外稃包裹着，稃壳外表面被有茸毛。某些品种的外稃尖端延长为芒。由于种子形态的这些特征，形成的种子堆一般较疏松，孔隙度较禾谷类的其他作物种子大，在 50%～65%。因此，贮藏期间种子堆的通气性较其他种子好；同时由于种子表面粗糙，其散落性较一般禾谷类种子差，静止角为 33°～45°，对仓壁产生的侧压力较小，一般适宜高堆，以提高仓库利用率。水稻种子的吸湿性因内外稃的保护而吸湿缓慢，水分相对比较稳定，但是当稃壳遭受机械损伤、虫蚀或气温高于种温且外界相对湿度又较高的情况下，则吸湿性显著增加。

水稻种子的耐高温性较麦种差，如在人工干燥或日光暴晒时，对温度控制失当，均能增加爆腰率，引起变色，损害发芽率。种子高温入库，处理不及时，种子堆的不同部位会发生显著温差，造成水分分层和表面结顶现象，甚至导致发热霉变。在持续高温的影响下，水稻种子含有的脂肪酸会急剧增高。据中国科学院上海植物研究所研究结果：含有不同水分的稻谷放在不同温度条件下贮藏 3 个月，在 35 ℃ 下，脂肪酸均有不同程度的增加。这种贮藏在高温下的稻谷，由于内部已经质变，不适宜作种子。

水稻种子的耐藏性因类型和品种不同而有明显差异，非糯稻种子的耐藏性较糯稻好，籼稻种子强于粳稻，常规稻种子强于杂交稻。据刘天河（1984）对水稻（籼型）杂交种及其三系种子耐藏性的研究，保持系和恢复系的种子较不育系和杂交种子的寿命长。又据胡晋等（1989）研究，籼型种子中恢复系 IR$_{26}$ 种子的耐藏性最好，其次是保持系珍汕 97B，耐藏性最差的是不育系珍汕 97A 和杂交种汕优 6 号种子；粳型种子则以恢复系 77302-1 和杂交种虎优 1 号种子的耐藏性最好，保持系农虎 26B 种子的耐藏性最差，并认为杂交种及其三系种子耐藏性的不同和种子的原始活力及种子覆盖物的保护性能有关，裂壳率和柱头残迹夹持率高的种子不耐藏。种子的细胞质雄性不育基因对种子的耐藏性也有一定影响。

新收获的稻种生理代谢强度较大，在贮藏初期往往不稳定，容易导致发热、发芽甚至发霉。早、中稻种子在高温季节收获进仓，在最初半个月内，上层种温往往突然上升，有时超过仓温 10～15 ℃；即使水分正常的稻谷也会发生这种现象，如不及时处理，就会使种子堆的上层湿度愈来愈高，水汽积聚在籽粒的表面而形成微小液滴，即所谓"出汗"（sweating）现象。

晚稻种子收获后未能充分干燥，水分如超过 16% 以上，翌春 2～3 月间，气温上升，湿度增高时，由于种子堆的内部和外部存在着相当大的温差，在其顶层就会发生结露、发霉现象。

南方各省早稻种子入库季节，雨水较多，气温和相对湿度迅速上升，若种子堆降温不及时，往往引起发热、生虫。

（二）水稻种子贮藏技术要点

1. 清理晒场

水稻种子品种繁多，有时在一块晒场上同时要晒几个品种，如稍有疏忽，容易造成品种混杂。因此种子在出晒前，必须清理晒场，扫除垃圾和异品种种子。出晒后，应在场地上标明品种名称，以防差错。入库时要按品种有次序地分别堆放。

2. 掌握暴晒种温和烘干温度

早晨收获的早稻种子，由于朝露影响，种子水分可达 28%～30%，午后收割的有 25% 左右。一般情况下，暴晒 2～3 天即可使水分下降到符合入库的标准。

暴晒时如阳光强烈，要多加翻动，以防受热不匀，发生爆腰现象，水泥晒场尤应注意这一问题。早晨出晒不宜过早，事先还应预热场地，否则由于场地与受热种子温差大发生水分转移，影响干燥效果。这种情况对于摊晒过厚的种子更为明显。机械烘干温度不能过高，防止灼伤种子。

3. 严格控制入库水分

水稻种子的安全水分标准，应随类型、保管季节与当地气候特点分别考虑拟订。一般情况粳稻可高些，籼稻可低些；晚稻可高些，早中稻可低些；气温低可高些，气温高可低些。据试验证明，种子水分降低到 6% 左右，温度在 0 ℃ 左右，可以长期贮藏而不影响发芽率。种子水分在 13% 以下，可以安全过夏；水分在 14% 以上，不论籼、粳稻种子贮藏到翌年 6月份以后，发芽率均有下降趋势；水分在 15% 以上，贮藏到翌年 8 月份以后，种子发芽率几乎全部丧失。这就说明种子水分与温度密切相关。根据各地实践表明，在不同温度条件下种子的安全水分应有差异（表 12-5）。

表 12-5　水稻种子安全贮藏最高限度水分

温度/℃	最高限度水分/%
35	13 以下
30	13.5 以下
20～25	15
15	16
10	17
5	18（只能保持短期安全）

4. 预防种子结露和发芽

水稻种子散装时，表层与空气直接接触，水分变化较快，一昼夜间的变化也很显著。据江苏省昆山县的观察结果：稻谷表层的水分变化在 24 h 内，以晚上 2～4 时最高，达 14.2%，下午 4~6 时最低，为 11.95%，两者相差 2.25%。除表层外，其他部位变化不显著，甚至一个月也察觉不出明显的差异。因此充分干燥的稻谷，为了防止吸湿回潮，可采取散装密闭贮藏法。

水稻种子的休眠期，大多数品种比较短促，也有超过 1~2 个月的。这说明一般稻谷在田间成熟收获时，不仅种胚已经发育完成，而且已达到生理成熟阶段。由于稻谷具有这一生理特点，在贮藏期间如果仓库防潮设施不够严密，有渗水、漏雨情况或入库后发生严重的水分转移与结露现象，就可能引起发芽或霉烂。这种现象在早、中籼稻和早、中粳稻中发生较为严重。稻谷回潮之所以容易发芽，主要是由于它的萌发最低需水量远较其他作物种子低，一般仅需 23%~25%。

5. 治虫防霉

（1）治虫

我国产稻地区的特点是高温多湿，仓虫容易孳生。通常在稻谷入仓前已经感染仓虫，如贮藏期间条件适宜，仓虫就迅速大量繁殖，造成极大损害。仓虫对稻谷为害的严重性，一方面决定于仓虫的破坏性，另一方面也随仓虫繁殖力的强弱而转移。一般情况，每千克稻谷中有玉米象 20 头以上时，就能引起种温上升；每千克内超过 50 头时，种温上升更为明显。单纯由于仓虫危害而引起的发热，种温一般不超过 35 ℃；由于谷蠹为害而引起的发热，则种温可高达 42 ℃。

仓虫大量繁殖，除引起贮藏稻谷的发热外，还能剥蚀稻谷的皮层和胚部，使稻谷完全失去种用价值，用时降低酶的活性和维生素含量，并使蛋白质及其他有机营养物质遭受严重损耗。

仓内害虫可用药剂熏杀。目前常用的杀虫药剂有磷化铝；另外，还可用防虫磷防护。具体用法和用量参见本章"化学药剂防治"。

（2）防霉

种子上寄附的微生物种类较多，但是为害贮藏种子的主要是真菌中的曲霉和青霉。温度降至 18 ℃ 时，大多数霉菌的活动才会受到抑制；只有当相对湿度低于 65%，种子水分低于 13.5% 时，霉菌才会受到抑制。霉菌对空气的要求不一，有好氧性和厌氧性等不同类型。

虽然采用密闭贮藏法对抑制好氧性霉菌能有一定的效果，但对能在缺氧条件下生长活动的霉菌，如白曲霉、毛霉之类则无效。所以密闭贮藏必须在稻谷充分干燥、空气相对湿度较低的前提下，这样才能起到抑制霉菌的作用。

（三）杂交水稻种子贮藏特性和越夏贮藏技术

杂交水稻种子贮藏是杂交水稻利用过程中的重要一环。保持杂交水稻种子播种品质和生活力是推广杂交水稻和杂种优势利用的前提。特别是延续杂交水稻陈种生活力，对缓解杂交种子供求矛盾，确保杂交水稻种植面积，发展粮食生产具有积极作用。现根据有关实践和各地贮藏经验，这里介绍杂交水稻种子贮藏特性和越夏贮藏技术。

1. 杂交水稻种子的贮藏特性

（1）种子保护性能比常规稻种子差

杂交水稻种子具有野败的遗传特性，米粒组织疏松，闭颖较差。据对籼型杂交水稻种子闭合程度的直观考察，颖壳张开的种子数量占总数的 23%。而常规种子颖壳闭合良好，种子开颖数极少。颖壳闭合差，使种子保护性能降低，易受外界因素影响，不利于贮藏。

（2）耐热性差

杂交水稻种子耐热性低于常规水稻种子。干燥或暴晒温度控制失当，均能增加爆腰率，引起种子变色，降低发芽率。同时，持续高温，使种子所含脂肪酸急剧增高，降低耐藏性，加速种子活力的丧失。早夏季制种的杂交稻种子晴天午间水泥地晒种，温度达 60 ℃ 左右，造成种子损伤，发芽势、发芽率、发芽指数均降低。

（3）休眠期短，易穗萌

杂交水稻种子生产过程中需使用赤霉素。高剂量赤霉素的使用可打破杂交水稻种子的休眠期，使种子易在母株萌动。据对种子蜡熟至完熟期间的考察，颖花受精后半个月胚发育完整，在适宜萌发的条件下，种子即开始萌动发芽。据 1989 年对收获的汕优 64 种子考察，因种子成熟期间遇上阴雨，穗上发芽种子达 23%。1990 年同一种子虽未遇雨，穗上发芽仍达 3% ~ 5%。而常规水稻种子 2 年均未发现穗发芽现象。

（4）不同收获期的杂交稻种子贮藏期间出现情况不同

春制和早夏制收获的种子，收获期在高温季节，贮藏初期处于较高温度条件下，易发生"出汗"现象。秋制种子收获期温度已降，种子难以充分干燥，到翌年 2 ~ 3 月种子堆顶层易发生结露、发霉现象。

（5）杂交水稻种子生理代谢强，呼吸强度比常规稻大，贮藏稳定性差

杂交水稻生产过程中易使种子内部可溶性物质增加，可溶性糖分含量比常规种子高，呼吸强度较大，不利于种子贮藏。

2. 杂交水稻种子变质规律

（1）湿度引起霉变

湿度引起杂交水稻种子霉变主要有 3 种情况：一是新收获种子进仓后有一个后熟阶段，种子内部进行着一系列生理生化变化，呼吸旺盛，不断放出水分，使种子逐渐回潮，湿度增大，引起种子发霉变质。二是秋制种子收获时气温较低，种子难以干燥，进仓后到次年春暖，气温回升，种子堆表层吸湿返潮，顶层结露，发霉变质。三是连续阴雨（特别在梅雨季节），空气相对湿度接近饱和，在种子稃壳上凝成液滴附在表面，引起种子发霉变质。

（2）发热引起霉变

发热引起杂交水稻种子霉变主要有 3 种情况：一是种子贮藏期间（主要是新收获种子或受潮和高水分种子）新陈代谢旺盛，释放的大量热量聚积在种子堆内，促进种子生理活动，放出更多热量，如此反复，导致种子发热、发霉、变质。二是春季或早夏季收获的种子，初藏时处于高温季节，种子堆上层种温往往易突然上升，继而出现"出汗"现象，导致种子发热霉变。三是种子堆内部水分不一，整齐度差，出现种子堆内部发热，最终发霉变质。

（3）仓虫与病菌活动繁殖引起霉变

杂交水稻种子产区的气候特点是高温多湿，仓虫类最易孳生。仓虫活动引起种温上升，造成发热霉变。同时仓虫剥蚀皮层和胚，使种子失去种用价值。病菌在适宜条件下能很快繁殖，危害种子，引起种堆危害部分发热、霉变、结顶，最终腐烂变质。

3. 杂交水稻种子越夏贮藏技术

杂交水稻种子生产常常出现过剩积压或丰歉不均的现象，因此常常遇到越夏贮藏的问题。对于越夏贮藏的种子关键是控制种子的水分和贮藏的温度。具体可以采取以下措施。

（1）降低水分，清选种子

选择通风、透气良好、密闭性能可靠的仓库，对种子水分准确测定，以确定其是否直接进仓密闭贮藏或做翻晒处理。种子水分在 12.5% 以内，可以不作翻晒处理，采用密闭贮藏，对种子生活力影响不大。管理得当，发芽率降低幅度在 1%～2%。但必须对进库种子进行清选，除去种子秕粒、虫粒、虫子、杂质，以加大种子孔隙度、散热性，减少病虫害，提高种子间通风换气的能力，为降温、降湿打下基础。采取常规管理，根据贮藏种子变化，在 4 月中旬到下旬进行磷化铝低剂量熏蒸。剂量控制在种子含水量为 12.5% 以下，空间每立方米为 2 g，种堆为 3 g，熏蒸 7 天后开仓释放毒气，3 h 后，作密闭贮藏管理。

（2）搞好密闭贮藏

种子含水量在 12.5% 以下时，可采用密闭贮藏。利用杂交水稻种子在贮藏期中，因呼吸作用所释放的碳酸气累积量，以抑制微生物及仓虫活动，使种子呼吸减少到最低程度，从而形成种子自发保藏的一种作用。由于种子处在相对密闭条件下，故对外界气温、气湿的影响也起着一定的隔绝作用，使种堆温度变化稳定，水分波动较小，延长种子安全保管的期限。密闭贮藏的最大特点是杀死害虫及其他有害生物，在相对高的水分下，防止霉菌生长和发热，可以防止种子吸湿，节省处理和翻晒种子的费用和时间。但应注意一点，对高水分种子，就不能及时采用密闭贮藏，更不能操之过急地熏蒸。因为含水量较高的种子，正处于呼吸旺盛阶段，这时熏蒸将会使种子呼吸更多的毒气，导致种子发芽率急剧下降。对此，应及时选择晴天进行翻晒。如无机会翻晒，在种子进入贮备库时加强通风，安装除湿机吸湿，迅速降低种子含水量。随着含水量的降低而逐步转入密闭贮藏。同时，应增加种子库内检查次数，种子含水量在 12.5% 以下，可以常年密闭贮藏；含水量为 12.5%～13% 的种子，在贮藏前期应短时间通风，降低种堆内部温度与湿度后，立即密闭贮藏。每年 6～9 月，要防止种子发热。

（3）注意控制温湿度

外界温湿度可直接影响种堆的温湿度和种子的含水量。长期处于高温、高湿季节，往往造成仓内温湿度上升。如果水分较低，温度变幅稍大，对种子贮藏亦无妨碍。但水分过高，则必须要求在适当低温下贮藏。种子含水量未超过 12.5%，种温未超过 20～25 ℃，相对湿度在 55% 以内，能长期安全贮藏。湿度同样影响种子含水量，能使种堆发热。如水分、温度、湿度均在标准范围内，则应严格控制含水量、温湿度的变化。在 6 月下旬至 8 月下旬可采取白天仓内开除湿机，除去仓内高湿。晚上 10 点后至早上 8 点左右，采取通风、换气、排湿、降温，使仓内一直处于相对低温、低湿，以顺利通过炎热夏季。

此外，还应加强种情检查，掌握变化情况，及时发现问题，及早采取措施处理，注意仓内外的清洁卫生，以消除虫、鼠、雀为害。

（4）采用低温库贮藏

有条件的地方，应采用低温库贮藏，可以较好地保持种子的生活力。

二、小麦种子的贮藏方法

小麦收获时正逢高温多湿气候，即使经过充分干燥，入库后如果管理不当，仍易吸湿回潮、生虫、发热、霉变，贮藏较为困难，必须引起重视。

（一）小麦种子的贮藏特性

小麦种子称为颖果，稃壳在脱粒时分离脱落，果实外部没有保护物。果种皮较薄，组织疏松，通透性好，在干燥条件下容易释放水分；在空气湿度较大时也容易吸收水分，而且软粒小麦较硬粒小麦更容易吸湿。因此，麦粒在暴晒时降水快，干燥效果好；反之，在相对湿度较高的条件下，容易吸湿提高水分，种子的平衡水分较其他麦类高。

由于上述原因，麦种很容易回潮并保持较高的水分，为仓虫、微生物的繁衍提供了良好的条件。小麦种子有较长的后熟期，有的需要经过 1～3 个月的时间，在这个过程中，呼吸比较旺盛，容易产生"出汗"现象，造成种子堆上层结顶。小麦种子具有较强的耐热性，特别是未通过休眠的种子，耐热性更强。据试验，水分 17% 以下的麦种，种温在较长的时间内不超过 54 ℃；水分在 17% 以上，种温不超过 46 ℃ 的条件下进行干燥和热进仓，不会降低发芽率。根据小麦种子这一特性，实践中常采用高温密闭杀虫法防治害虫。

小麦种皮颜色不同，耐藏性存在差异，一般红皮小麦的耐藏性强于白皮小麦。

为害小麦种子的主要害虫有玉米象、米象、谷蠹、印度谷螟和麦蛾等，其中以玉米象和麦蛾为害最多。被害的麦粒往往形成空洞或蛀蚀一空，完全失去使用价值。因此，麦种的贮藏特别应注意防回潮、防害虫和防病菌等三防工作。

（二）小麦种子贮藏技术要点

1. 严格控制入库种子水分

小麦种子贮藏期限的长短，取决于种子的水分、温度及贮藏设备的防湿性能。据各地试验证明，种子水分不超过 12%，如能防止吸湿回潮，种子可以进行较长时间贮藏而不生虫、不长霉、不降低发芽率；如果水分为 13%，种温为 30 ℃，则发芽率会有所下降，水分在 14%～14.5%，种温降低到 2～23 ℃，如果管理不善，发霉可能性很大；水分为 16%，即使种温在 20 ℃，仍有很多发霉。因此，小麦种子贮藏时的水分应控制在 12% 以下，种温不超过 25 ℃。

2. 采用密闭防湿贮藏

根据小麦种子吸湿性强的特性，种子在贮藏期间应严密封闭，防止外界水汽进入仓库。对于贮存较大的仓库除密闭门窗外，种子堆上面还可以压盖蔑垫或麻袋等物。压盖要平整、严密、压实。如条件允许，宜采用干燥的砻糠灰压盖，灰厚 9～15 cm。这种方法不仅能防湿，还可起到防虫作用。农村用种量较少，根据上述原则，可以应用外壁涂釉的瓮、瓷、坛、缸等器具存放种子。存放前种子必须充分干燥，存放后注意封口，在容器底部和种子表面如放一层干燥砻糠灰更为有利。器具放在屋内靠北阴凉处或埋入地内 2/3 处，可使种子安全保藏较长时间。

3. 热进仓杀虫

小麦种子耐热性较强，可以利用这一特点，将种子晒热后趁热进仓，不仅可以达到杀虫的目的，还可以促进麦种加快通过休眠。具体做法：选择晴朗天气，将麦种暴晒，使种温达46 ℃以上而不超过 52 ℃，然后迅速入库堆放，面层加覆盖物，并将门窗密封保温。这样，持续高温密闭 7 ~ 10 天后，进行通风冷却，使种温下降到与仓温相近，然后进入常规贮藏。运用此法应注意保温期间种温不宜太高，种子水分必须低于 12%；还需设法防止地面与种子温差过大而引起底层结露；通过休眠的种子，由于耐热性有所减弱，一般不宜采用此法。

三、玉米种子的贮藏方法

玉米种子是大胚，含油分高，易吸湿、生虫和发霉，因此，做好玉米种子的贮藏工作具有很重要的意义。

（一）玉米种子的贮藏特性

玉米果穗由籽粒和穗轴 2 部分组成，籽粒着生在穗轴上排列紧密而整齐。玉米籽粒为颖果，外层有坚韧而光滑的果皮包裹着，透水性较弱，水分主要从胚部和发芽口进入。当种子水分在 20% 以上时，胚部水分大于胚乳，而干燥的种子胚部水分却小于胚乳。据试验，玉米水分高于 17% 时易受冻害，发芽率迅速下降。

玉米籽粒的胚较大，其体积因品种不同占整个籽粒的 1/5 ~ 1/3，因此种子的呼吸量比其他谷类种子大得多，在贮藏期间稳定性差，容易引起种子堆发热。玉米胚部组织柔软疏松，内含营养物质丰富，易受环境条件的影响。尤其是胚部脂肪含量高，约占全粒含量的4/5，这些物质易受温湿度和氧气的影响发生水解与氧化；尤其是胚部受损伤之后，更易氧化酸败变质。不仅如此，玉米胚部也易遭虫霉为害。为害玉米的害虫主要是玉米象和谷蠹，为害玉米的霉菌多半是青霉和曲霉。当玉米水分适宜于霉菌生长繁殖时，胚部长出许多菌丝体和不同颜色的孢子，被称为"点翠"。玉米在脱粒加工过程中易受损伤，据统计，一般损伤率在 15% 左右，最高可达 30% 以上。损伤籽粒易遭虫、霉为害，经历一定时间会波及全部种子。所以，入库前应将这些破碎粒及不成熟粒清除，以提高玉米贮藏的稳定性。

玉米穗轴在乳熟期及黄熟期柔软多汁，成熟后穗轴的表面细胞木质化，变得坚硬，而轴心（髓部）组织却非常松软，似海绵状，通气良好，吸湿力强。着生在穗轴上的籽粒，其水分高低在一定程度上取决于穗轴。潮湿的穗轴含水量大于籽粒，而当穗轴干燥时，其含水量便小于籽粒。但是，前一种情况，种子水分往往高于安全水分；后一种情况却低于安全水分。果穗在贮藏期间水分的变化（包括籽粒和穗轴的水分变化）与空气相对湿度有关。据研究，当相对湿度高于 80% 时，穗轴含水量大于籽粒，籽粒通过发芽口从穗轴中吸取水分；而相对湿度低于 80% 时，穗轴水分低于籽粒，穗轴从籽粒中吸取水分，使种子变得干燥。

生产上常用的玉米变种为硬粒种、马齿种和甜玉米，其耐藏性依次降低。

（二）玉米种子贮藏技术要点

1. 果穗贮藏

这种贮藏方式占仓容量大，不便运输，通常用以干燥或短暂贮存。使用时均须先将水分降低，使果穗含水量低于17%；若含水量高于这一水平，容易遭受冻害。

2. 籽粒贮藏

采用籽粒贮藏可以提高仓容量，便于管理。玉米脱粒后胚部外露，这是造成贮藏稳定性差的主要原因。因此籽粒贮藏必须控制入库水分，并减少损伤粒和降低贮藏温度。玉米种子水分必须控制在13%以下才能安全过夏，而且种子在贮藏中不耐高温，在北方玉米水分则可在14%以下，种温不高于25 ℃。

（三）北方玉米种子安全越冬贮藏管理技术

北方玉米种子成熟后期气温较低，易受霜冻害；或收获时种子水分较高，又较难晒干燥，易受冻害。

在贮藏管理中必须注意以下几点：

1. 严格控制水分以防冻害

种子贮藏效果的好坏，很大部分取决于种子含水量。低温是种子贮藏的有利条件，但在北方寒冷的天气到来之前，种子只有充分晒干，才能防止冻害。入仓及贮藏期间，含水量要始终保持在14%以下，种子方可安全越冬。如果玉米种子含水量过高，种子内部各种酶类进行新陈代谢，呼吸能力加强，严寒条件下，种子就会发生冻害，降低或丧失发芽能力。据有关资料介绍，当玉米种子含水量低于14%时，室外温度在 − 40 ℃以下的条件下，不降低发芽率；当含水量在19%时，室外温度在 − 12 ～ − 18 ℃的条件下，仅8天就丧失发芽力；当含水量在30%时，在同样的室外温度下，仅2天时间，就全部冻死。

2. 加强种子管理，定期检查含水量、发芽率

北方玉米种子冬贮时间较长，加上玉米种子胚部较大，胚组织疏松，有较强的生命活动和较高的呼吸强度，具有明显的吸湿性，即使是干燥的种子，在整个贮藏过程中，受空气中的温度、湿度变化及雨雪浸淋等影响，种子的含水量会发生较大的变化。因此在贮藏期间要定期检查种子含水量，如发现水分超过安全贮藏标准，应及时通风透气，调节温湿度，以免种子受冻或霉变。另外还应定期进行种子发芽试验，检验种子是否受害。若发芽率降低，应查明原因，及时采取补救措施。

3. 切忌与农药化肥混放

种子是有生命的，要进行呼吸作用，因此不能与化肥、农药、油类、酸碱等具有腐蚀、熏蒸、易潮的物品同仓存放，以免种子吸潮发生霉变或被侵蚀、污染，降低发芽能力。

4. 种袋标签清晰，严防混杂

贮藏时，种袋内外应有种子标签，注明品种名称、种子来源、数量、纯度、等级、贮藏

日期等。如果在一个种子仓库内贮藏几个品种时，品种之间要保持一定距离，以防混杂。

5. 创造良好的贮藏环境

对不符合建仓标准和条件差的仓库要进行维修，种仓要做到库内外干净清洁，仓库不漏雨雪。室外贮藏不可露天存放在雨雪浸淋的地方。还要认真做好防虫、防鼠工作。

6. 要有合理的贮藏保管方法

贮藏方法是否合理，直接影响贮藏效果。贮藏方法大致有室外、冷室、暖室贮藏等几种，若种子含水量在 14% 以下，室内外越冬均安全。但一般多以冷室贮藏为宜，也可室外贮藏，但应注意防止雨雪浸淋。不论采取什么方法贮藏，都应把种子袋用树枝、木棍垫离地面 30 cm 以上，堆垛之间要留一定空隙。还应注意，在室外贮存的种子，遇冷后不应再转入室内；同样在室内贮存的种子，不可突然转到室外，否则，温度的骤然变化，会使种子的发芽率降低。

（四）南方玉米种子越夏贮藏技术

杂交玉米种子经济价值较高，每年过剩种子转为商品粮，降价销售，即会造成经济损失，如能通过有效种子贮藏管理措施，保持良好的种子生活力和活力，以供翌年播种，就可减少损失和满足生产用种。玉米种子越夏贮藏成功的关键是要做好"低温、干燥、密闭"。

1. 低 温

低温标准的要求是高温多湿的 7、8、9 这 3 个月采取巧妙通风的办法，使仓温不高于 25 ℃，种温不高于 22 ℃。就是运用仓外大气候影响仓内小气候，仓内小气候影响种子堆内微气候。种子是不良导体，仓温变化并不能迅速改变种温。抓住高温多湿季节，即 6 月底以前温度上升的时候不轻易开仓，以免热空气进入仓内，提高仓温。在春季后安全检查中，发现种子含水量超过越夏种子贮藏安全标准（玉米小于 12%），也只能通过春前低温季节的空气湿度低和仓内除湿等措施来降低种子含水量，以防高温季节晒种导致种温提高。7、8、9 这 3 个月，虽系高温季节，但也有晴、雨、阴、早、中、晚的气温差异，此期的通风主要是以降温为目的的通风，多采用阴天或晴天的傍晚，以排风扇、电动鼓风机等机械进行强力通风，迅速降低仓温。种温是影响种子呼吸强度的重要因素，仓贮期控制好种温是重要的一环。当然，有条件的地方最好将越夏玉米放在低温仓库贮藏。

2. 干 燥

干燥是指严格控制越夏种子水分，整个仓贮期要保证种子水分的变化在安全贮藏范围内，既要考虑到种子本身入仓水分的标准，更要考虑到影响水分变化的各个因素。在控制种子贮藏水分工作中，着重注意的是：在严格种子入库中六不准、五分开（"六不准"即未检验的种子不准入库；净度达不到国家标准的种子不准入库；水分超过安全水分标准的种子不准入库；受热害的种子不准入库；受污染的种子不准入库。"五分开"即亲本种与一代种分开贮藏；一、二级种子分开贮藏；高活力种子与低活力种子分开贮藏；同作物异品种分开贮藏；带病虫种和无病虫种分开贮藏）的同时，对隔年种子有 2 个特殊的要求：一是通过水分仪速测，杂交玉米亲本和一代种子入库含水量不高于 11.5%；二是通过机械清选，使种子净度达到国标一级净度标准，尽量除去秕粒、破碎粒和泥沙这些易吸湿、易生虫和易受微生物侵害的杂物。同时，密切注视种子入仓后第1个月内水分的变化。种子入库季节正值高温高湿，同时也是种子生理成熟的重要时期，入库种子常会因后熟作用发生"出汗"而提高种子含水量，也常因种温、仓温（特别是地坪）的温度差异出现结露而使局部种子含水量急剧增加。据介绍通过袋装种子用药后迅速整理翻包，散装种子入仓1月后及时定额装袋等措施，有效地阻止了因"出汗"、结露而导致水分提高和发生仓贮异常的现象。

种子贮存半年后，贮藏性能基本稳定，开春后用快速水分检测仪速测种子堆上、中、下层种子的含水量，凡含水量超过要求，发芽率降低3%以下的种子剔出，不宜进行越夏，应在当年及时售出。

3. 密 闭

密闭是指在种子贮藏性能稳定之后，特别是水分达到越夏要求后，用塑料薄膜罩密闭种子和仓房门窗。仓门的密闭，绝不是不分青红皂白的一年四季常闭仓库。具体工作应严格掌握以下几点：一是种子入库1月内除投药杀虫7天时间密闭外，其余时间应尽量抓住机会开门通风，以降温降湿；二是在10月中下旬气温处于下降季节，应寻找机会尽快开门通风，使种温下降。

总之，密闭的目的是为了减轻仓外温度、湿度对仓温、种温和种子水分的影响。

（五）包衣玉米种子贮藏方法

1. 包衣种子贮藏特点

（1）在正常贮藏条件下，据研究，贮藏一年的包衣与不包衣种子的发芽势和发芽率基本无差异。

（2）在同样条件下，不同品种种子的耐藏力有差异，但包衣与不包衣种子之间差异不大。

（3）包衣种子由于种衣剂含有杀菌、杀虫成分，具有防霉、防虫的作用。

（4）包衣种子易吸湿回潮，当其含水量超过安全水分时，种衣剂中的化学药剂会渗入种胚，伤害种子，因此保持包衣种子的干燥状态是十分重要的。

2. 包衣玉米种子越夏保存方法

（1）保存的玉米种子欲越夏，先做种子发芽试验和活力测定，选择发芽率和活力水平高的种子批作越夏保存。

（2）降低种子含水量，达到安全水分标准。

（3）采用防湿包装和干燥低温仓库贮藏。

（4）在贮藏期间做好防潮和检查工作，发现问题，及时处理，确保贮藏安全。

（5）出仓前做好种子发芽试验和活力测定，选择具有种用价值的种子销售。

四、油菜种子的贮藏方法

油菜种子含油率较高，为35%~40%，一般认为不耐贮藏。但如能掌握它的贮藏特性，严格控制条件，也能达到安全贮藏的目的。

（一） 油菜种子的贮藏特性

油菜种子种皮脆薄，组织疏松，且籽粒细小，暴露的表面大。油菜收获正近梅雨季节，很容易吸湿回潮，但是遇到干燥气候也容易释放水分。据浙江省的经验，在夏季比较干燥的天气，相对湿度在 50% 以下，菜籽水分可降低到 7%～8% 甚至以下；而相对湿度在 85% 以上时，其水分很快回升到 10% 以上。菜籽含油率高，胚细胞在物质代谢过程中耗氧很快，在相同的温湿条件下，其呼吸强度较其他作物种子大，释放出来的热量多，在高温季节很容易发热霉变，尤其在高水分情况下，只要经过 1～2 天时间就会引起严重的发热酸败现象。由于菜籽细小而密度大，收获时所夹带的泥沙又较多，因此种子堆孔隙度特别小，不易散热。据上海、苏南等地经验，菜籽发热的种温有时可高达 70～80 ℃。

（二）油菜种子贮藏技术要点

1. 适时收获，及时干燥

菜籽收获以在花蔓上角果有 70%～80% 呈现黄色时为宜。太早嫩籽多，水分高，不易脱粒，内部欠充实也较难贮藏；太迟则角果容易爆裂，籽粒散落，造成损失。脱粒后应及时干燥贮藏。

2. 清除泥沙杂质

油菜种子的发热与含杂率高有一定关系，泥沙杂质过多，使种子堆的孔隙度变小，通气不良，妨碍散热散湿，因此菜籽入库以前，应进行严格的风选筛理，除去尘芥杂质及菌核之类的物质，借以增加贮藏的稳定性。

3. 严格控制入库水分

菜籽入库的安全水分应视当地气候特点和贮藏条件而定。就大多数地区的一般贮藏条件而言，种子水分控制在 9%～10% 以内，可以贮藏安全。但在高温多湿地区，且仓库条件差，最好将水分控制在 8%～9% 以内。根据四川省的经验，水分超过 10%，经高温季节，就开始结块；水分在 12% 以上，就会出现霉变，形成团饼，完全失去使用价值。

4. 低温贮藏

低温贮藏对于保持菜籽发芽力有明显的效果。郭长根等（1978）曾用 3 个品种的菜籽进行少量贮藏试验，结果表明种子水分在 7.90%～8.5% 时，用塑料袋密封贮存于 8 ℃ 的低温下，经 12 年之久，发芽率仍在 98% 以上。对于生产上大量种子的贮藏温度，应按季节加以控制，夏季一般不宜超过 28～30 ℃；春秋季不宜超过 13～15 ℃；冬季不宜超过 6～8 ℃。如果种温超过仓温 3～5 ℃，就应采取措施通风降温。

5. 合理堆放

菜籽散装的堆放高度应随水分的多少增减。水分在 7%～9% 时，堆高可到 1.5～2.0 m；

水分在 9% ~ 10% 时，堆高 1 ~ 1.5 m；水分在 10% ~ 12% 时，堆高只能在 1.0 m 左右，并须安装通风笼；水分超过 12% 时，不能入库。散装种子尽可能低堆或将表面耙成波浪形，增大与空气的接触面，以利于堆内湿、热的散发。

菜籽的袋装贮藏，应尽可能堆成各种形式的风凉桩，如井字形、工字形或金钱形等。种子水分在 9% 以下时，可堆 10 包；水分在 9% ~ 10% 时，可堆 8 ~ 9 包；水分 10% ~ 12% 时，可堆 6 ~ 7 包；水分 12% 以上时，高度不宜超过 5 包。

6. 加强管理，勤检查

菜籽属于不耐贮藏的种子，虽然进仓时种子水分低、杂质少，但在仓库条件好的情况下仍须加强管理和检查。一般在 4 ~ 10 月份，对水分在 9% ~ 12% 的菜籽每天检查 2 次；水分在 9% 以下，每天检查 1 次。在 11 月至翌年 3 月份之间，水分在 9% ~ 12% 的菜籽每天检查 1 次；水分在 9% 以下，可隔天检查 1 次。

五、棉花种子的贮藏方法

（一）棉籽的贮藏特性

棉籽种皮坚厚，一般在种皮表面附有短绒，导热性很差，在低温干燥条件下贮藏，寿命可达 10 年以上，是农作物种子中属于长命的类型之一。但如果水分和温度较高，就很容易变质，生活力可在数周内完全丧失。

棉籽的耐藏性和成熟度有密切关系。一般从霜前花轧出的棉籽胚部饱满，种壳坚硬，比较容易贮藏；而从霜后花轧出的棉籽则种皮柔软，内容松瘪，在相同条件下，种子水分较霜前采收的棉籽高，生理活性也较强，因此不易贮藏。

棉籽表面附着短绒容易吸湿，晒干后必须压紧密闭贮藏。如仓库不够完善，高湿度的空气侵入棉籽堆空隙，致使水分增高，呼吸增强，放出大量热能，积累在棉籽堆中不能散发，可引起发酵、发热。干燥棉籽由于附着短绒，很容易燃烧，因此在贮藏期间，要特别注意防火工作。

棉籽入库前，要进行一次检查，其安全标准为：水分不超过 11% ~ 12%，杂质不超过 0.5%，发芽率在 90% 以上，无霉烂粒，无病虫粒，无破损粒，霜前花子与霜后花子不可混在一起（后者通常不作留种用）。

留种用的棉籽短绒上会带有病菌，可用脱短绒机或用浓酸将短绒除去，以消除这些病菌，并可节约仓容和使播种均匀，有利于吸水发芽。但脱绒的棉籽贮藏中容易发热，须加强检查和适当通风。

（二）棉籽贮藏技术要点

棉籽从轧出到播种须经过 5 ~ 6 个月的时间。在此期间，如果温湿度控制不适当，就会引起种子中游离脂肪酸增多，呼吸作用旺盛，微生物大量繁殖，以致发热霉变，丧失生活力。

用于贮藏棉籽的仓库，虽然仓壁所承受的侧压力很小，但为了预防高温影响和水湿渗透，仓壁构造仍应适当加厚，地坪也须坚固不透水，此外还须具备良好的通风条件。棉籽在贮藏前如发现有红铃虫，可在轧花以后，通入热气对棉籽进行熏蒸，称为热熏法。此法不但可杀死红铃虫，且可促进棉籽后熟和干燥，有利于安全贮藏。

棉籽堆积在仓库中，只可装到仓容的一半左右，至多不能超过70%，以便通风换气。仓库中须装测温设备，方法是每隔3 m插竹管一根，管粗约2 cm，一端制成圆锥形，管长分3种，以便上、中、下层各置温度计1支。竹管距仓壁亦为3 m，每隔5~10天测温1次，9~10月份则需每天测温1次，温度须保持在15 ℃以下。如有异常现象，迅即采取翻堆或通风降温等措施。袋装棉籽须堆垛成行，行间留走道，如堆放面积较大，应设置通气蔑笼。

我国地域广大，贮藏方式因地制宜。华北地区冬春季温度较低，棉籽水分在12%以下，已适宜较长时间保管，贮藏方式可以用露天围囤散装堆藏；冬季气温过低，须在外围加一层保护套，以防四周及表面棉籽受冻。水分在12%~13%的棉籽要注意经常性的测温工作，以防发热变质。如水分超过13%以上，则必须重新晾晒，使水分降低后，才能入库。棉籽要降低水分，不宜采用人工加温机械烘干法，以免引起棉纤维燃烧。

华中、华南地区，温湿度较高，必须有相应的仓库设备，采用散装堆藏法。安全水分要求达到11%以下，堆放时不宜压实，仓内须有通风降温设备，在贮藏期间，保持种温不超过15 ℃。

（三）包衣棉籽的贮藏方法

由于用剩下的包衣棉籽带剧毒农药，无法转商，只能深埋处理，既浪费种子，又会污染环境。

根据研究，只要认真做好安全贮藏，种子发芽率和田间出苗率仍能基本保持原有水平，翌年仍能使用，既能节约种子，又增加经济效益。因此，做好包衣棉籽的越年保存是很有意义的。

这里将包衣棉籽贮藏特点和方法简介如下：

（1）脱绒包衣棉种易于在夏秋两季吸潮、发热、降低发芽率。因此，必须降低水分，并防湿包装，堆成通风垛，在种垛上、中、下各处均匀放置温度计，掌握温度的变化情况。高温潮湿季节须每天检测1次，棉籽温度须保持在20 ℃以下。如有异常，迅即采取倒仓或通风降温等措施，最好放入低温库保存，确保种子安全越夏。

（2）脱绒包衣棉籽种皮脆、薄、机械损伤多，如压力一大往往出现种皮破裂的情况。因此，仓贮中袋装种子高度不应超过2 m。

（3）包衣棉种带有剧毒，会发出刺激性气味，仓内不应贮藏其他种子。同时，应注意人身安全，以防中毒。

六、蔬菜种子的贮藏方法

（一）蔬菜种子的贮藏特性

蔬菜种子种类繁多，种属各异，甚至分属不同科。种子的形态特征和生理特性很不一致，对贮藏条件的要求也各不相同。

蔬菜种子的颗粒大小悬殊，大多数种类蔬菜的籽粒比较细小，如各种叶菜、番茄、葱类等种子。并且大多数的蔬菜种子含油量较高。

蔬菜大多数为天然异交作物或常异交作物，在田间很容易发生生物学变异。因此，在采收种子时应进行严格选择，在收获处理过程中严防机械混杂。

蔬菜种子的寿命长短不一，瓜类种子由于有坚固的种皮保护，寿命较长，番茄、茄子种子一般室内贮藏 3~4 年仍有 80% 以上的发芽率。含芳香油类的大葱、洋葱、韭菜以及某些豆类蔬菜种子易丧失生活力，属短命种子。对于短命的种子必须年年留种，但通过改变贮藏环境，寿命可以延长。如洋葱种子经一般贮藏 1 年就变质，但在含水量降至 6.3%，密封，－4℃ 条件下贮藏 7 年，仍有 94% 的发芽率。

（二）蔬菜种子贮藏技术要点

1. 做好精选工作

蔬菜种子籽粒小，重量轻，不像农作物种子那样易于清选。籽粒细小且种皮带有茸毛短刺的种子，易黏附混入菌核、虫瘿、虫卵、杂草种子等有生命杂质以及残叶、碎果种皮、泥沙、碎秸秆等无生命杂质。这些种子在贮藏期间很容易吸湿回潮，还会传播病虫、杂草，因此在种子入库前要对种子充分清选，去除杂质。蔬菜种子的清选对种子安全贮藏，提高种子的播种质量比农作物种子具有更重要的意义。

2. 合理干燥种子

蔬菜种子日光干燥时须注意，晒种时小粒种子或种子数量较少时，不要将种子直接摊在水泥晒场上或盛在金属容器中置于阳光下暴晒，以免温度过高烫伤种子。可将种子放在帆布、苇席、竹垫上晾晒。午间温度过高时，可暂时收拢堆积种子，午后再晒。在水泥场上晒大量种子时，不要摊得太薄，并经常翻动，午间阳光过强时，可加厚晒层或将种子适当堆积，午后再摊薄晾晒。

也可以采用自然风干方法，将种子置于通风、避雨的室内，令其自然干燥。此法主要用于量少、怕阳光晒的种子（如甜椒种子）以及植株已干燥而种果或种粒未干燥的种子。

3. 正确选用包装方法

大量种子的贮藏和运输可选用麻袋、布袋包装。金属罐、盒适于少量种子的包装或大量种子的小包装，外面再套装纸箱可作长期贮存或销售，适于短命种子或价格昂贵种子的包袋。纸袋、聚乙烯铝箔复合袋、聚乙烯袋、复合纸袋等主要用于种子零售的小包装或短期贮存。含芳香油类的蔬菜种子如葱、韭菜类，采用金属罐贮藏效果较好。密封容器包装的种子，水分要低于一般贮藏的种子。

4. 大量和少量种子的贮藏方法

大量种子的贮藏与农作物贮藏的技术要求基本一致。留种数量较多的可用麻袋包装，分品种堆垛，每一堆下应有垫仓板以利于通风。堆垛高度一般不宜超过 6 袋，细小种子如芹菜之类不宜超过 3 袋。隔一段时间要倒桩翻动一下，否则底层种子易压伤或压扁。有条件的应采用低温库贮藏，有利于种子生活力的保持。

蔬菜种子的少量贮藏较广泛，方法也更多。可以根据不同的情况选用合适的方法。

（1）低温防潮贮藏

经过清选并已干燥至安全含水量以下的种子装入密封防潮的金属罐或铝箔复合薄膜袋内，再将种子放在低温、干燥条件下贮藏。罐装、铝箱复合袋在封口时还可以抽成真空或半真空状态，以减少容器内的氧气量。

（2）在干燥器内贮藏

目前我国各科研或生产单位用得比较普遍的是将精选晒干的种子放在纸口袋或布口袋中，贮于干燥器内。干燥器可以采用玻璃瓶、小口有盖的缸瓮、塑料桶、铝罐等。在干燥器底部盛放干燥剂，如生石灰、硅胶、干燥的草木灰及木炭等，上面放种子袋，然后加盖密闭。干燥器存放在阴凉干燥处，每年晒种一次，并换上新的干燥剂。这种贮藏方法，保存时间长，发芽率高。

（3）整株和带荚贮藏

成熟后不自行开裂的短角果，如萝卜及其果肉较薄，容易干缩的辣椒，可整株拔起；长荚果，如豇豆可以连荚采下，捆扎成把。以上的整株或扎成的把，可挂在阴凉通风处逐渐干燥至农闲或使用时脱粒。这种挂藏方法，种子易受病虫损害，保存时间较短。

5. 蔬菜种子的安全水分

蔬菜种子的安全水分随种子类别不同，一般以保持在 8%～12% 为宜。水分过高，生活力下降很快。不结球白菜、结球白菜、甘蓝、花椰菜、叶用芥菜、根用芥菜、萝卜、莴笋、香茄、辣椒甜椒、黄瓜种子含水量不应高于 8%。芹菜、芫荽、茄子、南瓜种子不应高于 9%的含水量。胡萝卜、大葱、韭菜、洋葱、茴香、茼蒿种子不应高于 10% 的含水量。菠菜种子不应高于 11% 的含水量。在南方气温高、湿度大的地区特别应严格掌握蔬菜种子的安全贮藏水分，以免种子发芽率迅速下降。

第六节　顽拗型种子贮藏

顽拗型（异端型）种子（recalcitrant seeds）是指那些不耐干燥和零下低温的种子，也即对干燥和低温敏感的种子。这是相对于能在干燥、低温条件下长期贮藏的正常型（正规型）种子（orthodox seeds）而言。据研究，产生顽拗型种子的植物有 2 大类：① 水生植物，如水浮莲与菱的种子；② 具有大粒种子的木本多年生植物，包括若干重要的热带作物如橡胶、可可、椰子，多数的热带果树如油梨、芒果、山竹子、榴莲、红毛丹、菠萝蜜；一些热带林木如坡垒、青皮、南美衫；一些温带植物如橡树、板栗、七叶树。也有一些种类，其贮藏特性居于二者之间，可称为亚异端型，如银杏等。

顽拗型种子由于其贮藏特性的关系，寿命较短，即使采用含水量较高的贮藏条件，保存寿命也只有几个月，甚至几周。国内外对顽拗型种子贮藏技术的研究还处于摸索阶段。因为这类种子的贮藏特性种间差异性很大，即使同一种的不同变种也不一样，需逐个研究。由于顽拗型种子多属于经济价值较高或珍贵的作物，国内外均将其列为重点研究对象。

一、顽拗型种子的生理特性

顽拗型种子有许多特异的特点，可概括如下：

1. 干燥脱水易损伤种子

种子水分干燥至某一临界值，一般为 12%～35%，种子则死亡。种子在干燥过程中常发生脱水损伤，降低种子活力。如红毛丹种子在水分 13%，榴莲在 20% 时就会丧失生活力。据此有人把顽拗型种子也称为干燥敏感型种子。

2. 易遭冻害和冷害种子

冻害是指零下温度对种子产生的危害。顽拗型种子由于水分高，零下温度会在细胞内形成冰晶体而杀死细胞，从而导致种子死亡。而一些热带的顽拗型种子对温度更敏感，不但易遭冻害，而且易遭冷害。种子冷害是指温度在 0～15 ℃ 对种子产生的危害。如可可、红毛丹、婆罗洲樟种子在 10 ℃，芒果种子在 3～6 ℃ 就会死亡。有时冷害往往不是低温的直接作用，而是在种子吸胀时发生损伤，故也称吸胀损伤。

3. 属大型和大粒种子

顽拗型种子较大，再者水分较高，因此种子千粒重通常大于 500 g。如椰子、芒果千粒重 50 万～100 万 g，栗子、面包果千粒重 600～8 000 g。

4. 不耐贮藏、寿命短

顽拗型种子到目前为止只能保存几个月或几年。如橡胶种子在湿木屑中，外用有孔的聚乙烯袋包装，在 7～10 ℃ 下只能保存 4 个月。

5. 多数属于热带和水生植物

种子成熟时水分较高，而且多数是多年生。

顽拗型种子的鉴别是根据其种子贮藏的特性来鉴定出名副其实的顽拗型种子。鉴别的方法是根据是否会产生脱水损害和发生冷害、冻害，同时兼顾大粒和寿命短的特点进行鉴定。具体的做法是先对刚收获的种子进行脱水试验，并根据测定发芽率的变化来确定其临界水分，然后再进行低温试验，最后作出评定。

种子贮藏特性的确定可以简单地以图 12-14 说明。

二、顽拗型种子的贮藏特性

（一）影响顽拗型种子长期贮藏的因素

一般认为影响顽拗型种子长期贮藏的因素主要有以下几点：

1. 干燥损伤（desiccation injury）

种子离开母体时往往水分很高，其致死临界水分也很高，如银械种子的致死临界水分是 40%，可可种子是 36.7%。这样高的水分很容易引起生活力的丧失，特别是干燥时易损伤。

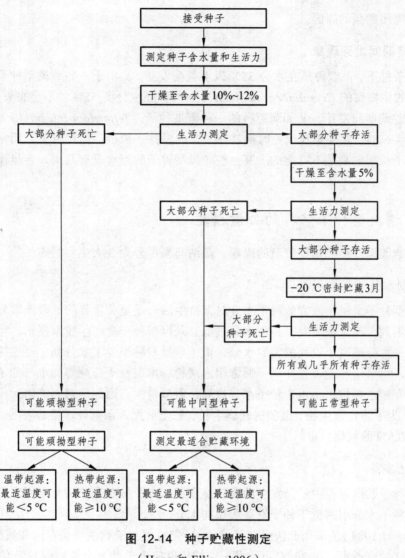

图 12-14　种子贮藏性测定

（Hong 和 Ellis，1996）

2. 不耐低温、易发生冷害（chilling injury）

所有顽拗型种子的贮藏温度都不得低于 0 ℃，否则就会因细胞中形成冰晶体而致死。其中有些种子因易发生冷害对温度的要求则更高。

3. 微生物生长旺盛

一般来说，种子水分在 9%～10% 以上，细菌就开始为害；种子水分在 11%～14% 甚至以上，真菌开始为害。而顽拗型种子不会致死的临界水分大都在 15% 以上，显然这给微生物的旺盛生长提供了极有利的条件，为害的严重程度不言而喻。

4. 呼吸作用强

由于种子水分和贮藏温度高，所以种子代谢旺盛，需氧量大，呼吸作用强，这就是顽拗

297

型种子不能密闭贮藏的原因。

5. 贮藏期间发芽现象

在适宜条件下，一般种子在水分 35% 以上就会发芽。而由于一些顽拗型种子的致死临界水分很高（如槟榔属的 *Crysalidocarpu Sluktescen* 的种胚水分要 55% 才不会丧失生活力），所以很容易在贮藏期间发芽。又如葫芦科的一种南瓜种子（*Telfairia occidentalis*）致死的临界水分是 40% ~ 60%，它甚至在成熟时期就在果实内发芽、长根。由此可见，用常规的方法进行顽拗型种子长期贮藏是不可能的。有一些顽拗型种子的寿命只有几周，连运输和短期贮藏都很困难。

（二）顽拗型种子保存的关键措施

针对影响顽拗型种子长期贮藏的因素，归纳起来可分为 3 大主要措施：

1. 控制水分

对顽拗型种子来说，适宜的种子水分对保持生活力是至关重要的。贮藏水分过高不仅对生活力保持不利，而且很易发芽；但水分过低，顽拗型种子会产生脱水损伤。可见，最好的方法是使种子水分略高于致死的临界水分。由于顽拗型种子要求水分高，要维持这么高的水分必须保湿。可采用潮湿疏松介质，通常用木炭粉、木屑及干苔藓等加水与种子混存，然后把它们贮藏在聚乙烯袋里。由于种子水分过高，需氧量大，因此绝对不能密封（袋口敞开或袋上打孔）。为了防止微生物、菌类的旺盛生长，贮藏前用杀菌剂处理是必要的，如采用克菌丹等处理（0.5% 的氯化汞也行）。

2. 防止发芽

顽拗型种子贮藏过程中最易发生的现象是发芽。为了抑制发芽通常采用 2 种途径：

（1）使种子水分刚刚低于种子发芽所需的水分

Roberts 等（1984）就采用此法保存可可种子，把可可种子贮藏在盛有饱和硫酸铜溶液（相对湿度 98%）的容器中，在 20 °C 下贮藏（这样比以前报道经 8 个月贮藏后仍有 27% 发芽率要好）。也有人采用如聚乙二醇（PEG）溶液等渗透调节剂来控制水势，使种子延缓发芽，但 King 等（1982）认为这种方法保存可可不理想。

（2）抑制发芽或使种子保持休眠

抑制发芽通常采用抑制剂，如采用甲基次萘基醋酸对延长栗子等寿命有效果，但常见的发芽抑制剂脱落酸（ABA）效果不理想。现在利用使种子保持休眠而抑制发芽的手段很多。如橡树、槭树等一些种子收获后由于未完成后熟而保持休眠，这种休眠可在低温下层积得到破除，因此这类种子收获后要避免层积处理。由于很多成熟的果实内有抑制剂存在，而成熟果实所含的抑制剂大大减少，因此，保存这类种子可提早收获未成熟果实进行贮藏较好。有些对光敏感的种子，可利用光敏色素的转化 Pr（抑制）⟷ Pfr（活性）调控方法。如用远红光照射，诱导种子休眠。另外，Hanson（1983）采用 Villier（1975）保存莴苣种子的方法，利用吸胀种子来保存菠萝蜜、榴莲、红毛丹，也有一定效果。总之，可根据各种种子的特性，采用各种各样的有效措施来保存顽拗型种子。

3. 适宜低温

贮藏中另一个重要的因素是温度，越是低温对种子生活力保持越有利。根据顽拗型种子贮藏温度反应的不同，可把顽拗型种子分为 2 类：一类是易遭冷害的种子，包括热带、亚热带和水生植物种子，如榴莲、芒果、红毛丹、菠萝蜜、坡垒等种子最好采用 15 ~ 20 ℃ 的贮藏温度；另一类是不会产生冷害的种子，温度可低至 5 ℃（或更低）。不管哪一类类型，贮藏温度都不能低于 0 ℃。

三、顽拗型种子的贮藏方法

（一）普通短期贮藏

这种贮藏的目的是针对影响贮藏的因素，采用一些相应的措施。解决顽拗型种子的运输和短期贮藏。保持种子含水量在饱和水含量以下，要求贮藏环境闭合但不密封，仍能保持气体交换。同时贮藏于相对低温中，防止遭受零上低温的伤害。采用杀菌剂处理，置于保湿环境中。贮藏要点是：① 防止干燥；② 防止微生物浸染；③ 防止贮藏中萌发；④ 保持适宜的氧量供应。如日本板栗贮藏采用在通气的罐子或用聚乙烯袋在 0 ~ 3 ℃ 下贮藏，不能过高水分或过分干燥进行贮藏。

顽拗型种子多属于多年生种子。其中某些林木种子要十几年才繁殖一次种子。显然通过上述的一些改善条件而延长寿命的措施对种质的长期保存仍不奏效。目前仍是通过田园连续栽培和繁殖进行保种，这不仅费工、费时、费钱，而且很不保险。因为田园繁殖易遭自然灾害、气候反常、病虫害和经济等的影响，所以有必要探讨新的保存技术。

（二）超低温保存

（Cry preservation）Grout（1980）报道了一个令人振奋的关于番茄种子液氮保存的试验结果。虽然番茄种子是正常型种子，但高水分的番茄种子可认为是仿顽拗型种子的模式。Grout用不同水分的番茄种子为材料，采用 15%（体积比）的二甲亚砜作为保护剂。他发现快速冷冻至 - 196 ℃ 时，水分为 33.4% 的种子仍有 86% 的发芽率；而水分高达 72.3% 的种子丧失发芽力，但胚芽外植体（外植体是指用于发生一个培养无性系的植物或组织的切段）仍有 29%存活。这个试验为用液氮保存顽拗型种子的成功增强了信心。用液氮保存顽拗型种子，以前均认为难度较大，如印度国家植物遗传资源局（NBPGR）植物组织培养库（Plant Tissue Culture Repository）的 R. Chaudhury 等（1990）用整粒茶籽超低温保存一直未取得成功，认为是种子太大、水分太高、干燥敏感性这几个因素影响的结果。最后转而采用胚轴（axis）为材料进行研究（1992）。所以过去均认为尚无真正的顽拗型种子在 - 196 ℃ 贮存成功。1992 年，浙江农业大学对顽拗型种子进行超低温保存的研究获得成功。茶籽超低温保存的最适含水量为 13.83%，在液氮内经 118 天保存，发芽率达 93.3%，且均成苗（Hu et al.1994）。

（三）离体保存

离体保存也称组织培养，是指把将来能产生小植株的培养物（用于种质保存最适是茎尖和胚），在容器中进行人工控制条件下培养或保存。现在应用离体保存主要是采用最低限度生长方法。这种方法适用于基因库的中期保存，即采用胚和茎尖（其他体细胞变异较大）保存在容器的培养基上进行培养（贮藏）。经过一定时期，由于培养基中的水分丧失、营养物质干燥以及一些组织的代谢产物的产生，又需把离体组织转移到新的培养基上（这个过程在组织培养上称继代培养），经研究，继代培养会导致变异增加（Scowcroft，1984），而且转移时也易导致污染等。因此，最理想的种质保存技术是控制条件，即只允许最小生长进行贮藏。限制离体生长的方法很多，一般可分为3种。

（1）改变培养的物理条件，最常见的是降低容器的贮藏温度（6~9℃），也可以改善容器的气体条件。

（2）在培养基中加生长迟缓剂，如加入脱落酸（ABA）、甘露糖醇和B9等。

（3）改变培养基的成分，即通过减少正常生长的必需因子或减少营养的可给性，如降低蔗糖浓度。对不同作物而言，离体贮藏可以补充种子贮藏的缺陷。

（四）组织培养结合超低温保存

近年来，应用液氮保存生物组织已有不少成功的例子，保存植物成功的例子也不少，包括原生质、细胞、愈伤组织、器官、胚。保存过程一般为：材料（如胚）分离—消毒—防冻剂使用—冷冻—贮藏—解冻—恢复生长（培养基上）。

用来保存的材料常常是离体胚（excised embryos）和离体的胚轴（excised axis）。这两者在中文的文献中常被混为一谈，其实后者不包括子叶。如前面所述的R. Chaudhury（1991）从茶籽分离出胚轴（0.1%的氯化汞消毒15 min），干燥至13%水分以下，经液氮17 h贮存，在培养基上培养，长成5~6 cm高的健康幼苗。

防冻剂或者称冷冻保护剂，在超低温保存生物材料中，具有重要的作用。从1949年Polge等人用甘油作为精子的冷冻保护剂以来，保护剂一直是超低温保存研究中的一个重要方面。现在常用的冷冻剂有二甲亚砜（DMSO）、甘油、脯氨酸、蔗糖、葡萄糖、山梨醇、聚乙二醇等。在以往的报道中，也有未用防护剂而存活的例子。首例真正顽拗型种离体胚在液氮保存后存活的报道是Normah等（1986），用木菠萝（*Artocarpus heterophyllus Lam.*）（也叫菠萝蜜）胚做的。胚干燥2~5 h，水分在14%~20%，液氮内保存24 h后，20%~69%胚存活，并形成了具有正常根、芽的幼苗。木菠萝水分不能干至20%以下，否则显著降低生活力，采用离体干燥可将水分降至10%，生活力仍在80%以上。用脯氨酸处理后，可干至8%，生活力无大的下降。

四、顽拗型种子的分类

不同的顽拗型种子对水分丧失的忍耐程度有一定差异，相对地可以分成低度顽拗型、高度顽拗型、中等顽拗型种子3个类型。

1. 低度顽拗型种子

这类种子在生活力丧失前能忍耐较多水分的丧失。最初的发芽变化进展非常缓慢（慢则好，致死含水量低），尽管没有外加水，变化仍继续。因而如果不脱水至非常极端，这些种子可以保持生活力在相当长的一段时期。这一种类的种子可能分布在亚热带地区，有些情况下是温带地区。这些地区的环境条件并不总是直接地对幼苗生长有利，能够延长最初发芽的时期与抵抗一些水分的丧失是这些种的明显优点。此外，由于这些种产地的关系，可以忍耐较低的温度。但由于种子有相对高的含水量，不会低到零度或零以下的温度。这种类型的例子如几个栎属的种，*Araucaria hunsteinii*（南洋杉属）、*Podocarpus henkelii*（罗汉松属）。*A. hunsteinii* 可以忍受含水量降至 21%，而不失去生活力。*Q. alba*（栎属中最具顽拗性的）可以忍受低温贮藏，8 个月贮藏后，仍能在 2 ℃ 开始发芽，其证据是根的伸出。

2. 中等顽拗型种子

这类种子如可可和木菠萝，不能忍受较多水分的丧失，发芽稍快于低度顽拗型种子。如果保持高的含水量，在无外加水时，发芽过程缓慢，足以使其生活力保持几周。Mumford and Brett（1982）用 PEG 稀释保持稳定的含水量，能将可可种子的生活力从 2 周延长至 25 周。但贮藏期结束时，发芽率有点下降，这说明贮藏期间发芽过程已进行到足够深的程度，由于含水量没有增加（无外加水），水分成了限制因素，因而导致一些代谢的破坏和混乱。

此类种子主要生长在热带，在这些地区全年任何时候均有足够的水分供给发芽。在缺少外加水时，相对缓慢的发芽率可提供对不良条件的额外保护（根伸出时，敏感增加，抵抗力较差）。

3. 高度顽拗型种子

这类种子（脱落后）发芽立即开始，甚至在缺少外加水时，其发芽代谢过程能非常快地继续进行着。只能忍耐非常少的水分丧失。干燥贮藏时，水分马上成了限制的因素，因发芽过程越深入，需水越多。贮藏时生活力的保持是非常有限的。

这种类型的种子可能脱落在热带森林或潮湿的土壤中。在这些地方一年到头有充足的水分供给连续地发芽。如海榄雌种子，当加水后，2～3 天胚根就伸出，而蒲桃属的一些种则 5 天后胚根伸出；在缺水的条件下，两个种均在 2 周内丧失生活力。有些高度顽拗性种子，在种子脱落前或脱落后，立即进行明显的下胚轴伸长。

除以上讲的 3 种类型外，有一些种表面上像是顽拗型，但事实有忍受干至低含水量的能力。如柑橘属（*Citrus spp.*）、*Auracaria columnaris*、咖啡（*Coffees arabica*）。这些被作为介于顽拗型和正常型之间的中间类型，趋向于分布在亚热带或热带地区。说其像顽拗型种子，又不能在母株上干燥；说其不像顽拗型种子又因为发芽开始前确实有抵抗干燥的能力，干至多少程度，取决于不同的种。

第七节　种子贮藏的计算机管理

随着计算机技术的飞速发展和在种子领域的应用，促使种子贮藏工作朝着自动化、现代化发展。种子仓库的自动化管理，可通过电脑控制各种种子仓库贮藏条件，给不同情况的种子以最适合的贮藏措施。在仓库中应用计算机技术，我国粮食部门先于种子部门，种子部门可以加以借鉴、改进和应用。

一、种子贮藏计算机应用开发系统类型

目前国内种子仓库应用的电子计算机开发系统主要有以下 2 种。

（一）种情检测系统

其作用是对种子仓库的温度、湿度、水分、氧气、二氧化碳等实行自动检测与控制，有的还能检测磷化氢气体（图 12-15）。

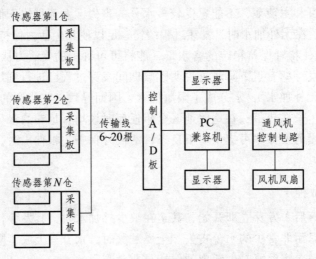

图 12-15　PC 兼容机测控系统示意图

（二）设备调控系统

其作用是对仓库的干燥、通风、密闭输运和报警等设备实行自动化管理与控制（图 12-16）。

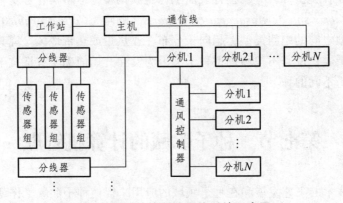

图 12-16　种情测控网络系统示意图

二、种子安全贮藏专家系统的开发和应用

种子安全贮藏计算机专家系统开发是从影响种子安全贮藏的诸多环境因素的信息采集入手，通过系统的实验室实验、模拟试验和实仓实验以及大量调查研究资料的收集、处理、分析，获得种子安全管理的特性参数和基本种情参数；然后将这些参数模型化，并建立不同的子系统，集合成为"种子安全贮藏专家系统"软件包。它能起到一个高级贮种专家的作用，可为管理者和决策者提供一套完整、系统、经济有效和安全的最佳优化贮种方案，是最终实现种子贮藏管理工作科学化、现代化和自动化的重要环节之一。目前，开发的安全贮种专家系统一般由 4 个子系统组成，见图 12-17。

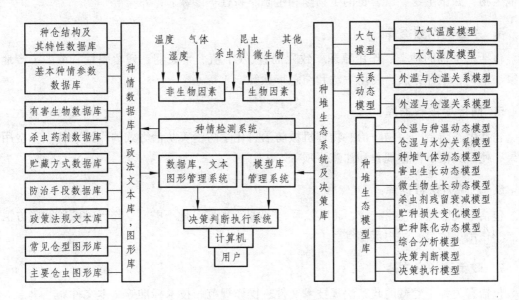

图 12-17　安全贮种专家系统

（一）种情检测子系统

该系统是整个系统的基础和实现自动化的关键。通过该系统将整个种堆内外生物和非生物信息量化后，送入计算机中心储存，使管理者能通过计算机了解种堆内外的生物因素，如属虫、微生物的数量、为害程度等；非生物因素，如温度、湿度、气体、杀虫剂等的状态和分布等，随时掌握堆中各种因子的动态变化过程。该系统主要由传感器，模/数转换接口、传输设备和计算机等部分组成。

（二）贮种数据资料库子系统

该子系统是专家系统的 "知识库"，它将各种已知贮种参数数据、知识、公认的结论、已鉴定的成果、常作仓型的特性数据、仓虫、图谱、有关政策法规等资料数据，收集汇总，编制为统一的数据库、文体库和图形库，用计算机管理起来，随时可以查询、调用、核实、更新等，为决策提供依据。其内容主要包括：

1. 种仓结构及其特性数据库和图形库

以图文并茂的方式提供我国主要种仓类型的外形、结构特性、湿热传导特性、气密性等。

2. 基本种情参数数据库

包括种子品种重量、水分、等级、容重、杂质和品质检验数据以及来源、去向和用途等。

3. 有害生物数据库和图形库

以图文并茂的方式提供我国主要贮种有害生物的生物学、生态学特性、经济意义和地理分布，包括贮种昆虫种类（含害虫和益虫）、虫口密度（含死活数）、虫态、对药剂抗性以及其他生物，如微生物、鼠、雀的生物学和生态学特性等参数。

4. 杀虫药剂数据库

包括杀虫剂的种类、作用原理、致死剂量、CT 值、半衰期、残留限量、浓度、产地、厂家、单价、贮存方法、使用方法和注意事项等。

5. 防治手段数据库

包括生态防治、生物防治、物理机械防治、化学防治等防治方式的作用、特点、费用、效果、使用方法、操作规程和注意事项等。

6. 贮藏方法数据库

包括常规贮藏、气控贮藏、通风贮藏、"双低"贮藏、地下贮藏、露天贮藏等贮藏方法的特点、作用、效果、适用范围等。

7. 政策法规文本库

包括有关种子贮藏的政策法规技术文件、操作规范、技术标准等文本文件。

（三）贮种模型库系统

将有关贮种变化因子及其变化规律模型化，组建为计算机模型，然后以这些模型为基础，根据已有的数据库资料和现场采集来的数据，模拟贮种变化规律，并预测种堆变化趋势，为决策提供动态的依据。其内容主要包括：大气模型、关系模型、种堆模型等。

1. 大气模型

包括种堆周围大气的温度和湿度模型。

2. 关系模型

包括种堆与大气之间、气温与仓温和种温之间、气湿与仓湿和种子水分之间、温度与湿度和贮种害虫及微生物种群生长为害之间的关系模型。

3. 种堆模型

包括整个种堆中各种生物、非生物因素的动态变化。如种温变化、水分变化、种仓湿度变化、种堆气体动态变化、害虫种群、生长动态变化、微生物生长模型、药剂残留及衰减模型等。

（四）判断、决策执行系统

该系统是专家系统的核心。首先，它通过数据库管理系统和模型库管理系统将现场采集到的数据存入数据库，并比较、修改已有的数据，然后用这些数据作为模型库的新参数值，进行种堆的动态变化分析，预测其发展趋势；其次，根据最优化理论和运筹决策理论，对采用的防治措施和贮藏方法进行多种比较和分析判断，提出各种方案的优化比值和参数，根据决策者的需要，推出应采取的理想方案，并计算出其投入产出的经济效益和社会效益。

种子安全贮藏专家系统的开发是一项浩大的系统工程，目前只开始了部分工作，通过种子安全贮藏专家系统的不断开发和应用，我国种子贮藏工作的管理水平和种子的质量将会得到显著的提高。

第八节 种子贮藏技术的创新发展

随着科学技术的突飞猛进，尤其是分子生物学、分子遗传学、数量遗传学和基因工程等学科的渗透，促进了种子科学和技术的发展。在种子科技领域方面，如种子超干保存、种子超低温贮藏等技术研究均取得了很大的进展。

一、种子超干贮藏的原理和技术

（一）种子超干贮藏概念和意义

超干种子贮藏（Ultradry seed storage）亦称超低含水量贮存（ultra-low moisture seed storage），是指种子水分降至 5% 以下，密封后在室温条件下或稍微降温的条件下贮存种子的一种方法。常用于种质资源保存和育种材料的保存。

传统的种质资源保存方法是采用低温贮存，目前据不完全统计全世界约有基因库 1 308 座，大部分的基因库都以 – 10 ℃ ~ – 20 ℃，5% ~ 7% 含水量的条件贮存种子。但是低温库建库资金投资和操作转运费用是相当高的，特别是在热带地区，这对发展中国家是一个较大的负担。因此，有必要探讨其他较经济、简便的方法来解决种质的保存问题，种子超干贮藏正是这样一种探索中的种质保存新技术，通过降低种子水分来代替降低贮藏温度，达到相近的贮藏效果而节约种子贮藏的费用。

Ellis（1986）将芝麻种子水分由 5% 降到 2%，在 20 ℃ 下种子寿命延长了 40 倍，并证明 2% 含水量的芝麻种子贮藏在 20 ℃ 条件下与 5% 含水量种子贮藏在 – 20 ℃ 条件效果一样。可见，种子超干贮存大大节省了制冷费用，节省能耗，有很大的经济意义和潜在的实用价值，是一种颇具广阔应用前景的种子贮存方法。

（二）种子超干贮藏的研究概况

1985 年，国际植物遗传资源委员会首先提出对某些作物种子采用超干贮藏的设想，并作为重点资助的研究项目。1986 年，英国里丁大学首先开始种子超干的研究。从 20 世纪 80 年代后期开始，浙江农业大学、北京植物园、北京蔬菜研究中心和中国农科院国家种质库也相继开展了种子超干研究，并取得一些研究结果。

1. 适合超干贮藏的种子种类

多数正常型作物可以进行超干贮藏，但不同类型的种子耐干程度不同，脂肪类作物种子具有较强的耐干性，可以进行超干贮藏。淀粉类和蛋白类作物种子耐干程度差异较大，有待进行深入研究。

2. 种子忍耐超干的限度

种子超干不是越干越好，存在一个超干水分的临界值。当种子水分低于临界值，种子寿命不再延长，并出现干燥损伤。不同作物种子水分的超干临界值不同，需逐个进行试验，而更为重要的是明确各类种子的最适含水量范围。从 20 世纪 80 年代后期开始，已经研究出的不同作物种子超干含水量临界值列表 12-6。

表 12-6 不同作物种子超干含水量临界值

作物种子	临界含水量/%	资料来源	作物种子	临界含水量/%	资料来源
粳 稻	4.4	Ellis（1992）	西瓜	1.25	季志仙（1993）
籼 稻	4.3	Ellis（1992）	南瓜	2.46	季志仙（1993）
爪哇稻	4.5	Ellis（1992）	冬瓜	1.79	季志仙（1993）
白芝麻	2.0	Ellis（1986）	花生	2.0	IBPGR（1991）
甘蓝油菜	3.0	Ellis（1986）	大豆	6.9	支巨振（1991）
油 菜	2.0	Ellis（1986）	大白菜	1.6	程红焱（1991）
豇 豆	3.3	Ellis（1986）	萝卜	0.3	周详胜（1991）
向日葵	2.04	Ellis（1986）	黑芝麻	0.6	周详胜（1991）
亚 麻	2.7	Ellis（1986）	甜椒	1.32	沈镝等（1994）
黄 瓜	1.02	季志仙（1993）	章丘大葱	1.67	沈镝等（1994）

3. 种子干燥的适合速率

种子的干燥速率因干燥剂的种类和剂量不同而不同。种子在 P_2O_5、CaO、$CaCl_2$ 和硅胶中的干燥速率依次递减，在 P_2O_5 中最快，在硅胶中最慢。干燥速率对种子活力的影响尚有不同的看法，有待深入研究。

4. 种子含油量与脱水速率的关系

种子含油量的高低与其脱水速率及耐干性能均成正相关，此系种子胶体化学特性所决定。

（三）种子超干贮藏理论基础和原理的研究

过去认为种子水分安全下限为 5%～7%，如果低于此限，大分子失去水膜的保护作用，易受到自由基等毒物的袭击，而且在低水分下不能产生新的阻氧化的生育酚（V_E）。现在看来，这可能是由于不同种类种子对失水有不同反应所致。至少 5%～7% 安全水分下限的说法在某些正常型种子上是不适用的。

有人推测，适合超干贮藏的种子含有较高水平的抗氧剂和自由基螯合剂。已知抗氧剂 V_E、Vc 等能够阻止脂氧化酶对多聚不饱和脂肪酸的氧化作用，β-胡萝卜素和谷胱甘肽以及其他酚类物质也有这种保护作用（Priestley 1986）。

尽管在超干状态下增加了自由基与敏感区域的接触机会，尽管超氧化歧化酶（SOD）、过氧化物酶和过氧化氢酶等在种子极干燥状态下不能启动，但只要有大量抗氧剂等自由基清除剂的作用，仍然能有效地避免脂质自动氧化。另外，从试验结果看 SOD 等酶类自由基清除剂并没有被破坏，一旦种子吸水萌动，就可协同抗氧剂共同清除自由基等毒害物质，使耐干的种子有较好的萌发效果。

由于种子超干贮存研究时间不长，其操作技术、适用作物、不同作物种子的超干含水量确切临界值以及干燥损伤、吸胀损伤、遗传稳定性等诸多问题，都有待深入研究，使这一方法尽早付于实际应用。

（四）种子超干贮藏的技术关键

1．超低含水量种子的获得

要使种子含水量降至 5% 以下，采用一般的干燥条件是难以做到的。如用高温烘干，则要降低活力以至丧失生活力。目前采用的方法有冰冻真空干燥、鼓风硅胶干燥、干燥剂室温下干燥，一般对生活力没影响。

为避免种子因强烈过度脱水而造成形态和组织结构上的损伤，郑光华等找到了有效的干前预处理方法，使其在亚细胞和分子水平上，特别是膜体系构型的重组方面有效进行。同时采取先低温（15 ℃）后高温（35 ℃）的逐步升温干燥法，使大豆种子（对照）的干裂率由 87% 降为 0%，而且毫不损伤种子活力。

2．超干种子萌发前的预处理

由于对种子吸胀损伤的认识不足，误将超干种子直接浸水萌发的不良效果归于种子的干燥损伤。为此，根据种子"渗控"和"修补"的原理，采用 PEG 引发处理或回干处理和逐级吸湿平衡水分的预措，能有效地防止超干种子的吸胀损伤，获得高活力的种苗。

二、种子超低温贮藏的原理和技术

（一）种子超低温贮藏的概念和意义

种子超低温贮藏（cryopreservation）是指利用液态氮（－196 ℃）为冷源，将种子等生物材料置于 －196 ℃ 超低温下，使其新陈代谢活动处于基本停止状态，使其遗传变异和劣变不发生，而达到长期保持种子寿命的贮藏方法。

液氮超低温技术提供了种子"无限期"保存的可能（Stanwood，1985）。在液氮中冷却和再升温过程中能够存活的种子，延长其在液氮中贮存的时间也不会对种子有害。

近 40 年来，低温冷冻保存技术发展很快，尤其在医学和畜牧业中，利用低温冷冻技术成功地保存了血红细胞、淋巴细胞、杂交瘤细胞、骨髓、角膜、皮肤、人和动物的精液、动物胚胎等。利用低温冷冻技术保存植物材料的研究，自 20 世纪 70 年代以来已有较大的进展，利用液氮可以安全地保存许多作物的种子、花粉、分生组织、芽、愈伤组织和细胞等。这种保存方式不需要机械空调设备及其他管理，冷源是液氮，容器是液氮罐，设备简单，保存费用只相当于种质库保存的 1/4。放入液氮保存的种子不需要特别干燥，一般收获后，常规干燥种子即可，也能省去种子的活力监测和繁殖更新，是一种省事、省工、省费用的种子低温保存新技术，适合于长期保存珍贵稀有种质。

（二）不同种类种子对液氮低温反应的差异

根据种子对液氮低温的反应，将种子分为 3 种类型（P. C. Stanwood，1985）：① 忍耐干燥又忍耐液氮的种子（Desication-tolerant LN$_2$-tolerant seed）；② 忍耐干燥、对液氮敏感的种子（Desication-tolerant LN$_2$-sensitive seed）；③ 对干燥和液氮均敏感的种子（Desication-sensitive LN$_2$-sensitive seed）。

1. 忍耐干燥和液氮的种子

多数农作物、园艺作物种子都能忍耐干燥和液氮低温。目前，已有许多研究者成功地将这类种子冷却到液氮温度，再回升到室温，不损害种子生活力。但是外在因素如冷冻、解冻速度，种子含水量等能影响种子对液氮的反应。对超低温冷冻保存而言，种子含水量可能是关键的限制因素。种子含水量过高在冷冻和解冻过程中死亡，含水量过低又会导致种子生活力的部分丧失。不同的植物种子都含有一个适宜的含水量范围。

适合于冷冻保存的最高含水量（high moisture freezing limits，HMFL）就是种子含水量的临界值。在同一植物种中这个临界值有一个不大的变动范围，但是植物种间有明显的差异（表 12-7）。

表 12-7　几种作物种子冷却时含水量的临界值

（摘自 P. C. Stanwood，1985）

植物种	含水量临界值/%	种子存活		
		含水量在临界值以下发芽率/%	含水量在临界值以上	
			致死温度/°C	发芽率/%
大　麦	20.9（1.2）	98	－12；－13	18
菜　豆	27.2（1.2）	99	－25	84
白　菜	13.8（0.3）	90	－28	0
胡萝卜	21.7（1.6）	83	－25	0
花椰菜	14.2（1.1）	97	－25	0
三叶草	25.6（0.5）	95	－15	2
黄　瓜	16.4（0.9）	98	－23；－26	1
洋　芋	23.0（3.8）	98	－25	2
洋　葱	24.7（0.8）	70	－18；－22	0
胡　椒	18.6（1.2）	99	－22；－25	0
萝　卜	16.8（0.9）	99	－25	4
芝　麻	9.3（1.6）	97	－18；－26	0
番　茄	18.5（1.6）	93	－20；－25	0
小　麦	26.8（4.7）	96	－7	25

注：括号内的数值是标准差。

种子含水量超过 HMFL，冷冻到一定温度，种子死亡。例如小麦种子含水量高于 26.8%，冷冻到 – 7 ℃ 则发芽率下降到 25%（表 2-40）。根据试验，小麦种子含水量为 5.7% ~ 16.4%，在液氮温度（ – 196 ℃）冷冻保存 24 个月之后发芽率仍在 92% ~ 96%，同对照相比，没有明显差异。

较多的研究报道认为，冷冻和解冻速率对多数植物种子冷冻到液氮温度影响不大。冷冻速率对种子生活力的影响同种子含水量有关，假如种子含水量在适宜范围内，则慢速或快速冷冻对多数种子的成活率没有明显影响。

2. 忍耐干燥对液氮敏感的种子

许多果树和坚果类作物如李属、胡桃属、榛属和咖啡属的植物种子属于这种类型。这类种子多数能干燥到含水量 10% 以下，但是不能忍耐 – 40 ℃ 以下的低温。例如榛子含水量可降到 6%，冷冻到 – 20 ~ 0 ℃ 不失去生活力；但是当温度降低到 – 40 ℃ 以下，种子生活力受损。忍耐干燥对液氮敏感的种子多数含有较高的贮存类脂（如脂肪等），有的种含量高达 60% ~ 70%。含油量是否是引起种子对液氮敏感的因素，尚不清楚。这类种子的寿命一般少于 5 年。研究这类种子的保存技术非常必要，因为这类种子多属于主要经济作物种，目前还只能无性保存。如果建立了超低温冷冻保存技术，可改进这类植物种质长期保存的方法，从而改良育种和繁殖技术。

3. 对干燥和液氮均敏感的种子

这类种子就是顽拗型种子，它们的寿命很短，难以保存，对于这类种子保存见本章"顽拗型种子的保存"部分。

（三）种子超低温贮藏的技术关键

根据不完全统计，已有约 200 个植物种能成功地贮藏在液氮温度（表 12-8）。种子超低温贮藏的关键技术问题主要有：

表 12-8　液态氮（ – 196 ℃）保存后存活的一些作物种子

植物种	含水量 /%	贮藏时间 /年	发芽率/% 保存前	发芽率/% 保存后	备　注
洋葱	4.0	3.75		83.5	种子无细胞变异
花椰菜	4.8	3	94	97	冷却率 – 200 ℃/min
西瓜	5.6	3	97	97	30 ℃ 解冻，3 个品种
水稻	9.7	3	96	92	同上，5 个品种
早熟禾	7.2	3	86	90	同上，2 个品种
半边莲	9.5	1	90	88	同上，3 个品种

1. 寻找适合液氮保存的种子含水量

只有在合适的含水量范围内，种子才能在液氮内存活。

2. 冷冻和解冻技术

不同种子的冷冻和解冻特性有差异，需分别探讨，以掌握合适的降温和升温速度。

3. 包装材料的选择

根据报道，包装材料有牛皮纸袋、铝箔复合袋等。有的包装材料能使种子与液氮隔绝，如种子与液氮直接接触，有些种子会发生爆裂现象而影响种子的寿命。

4. 添加冷冻保护剂

常用的冷冻保护剂有二甲基亚砜（DMSO）、甘油、PEG 等，最近报道脯氨酸的效果很好。使用冷冻保护剂的量应是足够到有冷冻保护作用，但又不超过渗透能力和中毒的限制。

5. 解冻后的发芽方法

经液氮贮存后种子的发芽方法是一个容易被研究者忽视的问题，液氮保存顽拗型种子难以成功，可能与保存后的发芽方法不当有关，致使还有生活力的种子在发芽过程中受损伤或死亡。如茶籽在超低温保存后，最适发芽方法是在 5% 水分（W/W）沙床中于 (5 ± 1) ℃ 预吸处理 15 天，然后移到 25 ℃ 发芽。预处理后的种子，细胞膜修复能力增强，渗漏物减少，发芽率提高（Hu et al，1994）。

液氮超低温保存的技术还需进一步完善，该项技术的创建为植物遗传资源保存开辟了新的途径。

1. 种子入库前有哪些准备工作？
2. 简述种子入库的原则。
3. 简述种子结露和发热的原因、部位及预防措施？
4. 种子贮藏期间通风的目的和原则是什么？
5. 种子贮藏期间主要检查哪些内容？

参考文献

[1] 郑光华. 我国种子生理研究工作概况[J]. 植物学通报，1983（1）：12-16.

[2] 郑光华，史忠礼，赵同芳，陶嘉龄. 实用种子生理学[M]. 北京：中国农业出版社，1990.

[3] 郑光华，张庆昌，燕义唐，等．PEG引发应用于大豆抗寒早播的效果[J]. 种子，1987
（1）：12-15.

[4] 胡晋，戴心维，叶常丰. 杂交水稻及其三系种子的贮藏特性和生理生化变化[J]. 种子，
1988，1989.

[5] 浙江大学种子教研组. 种子学[M]. 上海：上海科学技术出版社，1980.

[6] 韩建国. 实用牧草种子学[M]. 北京：中国农业大学出版社，1977.

[7] 毕辛华，戴心维. 种子学[M]. 北京：中国农业出版社，1993.

[8] 胡晋. 种子引发及其效应[J]. 种子，1998（20）33-35.

[9] 郑光华. 种子生理论文选编[M]. 1995.

[10] 叶常丰，戴心维. 种子学[M]. 北京：中国农业出版社，1994.

[11] 程红众. 超干处理对几种芸薹属种子生理生化和细胞超微结构的效应[J]. 植物生理学
报，1991，17（3）：237-287.

[12] 傅家瑞. 种子生理[M]. 北京：科学出版社，1985.

[13] 陶嘉龄，郑光华，种子活力[M]. 北京：科学出版社，1991.

[14] 中村俊一郎. 农业种子の发芽生理[J]. 农业の园芸，1981，56（4）：602-604；1981，
56（5）：708-711.

[15] 王长春，王怀宝. 种子加工原理与技术[M]. 北京：科学出版社，1997.

[16] [美]JUSTICE Q L，BASS L N. 种子贮藏原理与实践[M]. 浙江农业大学种子教研组，译.
北京：农业出版社，1983.

[17] 颜启传. 蔬菜种子干燥[J]. 种子世界. 1983（9）：17-19.

[18] 王成艺. 谷物干燥原理与谷物干燥机设计[J]. 哈尔滨：哈尔滨出版社，1996.

[19] 颜启传. 蔬菜种子包装[J]. 中国蔬菜，1984（3）：51-54.

[20] 颜启传. 种子学[M]. 北京：中国农业出版社，2010.

[21] 孙群，胡晋，孙庆泉． 种子加工与贮藏[M]. 北京：高等教育出版社，2013：153-160.

[22] 刘松涛. 种子加工与贮藏技术[M]. 北京：中国农业大学出版社，2013.

[23] BROOKER，et al. Drying cereal grains[M]. The Ari Publishing Company，1982.

[24] BOUMANS G. Grain handling and storage[M]. Elsevier Science，1985.

[25] WOODSTOCK L W，SIMKIN J，SCHROEDER E. Freeze-drying to improve seed
storability[J]. Seed Sci. & Technol.，1976（4）：301-311.

[26] WOODSTOCK L W，MAXOM S，FAUL K，et al. Use of freeze-drying and acetone

impregnation with natural and synthetic antioxidants to improve storability of onion, pepper, and parsley seed[J]. J Amer Soc Hort Sci, 1983, 108（5）: 692-696.

[27] WAREHAM E J. The effect of different packaging materials on moisture uptake by dry wheat seed in simulated humid tropical conditions[J]. Seed Sci & Technol, 1986（3）: 641-656.

[28] WAREHARN E J. A comparison of packaging material for seed with particular reference to humid tropical environments[J]. Seed Sci & Technol, 1986（1）: 191-212.

[29] ALVARADO A D, Bradford. Priming and storage of tomato seeds[J]. Seed Sci. & Technol, 1988, 16（3）: 601-624.

[30] ARORA S K. Chemistry and biochemistry of legumes[M]. Oxford: Oxford&IBH Publishing Co, 1982.

[31] BEWLEY J D, BLACY M. Seeds physiology of development and germination[M]. New York: Plenum Press, 1985: 253-304.

[32] CLARK B E, MC DONALD M B, JOO P K. Seed vigor testing handbook（AOSA）[M]. 1983.

[33] COPDLAND L O, MEDONALD M B. Principles of seed science and technology[M]. Minneapolis: Burgess Publishing Company, 1985.

[34] KHAN A A. The physiology and biochemistry of seed development, dormancy and germination[M]. New York: Elsevier, 1982.

[35] PERL M. Recent developments in seed physiology and biochemistry[J]. Seed Sci &Technol, 1988, 16（1）: 135-138.

[36] ROBERTS E H. Loss of seed viability during storage[J]. Advances in Research and Technology of Seeds, 1983: 8, 9-34.

[37] ROBERTS E H. Seed deterioration and loss of viability[J]. Advances in Research and Technology of Seeds, 1980: 4-5, 25-35.

[38] ROBERTS E H. Predicting the storage life of seeds[J]. Seed Sci & Technol, 1973（1）: 499-514.

[39] KARTHA K K. Cryopreservation of plant cells and organs[M]. BocaRaton: CRC Press, 1985.

[40] HAMPTON J G, TEKRONG D M. Handbook of vigour test methods[M]. 3rd Edi. The International Seed Testing Association, 1995.

[41] ELLIS R H, HONG T D. A low-moisture-content limit to logarithmic relation between seed moisture content and longevity[J]. Ann, 1988, 61（4）: 405-408.

[42] ROBERTS E H. International Board of Plant Genetic Resources[C]. Rome, 1991.

[43] KHAN A A, TAO K, KNYPL J S, et al. Osmotic conditioning of seeds: physiological and biochemical changes[J]. Acta Horticulturae, 1978（83）: 267-278.

[44] ROWSE H R. Drum priming-a non-osmotic of seeds[J]. Seed Science &Technology, 1996（24）: 281-294.

[45] MCDONALD M B, COPELAND L Q. Seed science and technology[M]. Ames: Iowa State University Press, 1988.